我国主要热带果树施肥管理技术

◎ 侯宪文 魏志远 主编

中国农业科学技术出版社

图书在版编目（CIP）数据

我国主要热带果树施肥管理技术／侯宪文，魏志远主编．—北京：
中国农业科学技术出版社，2019.2
ISBN 978-7-5116-4040-6

Ⅰ.①我…　Ⅱ.①侯…②魏…　Ⅲ.①热带果树-施肥　Ⅳ.①S667.06

中国版本图书馆 CIP 数据核字（2019）第 025582 号

责任编辑　李　雪　徐定娜
责任校对　马广洋

出　版　者　中国农业科学技术出版社
　　　　　　北京市中关村南大街 12 号　邮编：100081
电　　　话　（010）82109707（编辑室）　（010）82109702（发行部）
　　　　　　（010）82109709（读者服务部）
传　　　真　（010）82106650
网　　　址　http://www.CASTP.cn
经　销　者　各地新华书店
印　刷　者　北京富泰印刷有限责任公司
开　　　本　787mm×1 092mm　1/16
印　　　张　11.75
字　　　数　279 千字
版　　　次　2019 年 2 月第 1 版　2019 年 2 月第 1 次印刷
定　　　价　56.00 元

《我国主要热带果树施肥管理技术》
编写人员

主　编：侯宪文　魏志远

副主编：李光义　何翠翠

前　言

中国热带地区主要包括海南省全域，广东省、广西壮族自治区、云南省、福建省、湖南省、江西省南部，四川省、贵州省南端的干热河谷地带以及我国台湾，面积约 50 万平方千米。这一区域由于气温高，雨量充沛，自然条件优越，是我国热带和亚热带果树的生产基地。自 2010 年 10 月《国务院办公厅关于促进我国热带作物产业发展的意见》发布以来，天然橡胶，木薯等薯类作物，甘蔗等糖料作物，热带水果，椰子与油棕等热带油料作物，咖啡等热带香辛饮料作物发展迅猛，在满足国家特色农产品需求，服务国家科技外交，促进热带地区边疆稳定、民族团结、农村繁荣和农民增收等方面都发挥着重要作用。

从 20 世纪 80 年代初到 20 世纪末，以 1986 年党中央、国务院做出大规模开发热带作物资源的决定为标志，充分开发利用多种热带作物资源，大力发展热带水果，初步形成了以天然橡胶为核心，热带薯类作物（木薯）、热带糖料作物（甘蔗）、热带水果（香蕉、芒果、菠萝、荔枝、龙眼、其他特色果树等）、热带香辛饮料作物（咖啡、可可、胡椒等）、热带牧草、热带观赏植物、热带油料作物（油棕、椰子等）、热带纤维作物（剑麻）产业为辅的中国热带作物产业的总体布局。

从进入 21 世纪起，以我国加入世界贸易组织为标志，现代农业的发展理念逐渐渗透到热带作物产业发展中，逐渐形成了用现代物质条件来武装热带作物产业，用现代科学技术来发展热带作物产业，用现代产业体系来提升热带作物产业，用现代管理手段和经营理念来指导和推进热带作物产业，培养新型农民和现代企业家来经营热带作物产业，热带作物产业快速发展，逐步融入全球经济的合作与竞争，从而促使热带作物产业全面发展的新格局。尤其是在国务院办公厅发布了《国务院办公厅关于促进我国热带作物产业发展的意见》（国办发〔2010〕45 号）之后，我国热带作物产业进入发展快车道，实现了除天然橡胶以外的主要热带作物产品短缺、品种单一到基本满足人们需要、出口创汇能力不断增强的历史性转变。实践证明，在我国大规模开发热带作物资源，完全可以取得良好的经济和社会效益。我国热带作物资源稀缺宝贵，在新的形势下，开展热带作物尤其是热带果树产业可持续发展研究具有极为重要的意义。

果品已成为人们生活中的重要食物之一，其食用安全性对人类身体健康至关重要。近年来随着人们生活水平和食品质量安全意识的提高，果品的质量安全已成为社会普遍关注的热点之一。果品食用的安全性，主要是指果品中那些可能危及人体健康的有害残留物质，如硝酸盐、重金属和农药残留以及过量激素等在果品中的残留量。在果品的生产中，科学合理安全施肥是生产高品质果品的重要内容之一，随着现代化农业的发展，我国果树施肥已进入一个新阶段，由长期只注重施肥数量进入到注重施肥安全的时期。多年的试验结果表明，健康的果树个体才能生产出质量安全的果品，果树营养不足或营养过剩，都会导致果树不健康，致使果品质量下降。肥料的安全施用能使果树健壮生长，增加产量，提高品质，生产出安全的果品，保障人们健康，同时对降低生产成本，提高肥料利用率，保护农业生态环境具有重要作用。

在近年来的实践中，我们深切感到"果树需要优质肥料，农民需要科学技术，农资生产和营销人员需要农化服务知识"。为此编写了这本可以兼作知识农民和农化服务人员培训教材和施肥技术手册的书籍。本书从生产实际出发，根据施肥与农产品质量安全的关系，介绍了果树安全施肥的基本知识、果树常用肥料的种类及安全施用技术、主要热带果树需肥特性和安全施肥技术等。本书内容全面，重点突出，可供广大科技人员、农技推广人员、农资经销商和种植户等有关人员参考。

本书由"热带果树化肥农药减施增效技术集成研究与示范（2017YFD02021）"项目提供资助。

本书在编写过程中引用了许多文献资料，在此谨向其作者表示感谢。有些参考文献未能一一列入书中，敬请见谅。

由于我们水平有限，书中疏漏和错误之处在所难免，恳请专家、同行和广大读者批评指正。

编　者
2019 年 2 月

目　录

第一章

我国热带水果产业概述

第一节　我国热带水果产业发展现状与趋势

世界上种植的多数热带作物在我国均有种植，我国已成为世界热带作物产业发展大国。自党中央、国务院决定大规模开发热带作物资源以来，我国热带作物产业积极应对经济全球化和区域经济一体化的冲击与挑战，立足于国家、市场、农民三个层面，保持了良好的发展势头，在我国热带、南亚热带地区的农业农村经济中起着基础性支撑作用，在国际上地位不断巩固与上升。

一、生产现状

近几年来，我国热带农产品逐渐从自产自销为主走向国际市场。面对日益激烈的竞争环境和市场开放的压力，我国热带作物产业总体来看顶住了进口冲击，部分产品显示出竞争优势，总产值、进出口贸易总量逐年上升。2013年，热带、南亚热带农产进出口贸易总量达到2 236.43万吨，进出口贸易总额达到199.44亿美元，贸易总量和贸易总额分别比1986年国家实施南亚热带作物开发计划以来增长3.51倍和5.84倍。2012年的热带水果种植面积、总产量分别为262.75万公顷、3 070.66万吨。在各主要热带水果中，龙眼产量占世界总产量的90.01%（1986年在70%左右），居世界第1位；香蕉产量占世界总产量的7.79%（1986年为2.11%），居世界第2位；芒果产量占世界总产量的1.59%；菠萝产量占世界总产量的5.97%（1986年为4.93%），居世界第8位；油梨产量占世界总产量的2.52%（1986年为0.19%），居世界第11位；椰子产量占世界总产量的0.40%（1986年为0.19%），居世界18位。综上，中国热带作物在世界总产中的份额不断快速增长，并有继续增长的势头与潜力，虽然土地资源有限，但随着科技的进步，单位面积产量将会提高。

二、消费需求

我国香蕉消费量逐年增加，1985年，我国香蕉人均消费量仅有0.6千克，2002年达到4.3千克，2013年消费量达900万吨（部分依靠进口），人均消费量达6.43千克，人均消费量较1985年、2002年分别增长了近10倍和0.5倍；我国人均消费芒果量仅为0.41千克，仅为世界平均水平的6.38%，对芒果的需求潜力巨大；我国荔枝、龙眼消费以产地消费为主，消费空间有待扩展。

三、经济与社会效益

1. 经济效益

热带作物产业已发展成为热区的支柱产业和农民增收的主要来源，热带作物产业对热区农民增收的贡献率超过 30%。随着热带作物产业结构与布局的进一步优化，综合生产能力的增强，生态农业技术的加快普及和推广，生产成本下降，热区热带作物产值、效益和农民收入还将稳步增加。

2. 社会效益

热带作物产业的发展增强了我国在国际上的政治与社会影响力，保障供应，促进市场多样化，丰富人民的果盘子。同时，还可促进热带边疆地区与山区广大贫困农民充分利用大量的荒山荒地种植热带作物，并发展热带作物庭院经济，绿化美化乡村，发展立体农业，发展循环经济，增加农民收入，同时解决了农村部分农民和城镇部分失业人员的就业问题，有利于社会稳定与和谐。

四、产业发展趋势

我国热带水果产业经过多年的发展，在新品种选育、栽培技术、管理水平等方面均有较快提升，但我国热带作物产业将如何调整，产品如何应对国际市场的竞争和提升自己的竞争力，是值得思考的。

1. 我国热带水果产业发展特点

种植向优势区域集中，生产规模、贸易量增长将有所放缓。近 30 年，我国主要热带水果收获面积、进出口贸易量增长较快，但受土地资源约束、生产成本增长等因素影响将有所放缓，为增加产业效益，我国主要热带水果生产、贸易均向优势区域集中。

单位面积产量与质量水平进一步提高，热带农产品产值增加。随着品种改良及种植技术改进，我国主要热带水果单位面积产量增长迅速，即使在收获面积增加不大或不增加的情况下，主要热带水果产量也在快速增长；随着消费者对农产品质量安全的日益重视，我国加强了主要热带水果质量安全保障体系的建设；热带水果单位面积产量与质量水平的提高，也带动了热带水果总产值的增加。

我国主要热带水果消费以内销为主，消费量快速增长、价格攀升，进出口贸易逆差有所加大。我国主要热带水果多数以内销为主，出口量所占比例较少，而且随着经济发展与人口增长，消费量也在快速增长，价格也将逐步攀升。但是，随着各区域间贸易自由协定的签订，各国间的贸易技术壁垒不断被打破，我国热带水果出口受到其他国家热带水果的强势挑战，我国主要热带水果贸易逆差加大。

2. 我国热带水果产业发展趋势

主要热带水果生产将进一步向优势区域集中。热带水果是对环境有严格要求的特色作物，各类热带水果对水气热等环境条件要求略有差异，在合适的生长环境其产量与质量水平较高，产业效益与农民收入增长明显。因此，随着土地资源日益紧张、生产成本的提高及国外热带水果的冲击，我国主要热带水果生产进一步向优势区域集中。

需求量仍将增长，但产量增长有限。随着我国经济增长及人民生活水平的提高，人们对主要热带水果（如香蕉、芒果、椰子等）的需求量仍将增长；虽然我国主要热带水果单位面积产量增加，但受资源及环境约束，我国主要热带水果产量增长受限。

　　主要热带水果贸易逆差仍有可能进一步加大。从理论上讲，我国热带水果生长环境逊于典型热区（如东南亚等国家）的生长条件，随着我国与世界各国自由贸易协定的签订，那些热带国家的优势热带水果（具有热带作物生长周期长、单位面积产量高、占足早晚市场优势、种类丰富且劳动力成本低廉）会对我国热带水果带来强力冲击，加上国内消费需求的增长，我国主要热带水果贸易逆差仍有扩大趋势。

　　各类新技术、新成果在主要热带水果上的应用研究力度加大。我国将加强生物技术、信息技术等高新技术在主要热带水果新品种引种选育、栽培管理、采后处理与加工等方面的推广与应用，突破产业瓶颈，提高产业效益与农民收入。

　　"走出去"发展需求日益迫切。受资源环境制约，我国热带水果产业发展受限，热带水果产业走出国门利用国外资源发展的需求日益迫切。在经济全球化和贸易自由化背景下，我国与热区各国的合作不断加强，产业"走出去"的政策支持体系不断完善，热带作物产业"走出去"条件日益成熟，目前，香蕉、菠萝等热带水果产业已"走出去"，其他产业也在尝试着"走出去"。

　　3. 我国热带水果产业发展制约因素

　　资源与环境约束程度加大。虽然中国热区土地总面积有近50万平方千米，但热带水果宜植地有限，随着我国社会经济发展、城镇化进程的加快，热带水果土地资源呈刚性下降，土地资源潜力满足不了社会对热带水果生产的巨大需求，这成为约束热带水果产业可持续发展的关键问题。同时，高热高湿的热区气候类型使得病虫草害也极易发生，加上近年来极端气候频发，对我国热带水果产业影响较大。资源环境的约束给热带水果产业可持续发展造成威胁。

　　热带水果产业政策扶持体系仍将完善。首先，近年来国家虽然加大了对热带水果产业的扶持力度，但热带水果产业政策扶持体系仍有待完善，尤其是在产业补贴、保险、收储、财税、金融、土地、环保、境外经营等产业政策法规方面；其次，政府、生产者、经营者、管理者、科教人员、社会组织和个人等在热带水果产业发展中的责任、权利和利益不明确；最后，热带水果产业社会化专业合作组织仍需加强建设，以鼓励和支持行业协会制定和推行行规行约、技术标准、从业培训等，指导和规范产业发展。

　　热带水果科技创新与推广能力仍有待加强。我国热带水果产业科技创新能力不足，影响热带水果产业发展的许多高抗优良品种及关键加工技术仍主要依靠引进和模仿，特别是选育种、栽培、采收、保鲜、贮运、加工等关键技术还需要有大的突破；科研与生产实践脱节，科技推广工作被弱化、边缘化的趋势越来越明显，科技成果转化率不高，产业发展科技支撑后劲不足。

　　缺乏名优品牌，国际竞争力弱。近几年，我国热带农产品出口一直呈现上升的良好势头，但总的出口量不大，竞争力不强。主要原因是缺乏名优品牌，而且农产品加工规模小、精加工产品少，再加上农户分散经营，品种、规格和质量参差不齐，难以统一标准，形成品牌，没有达到国际技术标准要求，无法适应国际市场多样化需求，国际竞争力弱，难以建立起国内外知名品牌。

　　人才培养和吸引人才力度仍需加大。为了加快我国热带水果产业的发展，必须不失时机地制订切实可行的人才培养计划。目前，主要存在的问题如下：一是缺乏一支精干的从事热带水果产业研究的队伍（创新的源泉）；二是下游技术队伍的培养仍有待加强（产业化的保证）；二是基层热带水果产业科技推广与生产能手的培养力度仍需加大（产业效益实现增长的基础）；四是研究开发机制仍需改革，知识产权保护仍需加强。

第二节　我国主要热带水果产业概况

我国种植的主要热带水果有香蕉、荔枝、龙眼、芒果、菠萝、番木瓜等，近年来，在国家一系列强农惠农政策的扶持下，这些热带水果产业不断向优势产区集中，产业化水平不断提高，综合生产能力不断提升，在促进热区农民增收、农业增效、农村经济繁荣中的作用越来越明显。本节将围绕这些作物，分析其发展概况、产业结构与布局、产业发展的制约因素、预测其发展趋势并提出支撑产业发展的建议，从而促进热带作物产业持续健康发展。

一、香　蕉

我国香蕉产业的国际地位。我国是香蕉原产地之一，有 3 000 多年的香蕉栽培历史，是香蕉的主要生产国。2012 年我国香蕉收获面积为 412 800 公顷，占世界收获面积 8.33%，世界排名第 5 位；总产量达 10 845 265 吨，占世界总产量的 10.63%，世界排名第 2 位；单位面积产量为 26 272.4 千克/公顷，世界排名 30 多位。

香蕉是我国种植面积最大、产量最高的热带水果，主要分布在广东、广西、云南、福建、海南等省（区），其种植面积约占全国的 99.8%，产量也高达 99.2%。广东香蕉收获面积最大，2012 年收获面积占全国收获面积的 34.91%，高州和中山为其著名的香蕉产地；广西居第二位，2012 年香蕉产量占我国总产量的 19.93%，主要分布在南宁郊区、浦北、灵山、田阳、隆安、田东、龙州等地；海南第三位，2012 年香蕉产量占我国总产量的 18.09%，主要分布在儋州、东方、乐东等地；云南第四位，2012 年香蕉总产量占我国总产量的 7.8%，主要分布在河口、元阳及西双版纳等地。根据热区的气候因素、台风影响、地理位置、香蕉产业基础与发展潜力等实际情况，我国香蕉优势产区分为：海南—雷州半岛（包括海南全省和广东的雷州半岛）、粤西—桂南（包括广东云浮、肇庆、阳江、茂名和湛江除雷州半岛外区域；广西南宁、北海、钦州、防城港、玉林）、珠江三角洲（简称珠三角）—粤东—闽南（包括广东珠三角的广州、珠海、惠州、东莞、中山、江门；粤东的汕头、汕尾、揭阳、潮州、梅州；福建的漳州）和桂西南—滇南优势区域（包括广西百色、崇左、右江河谷，云南的红河流域新平、元江、红河、元阳、个旧、金平、河口、景洪、勐腊等县市及普洱的孟连，临沧的勐定坝，保山的潞江坝）。

主要栽培品种有香蕉、大蕉、粉蕉和龙芽蕉三大类四大品种群，还有从国外引入少量栽培的越南贡蕉、泰国黄金蕉、巴西红蕉和已推广一定面积的澳大利亚威廉斯香蕉等。我国香蕉出口量从 1992 年的 3 245 吨上升到 2012 年的 7 888.25 吨，贸易额从

57.11万美元上升到581.90万美元；我国香蕉进口量从1992年的20 474.65吨上升到2012年626 038.90吨，进口额从530.09万美元上升到36 585.75万美元。2013年我国香蕉主要出口到美国、俄罗斯、日本、蒙古国、印度尼西亚等国家；2013年我国香蕉进口主要来自菲律宾、厄瓜多尔、泰国、缅甸、哥斯达黎加、越南等国，其中60%来自菲律宾、8.5%来自拉美的厄瓜多尔。

二、荔　枝

荔枝栽培主要分布在南北纬17°~26°。部分淡水资源丰富的地区可延伸到北纬32°。世界约有25个国家有荔枝商业栽培，主要分布于南、北美洲，亚洲和非洲，在地中海沿岸的国家也有零星分布，其中，亚洲是主要的生产地区，总产量占96%以上，以亚洲的中国、印度、越南、泰国栽培面积较大，是主要的生产国。我国荔枝栽培面积和产量均居世界首位，均约占60%，2012年，我国荔枝共有55.33万公顷。从单位面积产量来看，1993年以前单位面积产量低而稳定，在3 000千克/公顷以下。此后至2008年单位面积产量波动较大，说明年际间大小年结果较为严重。2008年以来单位面积产量较为稳定，约为3 900千克/公顷。

荔枝是我国热区第一大果树。20世纪80年代以前，我国荔枝栽培面积不足5万公顷，产量在10万吨左右。至1987年，荔枝栽培面积近13.33万公顷。1999年，栽培面积快速增加至最高，近60万公顷。此后全国荔枝栽培面积稳定了3年左右之后略有下降，近年稳定在55.33万公顷左右。荔枝投产面积在1994年以前增加缓慢，此后至2011年波动中呈上升趋势，2012年与2011年持平。荔枝总产量与投产面积呈显著正相关（$r = 0.986\ 2$，$p < 0.001$），自1987年以来经历了3个较为明显的发展阶段。1997年以前总产量在50万吨以下，从50万吨发展至100万吨仅用了5年，此后，2002—2006年的5年里，总产量从100万吨跃升至150万吨。自2007年以来，荔枝总产量均在150万吨以上，特别是2008—2011年实现了总产量三连增，2012年与2011年总产量基本持平，在190万吨左右。

经过2 000多年的发展，我国荔枝栽培基本形成了海南和雷州半岛早熟荔枝产业带，广东、广西中熟荔枝产业带，福建、四川晚熟荔枝产业带。据农业部南亚热带作物办公室统计，我国约有8个省份（不含台湾省）种植荔枝，其中贵州和重庆规模较小。广东是荔枝生产第一大省，2012年栽培面积约占全国的50%，产量占55%，产值在66%以上。其次为广西，栽培面积占全国的38%，但产量和产值却分别只占28%和17.8%。海南以4%的栽培面积，生产了7.7%的产量，贡献了11.3%的产值。从平均单位面积产量来看，2012年全国平均单面积产量为3 795千克/公顷，但不同省份之间有明显区别。最高是海南省，单位面积产量超过8 100千克/公顷，其次是福建，最低的是云南，不到1 500千克/公顷。

据国家荔枝龙眼产业技术体系各实验站在全国56个示范县的调查，全国有一定栽培面积的荔枝品种约35个。其中，面积超过10万亩的品种有11个，最多的是黑叶，其次依次是妃子笑、怀枝、桂味、白蜡、双肩玉荷包、糯米糍、鸡嘴荔、三月红、白糖罂和灵山香荔。2010—2012 年的 3 年中，多数品种栽培面积都有所下降。

分布最广的品种为妃子笑，在 46 个县中均有分布，分布县数其余依次为黑叶、桂味、白糖罂、怀枝、糯米糍、鸡嘴荔，均有 10 个县以上的分布。近年来，海南特色品种大丁香、紫娘喜、无核荔枝等在全国各产区均有试种，区域之间品种交流的力度正逐步加大。各品种总产量以黑叶最高，2012 年达 31 万吨，占调查区域总产的 38.7%，其次为妃子笑，产量 21 万吨，再次为怀枝，产量为 13 万吨。从 2010—2012 年的产量来看，多数品种存在大小年现象。2012 年，平均单位面积产量最高的无核荔枝，达 5 421 千克/公顷，其次是白糖罂和妃子笑。这一方面与当年气候有关，另一方面与这些品种的价值有关。高产值的品种果农一般管理比较精细，容易获得高产。

三、龙　眼

龙眼原产我国，全球龙眼主产区范围为东经 105°40′至东经 119°31′，北纬 28°50′至南纬 7°30′。世界龙眼分布以亚洲为主，主产国为中国、泰国和越南，印度、菲律宾、缅甸、马来西亚、印度尼西亚等国亦有栽培。19 世纪以后，传入美洲、非洲、大洋洲的部分地区，美国的佛罗里达州和澳大利亚的昆士兰地区都有少量种植。我国龙眼栽培面积和产量均居世界首位，据农业部发展南亚热带作物办公室统计，2012 年，我国龙眼面积约 38 万公顷，占全球龙眼总面积（近 68 万公顷）的 55.9%，产量已达 152.63 万吨，约占世界总产量的 53%。

20 世纪 90 年代，龙眼作为发展"三高"农业的重要经济树种，在我国广东、广西、海南和福建等地区发展很快，此阶段是我国龙眼栽培面积增长最快的时期，2000 年我国龙眼栽培面积达到了 46.56 万公顷。龙眼产业是当地农民增收的支柱产业之一，在热区农业农村经济中占有重要地位。但是，进入 21 世纪后，随着经济全球化大潮席卷世界，产品、技术、服务等跨越国界大流通，中国—东盟自由贸易区建设正式启动和"早期收获计划"签订以及 2010 年中国—东盟自由贸易区的正式建立，我国的龙眼产业受到了来自泰国和越南等生产国的严重冲击。从"十一五"时期开始，龙眼种植面积持续下降，2012 年我国龙眼种植面积为 37.99 万公顷，与 2000 年相比，减少了 8.57 万公顷，但投产面积持续增加，龙眼产量呈上升趋势，投产面积从 1997 年的 11.29 万公顷增加到 2012 年的 32.47 万公顷，增幅为 187.6%。我国龙眼产量从 1997 年的 36.53 万吨增加到 2012 年的 152.63 万吨，增幅为 317.8%。

我国龙眼主要分布在广东、广西、福建、海南等省（区），云南和长江中上游河谷地带也有少量栽培。2008—2012 年，广西的龙眼种植面积最大，广东次之，然后是福建，最后是海南。但从产量上看，广东居首，其次为广西，再次为福建，最后为海南。广东龙眼重点产地分布在粤西、粤中和粤东地区，广西龙眼产地主要分布在桂南、桂东、桂中、桂西地区，福建龙眼产地主要分布在泉州、漳州、福州、宁德、莆田等地，海南龙眼产地主要分布在定安、屯昌、文昌等县，长江中上游河谷地带龙眼产地主要分布在重庆的奉节、丰都、涪陵、永川、江津和四川的攀西、泸州、宜宾等地，云南龙眼产地主要分布在红河哈尼族彝族自治州、西双版纳傣族自治州、德宏傣族景颇族自治州等地。

我国龙眼品种的区域化格局已基本形成。海南的定安、屯昌、文昌等县和广东的湛江市、茂名市、阳江市、江门市等，主要栽培早熟的优质鲜食品种；广西、福建、粤中主要生产中迟熟的大果型鲜食品种和加工型品种；福建、长江中上游河谷地带、云南部分区域主要栽培迟熟型鲜食品种。已形成相当生产规模的优良品种有石硖、储良、大乌圆、东壁、福眼、乌龙岭、大鼻龙、广眼、古山2号、水南1号、立冬本、松风本、水涨、泸丰、蜀冠、油潭本、立冬本、八月鲜、泸元106号和涪陵黄壳等，这些品种的合理布局有助于品种结构的改善。

四、芒 果

我国芒果在20世纪80年代以前不成规模，仅有少量种植。1986年国务院出台大力发展热带作物的战略决策，拉开了热带作物规模发展的序幕，芒果产业的发展也进入快车道。一些晚花、丰产、稳产品种和配套技术的推广应用，消费市场的拉动，以及政府的推动，最终在华南地区掀起了芒果种植的热潮，特别在两广和海南出现规模化的种植。从2000年以来，国家对芒果等重要热带作物编制了《主要热带作物产业区域布局规划（2007—2015）》引导产业发展，海南、广东、广西等主产区继续对种植区域、品种结构进行调整优化，欠适宜区被放弃，四川、云南、福建等新优势区面积有所增加，贵州等干热河谷地带也在试种发展。2012年中国芒果种植面积14.84万公顷，产量106.3万吨，产值43.5亿元，面积居世界第7位、产量居世界第8位。

我国芒果仅次于香蕉、荔枝和龙眼，为第四大热带水果，主要分布于海南、台湾、广西、广东、云南、四川、福建七省（区）约100个县（市），贵州也有少量种植。从2003—2012年，全国芒果种植面积从13.26万公顷增加到14.84万公顷，增加了11.92%，四川、云南的面积增加较大，分别增加了269.05%、79.2%，广东的芒果种植面积下降了22.9%，海南、广西、福建的种植面积基本稳定。2003—2012年全国芒果单位面积产量从6 810千克/公顷增加到9 349.05千克/公顷，增幅达37.28%，其中四川、广西、海南的增幅较大，分别增加了236.2%、75.21%、51.44%。

海南芒果面积和产量均居全国第一，2012年种植面积和产量分别为4.41万公顷和39.64万吨，分别占全国种植面积和产量的29.7%、37.3%，其次为广西的4.02万公顷和22.00万吨、云南的2.85万公顷和15.97万吨、广东的1.87万公顷和20.67万吨、四川的1.55万公顷和6.50万吨、福建的0.7万公顷和0.93万吨、贵州的0.07万公顷和0.62万吨。2012年，全国芒果单位面积产量为9 349.05千克/公顷，与国际平均单位面积产量8 154.9千克/公顷相比高14.6百分点，芒果主产区中单位面积产量排名依次为：贵州（13 676.4千克/公顷）、福建（13 285.65千克/公顷）、广东（11 029.5千克/公顷）、海南（10 327.5千克/公顷）、广西（9 128.7千克/公顷）、云南（7 361.7千克/公顷）、四川（6 724.2千克/公顷）。近10年（2003—2012年），全国芒果产量从61.22万吨增加到106.33万吨，产量增加了73.69%，其中四川、云南、海南的产量增幅较大，分别增加了1 150%、178.2%、119.0%，广东、福建的产量基本稳定，贵州从2012年开始有部分产量。

我国种植的芒果品种主要有金煌芒、贵妃芒、台农 1 号、白象牙、凯特芒、三年芒、四季芒、红玉、台牙、R2E2、帕拉英达、圣心芒等 20 余个，其中主要以金煌芒、贵妃芒、台农 1 号、凯特芒、三年芒等为主，约占市场份额的 80% 以上。贵妃芒、金煌芒、凯特芒、四季芒、桂热 82 号、台农 1 号 6 个品种被农业部确定为主推品种，目前我国芒果良种覆盖率达 98% 以上。各地的气候等环境条件各异，主栽品种也有所不同，海南以金煌芒、贵妃芒、台农 1 号和白象牙等为主，通过反季节调节，形成了海南早熟芒果产区；云南以三年芒、帕拉英达、马切苏、凯特为主，金煌、贵妃和台农 1 号种植面积在逐步扩大；广西主要为桂热 10 号、桂热 82 号、田阳香芒、金煌芒等中晚熟品种；四川主要有凯特芒、红芒 6 号等晚熟品种，其中凯特芒的种植面积占 80% 以上；广东主栽品种有紫花芒、台农 1 号、粤西 1 号、红芒 6 号等；贵州和福建目前种植规模不大，主要以金煌芒和贵妃芒两个品种为主。

五、菠　萝

20 世纪 70 年代末至 90 年代初期，菠萝种植和加工发展迅速，1988 年全国培面积最高达到 8.9 万公顷，总产量 58.4 万吨。1992 年栽培面积下降到 5.9 万公顷，总产量 42.9 万吨。20 世纪 90 年代中后期，经过产业结构与产业布局的优化调整，菠萝产业迎来新的快速发展时期，单位面积产量与效益明显提高。2012 年栽培面积 5.86 万公顷，占世界收获面积的 5.8%，位列世界第五，与 1992 年基本持平；总产量 128.7 万吨，占世界菠萝总产量的 5.5%，世界排名第八，为 1992 年的 3 倍，产值 32.7 亿元。各省区菠萝产量占全国产量比例分别为广东 63.8%、海南 26.6%、广西 2.4%、福建 2.9%、云南 4.3%。我国菠萝平均单位面积产量略高于世界平均水平，但不同地区差别很大，广东省单位面积产量远高于世界平均水平，与名列世界平均水平第五位的墨西哥相当；海南省的单位面积产量略高于世界平均水平；而其他产区的单位面积产量却远远低于世界平均水平。

广东省徐闻县收获面积 0.9 万公顷，总产量 42 万吨，是中国菠萝种植第一县，单位面积产量水平均在全国位列榜首，该县 9 大菠萝主产乡镇，以和安镇单位面积产量最高，达到 62 吨/公顷，其次为南山镇 52 吨/公顷。雷州市菠萝收获面积 0.65 万公顷，总产量 27 万吨，主要分布在英利、龙门、调风、雷高等镇，是中国菠萝第二高产地区。粤东地区菠萝主要分布在汕尾市、揭阳市、汕揭阳市、汕头市、潮州市和惠州市，菠萝种植面积约 0.8 万公顷，产量约 8 万吨，种植园多分布在山地、丘陵。大珠三角地区包括中山、广州、肇庆和云浮，种植面积约为 0.14 万公顷，产量约为 1.2 万吨，该区多为山地种植，水肥条件相对较差，加上种植品种多为地方品种，如中山的"神湾"种，菠萝单位面积产量还相对较低，为 9~12 吨/公顷，但本地区菠萝因品质优异，平均鲜销价格 8~10 元/千克，经济效益很好。海南全省均有菠萝种植，主要分布于琼海、万宁、海口、文昌等市县。其中琼海、万宁两市县占全省总面积的 60%。广西菠萝大多数分布在南宁市及其周边地区。福建菠萝种植区集中在漳州市，主要分布在龙海程溪、诏安、漳浦和云霄。云南菠萝种植主要有西双版纳州景洪市和勐腊县，红河州的元阳、河口、屏边三个县，德宏州的芒市。

我国菠萝品种结构是：巴厘种约占 80%，卡因、神湾、台农 11 号、台农 16 号、台农 17 号等品种约占 20%。粤东和西双版纳以卡因为主栽品种，广东中山以神湾作为主栽品种，其他主产区均以巴厘作为主栽品种，初步形成了以巴厘和台农系列品种为主的春夏季鲜果主产区，包括海南岛东南部、东部和北部，雷州半岛南部以及云南河口县等地；以卡因类为主的秋冬季鲜果主产区，包括闽南、粤东、桂南和滇西南的西双版纳等地。

六、槟 榔

世界上有十多个国家生产槟榔，我国槟榔主要分布在海南、台湾及云南三省。由于槟榔种植成本低，管理粗放，经济效益好，所以近 20 年来我国槟榔种植业发展较快，种植面积大幅增加。农业部发展南亚热带作物办公室统计的数据显示：我国槟榔 90% 以上分布在海南省，省内槟榔种植集中在琼海、琼中、屯昌、万宁、陵水、定安、三亚、乐东、保亭等市县的山区。目前，槟榔已成为海南省东部、中部和南部 200 多万农民增加收入、脱贫致富的重要途径，从事槟榔种植和加工的农户多达几十万户，槟榔产业已经成为海南农业中仅次于橡胶的第二大支柱产业，发展前景十分广阔。

当前我国所产槟榔主要提供给国内传统食用消费市场，而国内传统食用消费市场容量有限且趋于饱和，同时巨大的潜在药用市场和保健市场以及国外市场尚未开拓，所以我国槟榔种植业已经放慢了快速发展的步伐。如不积极促进传统槟榔产品的升级换代，开拓新的消费市场，我国槟榔生产将可能出现供大于求的局面。我国槟榔加工业主要集中在海南和湖南两省，而湖南省则集中在湘潭地区。在 20 世纪 90 年代中期，海南省和湖南省的槟榔加工工艺雷同，产业起步基本相同，但在随后的产业发展过程中，由于湖南建立了统一的行业协会，建立了完善的行业管理制度，加上当地政府的政策扶持等，湖南省的食用槟榔加工业近十年发展较快，已经远超海南，基本上垄断了中国大陆的槟榔食用加工市场。而海南已经逐步沦为湖南槟榔加工业的原料供应基地。

我国槟榔产业发展已初具规模，但总体来看，在种植管理、良种繁育、病虫害防治、区域布局以及新产品研发等方面均存在一些问题：①种植不规范，管理比较粗放，②良种苗木繁育体系不健全，③病害对当前槟榔产业的发展造成了严重损失，④槟榔新产品研发严重滞后，支撑产业持续发展后劲不足，⑤槟榔价格受国内外市场需求影响波动较大。

七、番木瓜

我国引种栽培番木瓜已有 300 多年的历史，番木瓜素有"水果之王""万寿果"之称，是一种营养价值极高且有益健康的水果。目前广东、海南、广西、福建、台湾等省（区）均有种植，已成为华南地区的重要水果之一，享有"岭南佳果"之美誉。2012 年中国番木瓜收获面积为 7 300 公顷，占世界收获面积的 1.68%，世界排名第 14 位；

总产量为 254 000 吨，占世界总产量的 2.05%，世界排名第 8 位；单位面积产量为 34 794.5 千克/公顷，为世界平均水平的 1.22 倍，世界排名第 12 位。广东和海南是最大的生产省份，且海南、广东南部和云南西双版纳是冬季番木瓜栽培适宜区。据估计，2009 年与 2010 年两年中国番木瓜栽培面积为 1 万多公顷，其中海南种植面积约为 0.53 万公顷，广西、广东栽培种植面积合计约为 0.5 万公顷，云南、四川、福建等地区合计种植约 0.07 万公顷。海南种植以小果型番木瓜为主，平均产量 75 000 ~ 90 000 千克/公顷，年总产值为 12 亿~14.5 亿元；其他地区以大果型番木瓜为主，平均产量为 37 500 ~ 45 000 千克/公顷，年总产值 3.6 亿~4.3 亿元，即全国番木瓜产值约 15.6 亿~18.8 亿元，已初具规模。

番木瓜主要分布在我国热带、亚热带地区，可分为下列 3 个优势区。①北热带番木瓜优势区。该区域主要包括海南省的三亚、陵水、乐东和保亭 4 县（市）。该区域最冷月平均温度在 16~17.7℃，是番木瓜最适宜区，可全年采收果实，占据了我国 12 月到翌年 5 月的番木瓜市场，也是鲜食番木瓜效益最高的区域。②北热带北缘番木瓜优势区。该区域主要包括雷州半岛、海南省中北部、云南省的河口、西双版纳和元江河谷以及藏东南边境。该区域主要在 5 月份到 12 月供应市场，是我国番木瓜的主要产区。尤其是雷州半岛相对于其他地区与广州的优越地理位置，使该地区番木瓜优势明显。但是，该区域由于受到冬季低温影响，5 月以前收获的番木瓜多出现冻害，是相对于北热带番木瓜优势区域的劣势。③广东中北部、广西、福建、四川番木瓜优势带。该区域是番木瓜的次适宜区，一般采用春播秋植的方式，在 7—11 月供应市场。尤其是珠三角地区，由于邻近珠三角城市群而成为番木瓜优势产区。

番木瓜于 17 世纪引入我国，虽有 300 多年的历史，但我国番木瓜资源相对较匮乏。主栽品种有岭南种、穗中红 48、杂优一代、泰国红肉、苏罗（Solo）系列、马来红系列、蓝茎、日升系列、台农系列、美中红等品种。近年来，番木瓜栽培品种逐渐向马来红系列、台湾日升系列、台农系列集中。番木瓜分为果用和菜用两种，主要用做鲜食、菜用和加工。一般小果型木瓜多作水果鲜食。栽培品种红日 1 号、美中红等小果型非转基因优质品种，目前还有"红日 2 号""红日 18 号"等多个优良品系正进行区域试验；大果型则主要以具有自主知识产权的"穗中红 48""红铃""红铃 2 号"等为主，此外"园优""穗中红""亿元"等品种也有栽培。但我国在番木瓜优良品种选育技术与推广、田间管理技术、规模化与标准化种植、产品精细加工、市场营销等方面与国外相比还存在一定的差距。同时在番木瓜科研方面力量较薄弱，科研经费投入少，选育种研究欠缺，产量不足、产品质量参差不齐等问题直接影响到中国番木瓜的国际贸易。

八、特色果树

特色果树主要有黄皮、柠檬、菠萝蜜、番石榴、毛叶枣、火龙果、红毛丹、莲雾、杨桃、番荔枝、油梨、山竹、人心果、面包树、金星果、蛋黄果、神秘果、蛇皮果、尖蜜拉等。特色果树果实含有丰富的蛋白质、脂肪、氨基酸和微量素等，还有人们日常生活所不可缺少的维生素，营养价值高、风味独特，已成为当前中国热区果树研究开发的新兴产业。

近年来，黄皮、柠檬、菠萝蜜、番石榴、毛叶枣、火龙果、红毛丹、莲雾等特色果树的种植面积持续扩大，产量稳步增加，商品化率持续提升，部分产品供不应求，已形成一批特色水果产业化生产基地，奠定了加快发展的良好基础。据不完全统计，至2013年我国特色果树种植总面积约10万公顷，年总产量达120万吨、年总产值100亿元以上。

黄皮。芸香科黄皮属常绿小乔木或灌木，原产于我国华南地区，已有1500多年的栽培历史。黄皮果实营养丰富，风味独特，富含糖分、有机酸等，每100克鲜果含蛋白质1.0克、脂肪0.2克、碳水化合物14.9克、铁0.7毫克、维生素C 39毫克等。具有健脾开胃、消痰化气、润肺止咳、去疳积等功效，素有"果中之宝"的美称。黄皮除鲜食外，还可加工制成蜜饯、果脯、果冻和果汁。国内主要分布于广东、广西、福建、海南、四川、云南和台湾等省（区），种植面积约3.33万公顷，产量30多万吨，产值约30亿元（台湾未统计在内，以下同）。其中，广东种植面积较大，约1.33万公顷，广西次之，为0.67万公顷。

柠檬。芸香科柑橘属常绿小乔木，原产东南亚，主产国有墨西哥、印度、阿根廷、美国和中国等。柠檬果实含有丰富的维生素、矿物质、香精油、生物碱和有机酸等营养物质，每100毫升柠檬果汁中含有柠檬酸6.9克、蛋白质0.9克、脂肪0.2克、维生素C 76毫克及丰富的矿物质元素，此外还含有柠檬苷、柠檬烯等。具有开胃健脾、滋润养颜、化痰止咳和去腥去腻等功效，经常食用对坏血病、心血管硬化、高血压等多种疾病具有一定的预防和辅助治疗作用，被誉为保健佳果。柠檬在我国有近百年的栽培历史，常见品种有尤力克、里斯本和北京柠檬等，主产区有四川省安岳县、云南省德宏州、海南省和重庆市等，全国种植面积2万多公顷，鲜果年产量20余万吨，产值近30亿元。特别是在四川安岳县和云南德宏州扶持了柠檬产业化重点龙头企业四川华通柠檬有限公司、云南红瑞柠檬公司等，研发出柠檬果胶、柠檬饮料、柠檬油、柠檬干片等加工产品，实现了柠檬的综合开发利用。

菠萝蜜，又称木菠萝。为桑科菠萝蜜属常绿乔木，原产印度南部，主产国有印度、马来西亚、泰国、越南和中国等。菠萝蜜果实味甜、香气浓郁、营养丰富，每100克鲜果含蛋白质0.31克、还原糖5.23克、维生素C 5.39毫克，此外还含有丰富的矿物质，享有"热带水果皇后""齿留香"的美称；除生食外，果实还可制作脆片、糕点、饮料和菜肴配料等；菠萝蜜树体木质细密、色泽鲜黄、纹理美观，是优良的家具和建筑用材。中国引种栽培菠萝蜜至今已有一千多年的历史，长期以来以零星分散种植为主，在海南、广东、广西、云南以及四川南部的热带、南亚热带地区均有分布。自2000年以来，菠萝蜜生产发展迅速，种植面积以每年15%左右速度增长，目前种植面积约1.2万公顷，年产量约15万吨，年产值10亿元以上。其中，海南省约0.8万公顷，主要分布在儋州市、海口市、定安县、琼海市和万宁市等市县；广东约0.27万公顷，主要分布在湛江市、阳江市、高州市、化州市和茂名市等，其他省区少量种植。目前主产区已初步具备菠萝蜜果肉加工能力，主要有海南南国食品实业有限公司、海南春光食品公司、兴科公司（中国热带农业科学院香料饮料研究所兴隆热带植物园）等企业，产品包括菠萝蜜果干、脆片、糖果、薄饼等，但仍未满足国内市场需求，大部分产品依赖越南、泰国等国进口。由于菠萝蜜营养价值高、经济效益显著，在各地农村产业结构调整中具有举足轻重的地位，有望成为老、少、边、穷地区农民脱贫致富新途径和新兴特色果树产业。

番石榴，又称鸡矢果、拔子。桃金娘科番石榴属常绿小乔木或灌木，原产于热带美洲及西印度群岛一带，现中南美洲、东南亚和中国台湾种植较多。番石榴果实营养丰富，富含维生素 C 及矿物质等，每 100 克鲜含粗蛋白质 1.06 克、脂肪 0.36 克、维生素 C 336.8 毫克、钙 17 毫克、铁 1.82 毫克，此外还含有丰富白丰富的矿物质，而且具有治疗糖尿病及降血糖的药效，中片也可治腹泻。我国引种番石榴已有 800 多年历史，国内热带、亚热带气候地均有栽培。目前，我国广东、海南、福建、广西等地已形成连片种植生产基地，种植面积 1.33 万公顷，年产量约 25 万吨，年产值 20 多亿元。番石榴种植管理粗放，在一些主产区地农村产业结构调整中具有举足轻重的地位，特别是广东省汕头市澄海区，番石榴种植面积已超过 0.26 万公顷、产值 4 亿元，从事番石榴种植农户达到 1 万户，从业人数 2 万人以上，是澄海区水果支柱产业之一；海南省琼海市已成为省内规模最大、产量最多、影响最广，并具集约化、品牌化的番石榴生产基地，种植面积达 0.15 万公顷、年产量 4.6 万吨，素有"特色番石榴之乡"称号，产品不但畅销省内外，甚至还有少量出口。

毛叶枣，又名印度枣、台湾青枣。是鼠李科枣热带亚热带常绿乔木或灌木，原产印度、缅甸及中国云南等地，其叶背有茸毛，故称毛叶枣。毛叶枣果实脆甜可口、营养丰富，每 100 克鲜果肉含蛋白质 0.5 克、脂肪 1.0 克、碳水化合物 18~23 克、维生素 C 75~150 毫克，且含有多种氨基酸和钙、磷、铁、锌等人体必需的矿物质等。此外，毛叶枣果形优美而兼具苹果、梨、枣的风味，素有"热带小苹果"美称。毛叶枣鲜食不寒不热且具有清凉解毒之功效，加工可制果脯、果干等，深受消费者喜爱。毛叶枣主要分布在印度、泰国、缅甸、越南及中国台湾等地，其适应性强，特别耐旱、耐盐碱，对土壤要求不严。中国台湾于 1944 年从印度和泰国引种，1993 年面积发展到 0.13 公顷。20 世纪 90 年代初，台湾农业投资商把毛叶枣作为重要的农业投资品种，引进内地种植，目前在中国热区的广东、广西、福建、海南、云南等地都有种植，种植面积约 1.33 万公顷，年产量 10 多万吨，产值约 10 亿元。

莲雾。桃金娘科蒲桃属乔木，又名蒲桃、水翁等，原产于马来半岛、印度尼西亚一带，是热带、南亚热带地区常绿乔木。莲雾果实营养丰富，每 100 克鲜果肉含蛋白质 0.5 克、脂肪 0.24 克、糖 6.56 克，还富含多种维生素，以及钾、钙、镁、锌等矿物质元素。其性平味甘，具有润肺、祛痰、生津止渴；等功效，具有较高的经济价值。此外，雾果实颜色鲜艳、果形独特，具有较高的观赏价值。目前台湾莲雾栽培面积为 667 万公顷，年产量达 10 万多吨，台湾已从莲雾资源的开发和利用中获得了极大的经济效益。中国内地莲雾种植起步较晚，现在海南、广东、福建、广西等地有引种栽培，栽培面积约 0.27 万公顷，产量 5.6 万吨，产值超 5 亿元，其中海南种植面积约 0.13 万公顷，占种植面积的 50%。

火龙果。仙人掌科量天尺属植物，原产中美洲地区，是近年来新兴的热带特色果树，果实营养丰富，具有低脂肪、高纤维素、高维生素C、高磷脂、低热量等特点，每100克果肉中含脂肪0.21~0.61克、蛋白质0.15~0.22克、果糖2.83克、葡萄糖7.83克、钙6.3~8.8毫克、铁0.55~1.65毫克、维生素C8.0~9.0毫克。此外还含有少有的植物性白蛋白及花青素。经常食用可预防便秘及降低血糖、血脂、血压等，食疗和保健功能显著。20世纪90年代初期，我国（不含港澳台地区）从我国台湾引进火龙果进行试种，后迅速在广东、广西、海南、福建和云南等地推广种植。据不完全统计，2009年中国火龙果种植面积约0.32万公顷，产量约8.5万吨，产值3.5亿元。主产区为广西和海南，其中广西种植面积约0.16万公顷、海南约0.07万公顷。由于种植火龙果前期投入较大，农户种植较少，大部分果园均以企业、农场主投入发展为主。

红毛丹。无患子科韶子属果树，原产马来西亚，是热带著名的珍稀水果，因外果皮上着生红色柔刺毛，果型似荔枝，故有"毛荔枝"之称。红毛丹营养价值高，可溶性固形物15%~19%、总糖12%左右、每100克含有维生素C30~70毫克，此外含有丰富的维生素A、B，矿物质钾、钙、镁、磷等，具有补充体力、滋养强壮、补血理气的功效；含铁量亦高，有助于改善头晕、低血压等。早在20世纪60年代，我国海南保亭热带作物研究所从马来西亚引种成功，从此红毛丹果树产业在海南保亭发展迅速，并成为当地特色水果。由于红毛丹为典型热带特色水果，对气候条件要求严格，目前主要集中种植在中国海南保亭、陵水、三亚及云南西双版纳等地区。特别是海南保亭热带作物研究所经数十年的品种选育、技术总结与示范推广，以及保亭县对红毛丹产业发展的大力支持，目前红毛丹种植面积约0.33万公顷、年产量1万吨，产值约1亿元。红毛丹产业已成为海南保亭及各垦区农场的农业支柱产业之一。

除了以上规模与产业基础相对较好的特色水果外，还有少量零星种植、引种或品种筛选阶段的热带特色水果。例如，果实味美，果肉晶莹剔透，为热带水果中珍品，有"水果皇后"美称的山竹；营养丰富，果肉富含蛋白质、维生素、矿物质及丰富膳食纤维，味如面包的"木本粮食"面包果；果实具有独特变味功能，且颇具神秘性与趣味性的奇特果树神秘果；果肉类似煮熟鸡蛋黄、可鲜食或加工成奶油的蛋黄果；果实脂肪和蛋白质含量高，味如乳酪而有"树林黄油"之美称的油梨；还有树体和果实结构类似菠萝蜜，但果肉口感、风味更优且方便携带的尖蜜拉；等等。目前，这些特色果树处于引种试种阶段，少有商品化生产，但近年其需求量稳步增长，发展前景广阔，应加强国外优异种质资源引进，筛选出适合我国热区栽培的品种，并扩大面积推广种植，满足人们对名、特、优、新、稀热带特色水果需求。

第二章

肥料基础知识

第一节　肥料的基本特征

一、肥料定义

何谓肥料，凡是施入土壤或喷洒于作物叶片上，能直接或间接提供一种或一种以上植物必需的营养元素供给作物养分，而获得高产优质的农产品；或能改良土壤理化、生物性状逐步提高土壤肥力，而不产生对环境有害的物质均为肥料。肥料是农业生产的主要物质基础之一。我国早在西周时就已知道田间杂草在腐烂以后，有促进黍稷生长的作用。《齐民要术》中详细介绍了种植绿肥的方法以及豆科作物同禾本科作物轮作的方法等；还提到了用作物茎秆与牛粪尿混合，经过踩踏和堆制而成肥料的方法。在施肥技术方面，《汜胜之书》中有详细叙述，强调施足基肥和补施追肥对作物生长的重要性。唐、宋以后随着水稻在长江流域的推广，施肥经验日益积累，从而总结出"时宜、土宜和物宜"的施肥原则，即施肥应随气候、土壤、作物因素的变化而定。随着近代化学工业的兴起和发展，各种化学肥料相继问世。18世纪中叶，磷肥首先在英国出现；1870年德国生产出钾肥；20世纪初合成氨研制成功。随后，复合肥料、微量元素肥料和长效肥也先后面世。由于化肥数量和品种的增多及质量的提高，农业生产中的肥料总投入量日益增大，作物产量也相应提高。

二、肥料分类

肥料品种繁多，根据肥料提供植物养分的特性和营养成分，肥料可分为无机肥料、有机肥料、生物肥料和新型肥料四大类。

无机肥料分为大量元素肥料（N、P、K）、中量元素肥料（Ca、Mg、S）、微量元素肥料（Fe、Mn、Zn、Cu、Mo、B、Cl）和有益元素（Si、Na、Co、Se、Al）。大量元素肥料又按其养分元素的多寡，分为单元肥料（仅含一种养分元素）和复合肥料（含两种或两种以上养分元素），前者如氮肥、磷肥和钾肥；后者如氮磷、氮钾和磷钾的二元复合肥以及氮磷钾三元复合肥。有机肥料包括有机氮肥、合成有机氮肥等。中国习惯使用的有人畜禽粪尿、绿肥、厩肥、堆肥、沤肥和沼气肥等。生物肥料是一类以微生物生命活动及其产物导致农作物得到特定肥料效应的微生物活体制品，具有生产成本低、效果好、不危害环境，施后不仅增产，而且能提高农产品品质和减少化肥用量。随着农业科学的发展与分析化学技术的进步，在16种必需的营养元素之外，还有一些营养元素，它们对某些植物的生长发育具有良好的刺激作用，在某些特定条件下所必需，但不是所有植物所必需，这些元素称之为"有益元素"。主要包括硅、钠、钴、硒、铝等。

有关新型肥料的界定当今还没有统一的标准。新型肥料主要特征为生态、有机、环保、低碳。从字面上来理解，所谓新型肥料应该是有别于传统的、常规的肥料，我国科技部和商务部《鼓励外商投资高新技术产品目录》（2003）中有关新型肥料目录就包括：复合型微生物接种剂；复合微生物肥料；植物促生菌剂；秸秆、垃圾腐熟剂；特殊功能微生物制剂；控、缓释新型肥料；生物有机肥料；生物有机无机复合肥料等。目前公认的新型肥料包括缓控释肥、新型有机肥、生物肥、生物有机肥、生物有机无机复混肥、叶面肥、中微量元素肥、植物生长调节剂、BB 肥、稀土肥、多功能等肥料。新型肥料与常规肥料的区别关键在于一个"新"字，而一个事物的"新"与"旧"是随着时间的变化而变化的，也就是说，现在的新型肥料，用不了多久可能也就成为常规肥料了。而现在的常规肥料也是由当年的新型肥料经多年应用而稳定下来的。从当前生产实践来看，肥料工作的重点还是应该放在提高科学施肥水平上，完善施肥技术、推广平衡施肥理念至关重要。常规肥料在今后相当长的时间内仍将是肥料应用的主流。

三、肥料的地位和作用

1. 肥料是保障国家粮食安全实现农业可持续发展的物质基础

肥料投入占全部农业物资的一半。综观国内外研究结果，20 世纪粮食单产的 1/2，总产的 1/3 来自肥料的贡献。如果停止施用化肥，全球作物产量将减产 50%，肥料是保障粮食安全的战略物资。

化肥的出现，改变了自然界养分元素的物质循环过程，使大量营养元素输入到农田生态系统。但是，高度开放型的现代农田生态系统，施肥使作物增产的同时也使作物从农田带出更多的养分，如果不能对农田养分循环合理管理，土壤生产力可能会出现衰退。但这并不是化肥本身的问题，而是人为不合理使用化肥或农田养分管理不当造成的。没有化肥的投入，就不会有 20 世纪作物产量的成倍增长，农业可持续发展就没有可靠的物质基础。国内外的长期肥料试验证明，长期施用化肥可以保持地力和实现农业持续高产。

我国耕地和粮食作物播种面积逐年下降，提高单产是增加粮食总产的唯一途径。若以现有人均产粮 400 千克计，2030 年 16 亿人需产粮 6.4 亿吨，粮食平均单产由目前的 4.5 吨/公顷提高到 7.5 吨/公顷，增产 2/3。2030 年在现有 5 亿吨粮食产量的基础上增长 1.4 亿吨，按每千克养分增产 10 千克粮食计，增产粮食即需增加用肥 1 400 万吨，再加上结构调整、林草用肥等，2030 年用肥量至少 6 600 万吨。

2. 增加作物产量

据联合国粮农组织（FAO）统计，在 1950—1970 年的 20 年中，世界粮食总产增加近一倍，其中因谷物播种面积增加 10 600 万公顷，所增加产量占 22%；由于单位面积产量提高所增加的产量占 78%，而在各项增产因素中，西方及日本科学家一致认为，增加肥料起到 40%~65% 的作用。据全国化肥试验网 1981—1983 年在全国 29 个省（自治区）18 种作物上完成的 6 000 个田间试验结果，其中对粮食作物（水稻、玉米、小麦），每千克化肥养分平均可增产 9.4 千克（每千克 N、P_2O_5 和 K_2O 分别增产 10.8、7.3 和 3.4 千克），各期投入量比例为 1：0.4：0.1（加权平均）。进入 20 世纪 90 年代后，由于化肥平均施用量的提高和肥效报酬递减等原因，氮、磷养分的增产作用有所降低，钾素养分的增产效果有所提高。按 1986—1995 年部分试验资料统计，平均肥效降低约 20%，即每千克化肥养分平均可增产粮食 7.5 千克。由于近半个世纪以来，在世界不同地区不同作物的肥效试验结果基本一致，故世界各国化肥增产作用的评价也基本相同，大致而言，化肥在粮食增产中的作用，包括当季肥效和后效，可占到 50% 左右。张世贤统计（1996），我国 1952—1995 年，粮食产量与化肥投入量同步增长密切相关。20 世纪末，我国生产粮食约为 5 亿吨，年投入化肥 4 200 万吨，占年粮食总产量的 47.3%。因此，在对化肥多方面积极作用的认识上，对其在粮食增产中作用的评价最为一致。

3. 提高作物品质

（1）提高小麦产量和品质

有机无机肥料合理配合施用，是现代施肥技术发展的方向，可以提高化肥利用率，改善二壤理化性状，提高作物产量品质，具有较高的生态效益和经济效益。据调查，在土质、前茬、品种、播期、播量等因子基本相同时，连续 5 年以上施土粪 4~5 吨，化肥折纯氮 8.5 千克的小麦，小麦亩产 305.7 千克；而连续 5 年以上单施化肥折纯氮 8.5 千克的小麦单产 180.9 千克，相差 124.8 千克。对麦田 0~20 厘米土层物理性状进行测定，有机无机肥料配合施用的麦田土壤结构好，水稳性团粒增加 3.4%，土壤容重降低 0.06 克/立方厘米，有机质增加 0.096%，全氮增加 0.005 8%，全磷增加 0.005 1%，每千克小麦成本也降低。施有机肥 5 吨，含全氮 0.203%，速效磷 413 毫克/千克；配合施无机纯氮肥和磷各 5 千克，最高产 325 千克；比单施无机肥的增产 9.6%。施同等质量有机肥 2.5 吨，配合纯氮和磷各 10 千克，产小麦 348 千克。两种处理的经济效益相当，因为它们含有全氮总量大致相同，有机肥 2.5 吨，土壤有机质含量增加 0.027%，全氮增加 0.006 8%；施有机肥 2.5 吨，配无机氮、磷各 10 千克，土壤有机质增加 0.112%，全氮增加 0.019%，速效磷含量增加 8.9 毫克/千克。有机肥 5 吨，配合无机氮、磷各 5 千克，土壤有机质增加 0.103%，全氮增加 0.013 6%，速效磷增加 16.5 毫克/千克。试验表明：有机肥不能保证供应的情况下，短期内无机氮、磷配合施用，可以保持一定产量。施氮量与小麦籽粒的粗蛋白和赖氨酸含量呈正相关，同一品种亩施有机肥 2.5 吨和无机氮、磷各 5 千克，小麦籽粒粗蛋白和赖氨酸含量分别为 13.2% 和 0.34%；亩施有机肥 2.5 吨和无机氮、磷各 10 千克，小麦籽粒粗蛋白和赖氨酸含量分别为 14.60% 和 0.36%；亩施有机肥 5 吨和无机氮、磷各 5 千克，小麦籽粒粗蛋白和赖氨酸含量分别为 14.20% 和 0.39%；亩施有机肥 5 吨和无机氮、磷各 10 千克，小麦籽粒粗蛋白和赖氨酸含量分别为 15.20% 和 0.38%。而每亩单施无机氮、磷各 10 千克的小麦籽粒粗蛋白和赖氨酸含量分别为 14.50% 和 0.37%。

（2）提高蔬菜品质

硝酸盐含量。不同种蔬菜硝酸盐含量有所不同，白菜、菠菜含量最高，甘蓝居中，番茄和菜花含量较少；施 N 量相同情况下，施化肥的较厩肥的硝酸盐含量略高，但当 N 用量加倍（300 千克/公顷）时，硝酸盐含量均增高，单独施用氮肥的处理，无论何种蔬菜，硝酸盐含量均偏高，但 NPK 处理，硝酸盐含量基本上均降低。

维生素 C 含量。从蔬菜维生素含量看，以菜花最为丰富，其次是甘蓝和番茄，含量最低者为白菜和生菜。无论哪种蔬菜，任何施肥处理均能提高维生素 C 含量，但仍以厩肥或厩肥与化肥配合为好。厩肥与化学氮肥施用后，导致蔬菜维生素 C 含量的提高。如折算成施肥后的公顷增产量，以及千克增产菜量中所能多得的维生素 C 的量，则为 225~2 250 克/公顷。

4. 提高土壤肥力

国内外 10 年以上的长期肥效试验结果证明，连续系统地施用化肥都将对土壤肥力产生积极的影响。每年每季投入农田的肥料，一方面，直接提高土壤的供肥水平，供应作物的养分；另一方面，在当季作物收获后，将有相当比例养分残留土壤（N 约 30%，P 约 70%，K 约 40%），尽管其残留部分（如 N）可能会经由不同途径继续损失，但其大部分仍留在土壤中，或被土壤吸持，或参与土壤有机质和微生物体的组成，进而均可被第二季、第二年以及往后种植的作物持续利用，这就是易被人们忽视的肥料后效。而且如连续多年合理的施用肥料，其后效将叠加，土壤有效养分持续增加，作物单产不断提高，使耕地的肥力不但能保持，而且将越种越肥。肥料连续后效使土壤生产力不断提高的一个重要证据是，对一个地区不同阶段的同一种作物，在当季不施肥的条件下，其单产能呈现不断增加的趋势。如水稻，单季不施肥的单产从建国初期（1950—1952）的约 1.5 吨，到 20 世纪 60 年代低施肥量下的 2.25~3.0 吨/公顷，70 年代末的 4.5 吨/公顷，达到 20 世纪末连续高施肥量下的约 6 吨/公顷。根据 1995—1998 年试验的统计，小麦当季无肥区单产为 3.05 吨/公顷，单季晚稻为 5.85 吨/公顷。两季相加，不施肥下粮食产量可达 8.9 吨/公顷。当然与一季无肥种植不同，若耕地连续无肥种植，粮食作物单产将每季递减 285~390 千克/公顷，4~6 年后，无肥时稻麦的单产将回复到 20 世纪 50 年代的 1.5 吨/公顷左右，积累的肥料后效将耗尽。因此，当季无肥区作物单产的不断增加，是土壤肥力（土壤生产力）持续提高的标志。可以认为，所谓培肥土壤或提高土壤肥力，说到底是提高土壤在无肥条件下的生产力，而连续和系统地施用化肥和有机肥，则是提高土壤肥力或生产力的有效方式。应当看到，高产地区或田块之所以高产，是其长期高施肥量下培育的结果，并能高施肥量下保持其高产水平，也是低产地区或田块不能期望一步跃上高产水平之原因所在。1995—2000 年我国农业生产连续全面丰收，除政策、气候等因素外，一个无可否认的重要事实是，我国在 1985—1988 年后化肥施用量快速递增，10~15 年连年叠加的化肥后效发挥了重要作用。

正确认识化肥对土壤肥力的影响的一个核心问题，就是化肥是否只会单向消耗土壤有机质，是土壤有机质含量不断下降甚至消耗殆尽？众所周知，土壤有机质是由土壤生产的有机物，以不同方式（根茬、秸秆或有机废物等）残留和归还土壤并长期积累的。作物产量越高，单位面积收获的农产品越多，自然残留和归还土壤的有机物越多。例如根茬的残留量，据沈敏（1998）汇总的资料，水稻、小麦和玉米的根茬占其地上部籽粒产量的百分比为：29%~44%、29%~59%、29%~53%，大豆为 21%~60%，油菜为 19%~53%。如以众数 35% 计，若每公顷收获籽粒 6 吨，则相应残留的根茬有机质为 2.1 吨/公顷或有机碳 1.22 吨/公顷。显然对土壤有机质的补偿和积累有重要意义。而化肥入土后被土壤微生物利用可转化为微生物体，也可直接参与土壤中有机物的降解和有机中间产物的再合成（如形成腐殖物质），也都能增加土壤有机质含量和促进有机物的代谢更新。另一方面，以多种方式施用和归还农田的有机废弃物（秸秆、有机肥等），也是补偿和增加土壤有机质的重要途径。但对其增加有机质的重要性必须要有深一层的认识，不能简单化。因为有机肥一旦进入土壤，一般不能长久保持其原有的数量和形态，而首先在微生物的作用下被不断降解、转化，甚至消亡，即经历一个阶段的矿质化，然后由其降解的中间产物或微生物体等进入能形成较稳定的有机质，如胡敏酸等腐殖化阶段。尽管不同土壤中新鲜有机物经过矿质化和腐殖化的相对比例与时间各不相同，但都是必经过程。因此，任何耕地土壤，只要中断补充新鲜的有机物质（包括根茬残留和施用有机肥），中断土壤中微生物的新鲜能源供应，则土壤中积累的较稳定的腐殖物质也会降解消亡。如有大量有机质的黑钙土，开垦耕种数年后，有机质量剧减，即是这种消亡的实例。因而，人们使用多种有机物归还土壤，是在不断转化和更新的条件下，维持乃至提高土壤中有机物的数量和组成的表观平衡。增施化肥恰恰是通过作物生产以提高有机物的生产总量，增加根茬残留量和有机物还田量的最基本手段。

国外连续数十年至百年的长期试验结果表明，在化肥区的作物产量略高于有机肥区，无肥区产量仅为化肥区或有机肥区 35%～40% 的水平下，连续施用 N、P、K 化肥区，其保持的土壤有机碳含量虽比有机肥区明显减少，但仍比无肥区高。英国、前苏联、丹麦、日本等 7 个平均连续 47 年的长期试验结果，无肥区、化肥区和有机肥区土壤有机碳的含量为 1.12%（100%）；1.27%（114%）和 1.75%（156%）。由中国农业科学院土壤肥料研究所主持，在我国不同轮作区完成的连续 10 年的肥效定位试验，获得相似结果。如以 10 年前开始试验时的土壤有机质含量为 100%，则施用单一氮肥区的有机质含量，经 10 年后平均下降 5%，为基础样的 89%～100%；化肥区平均增高 3.5%，为基础样的 100%～106%，且全氮量明显增加，平均比 10 年前增加约 10%；而在化肥基础上连续增施有机肥，其有机质和全氮含量平均可提高 10%（104%～118%）和 20%（112%～132%）。单施氮肥区 10 年后土壤速效 P、K 都有下降，而 N、P、K 化肥区和化肥加有机肥区则都有上升，尤其是速效磷。由于 20 世纪 80 年代后，我国农业生产中，对农作物施用单一氮肥的状况已基本改变，多种有机肥源正被充分利用，因而我国大部分农业区对大田作物和经济作物的施肥，都能配合施用化肥和有机肥，尽管所施化肥 N、P、K 的比例不尽合理，所施有机肥的数量可能不足，也不一定能充分腐熟，但全国多数地区耕地土壤有机质和全氮含量呈现出持续增长的趋势表明，我国的施肥制度正在成熟，化肥的持续大量施用，对我国多数耕地土壤的肥力正发挥积极作用。发达地区对化肥的用量大，增长较快、较早的上海郊区 36 个点的半定位调查结果表明，1973—1975 年与 1962—1964 年相比，耕层土壤有机质增加 0.56%±0.14%（折有机碳增加 0.33%±0.08%），全氮增加 0.01%～0.02%，1996—2001 年我国农业部和有关省、市发表的类似调查统计，其结果基本相似。

5. 发挥良种潜力，补偿耕地不足

（1）发挥良种潜力

现代作物育种的一个基本目标是培育能吸收和利用更多肥料养分的作物新品种，以增加产量、改善品质。因此，高产品种可以认为是对肥料具有高效益的品种。例如，以德国和印度小麦良种与地方种相比，每 100 千克产量所吸收的养分基本相同，但良种的单位面积养分吸收是地方种的 2.0～2.8 倍，单产是地方种的 2.14～2.73 倍。因此，被誉为"绿色革命之父"的小麦育种专家 N. E. Borlaug 一再强调，肥料对于以品种改良为突破口的"绿色革命"具有决定性意义。

我国杂交水稻的推广也与肥料投入量密切相关。据湖南省农业科学院土壤肥料研究所报告（1980），常规种晚稻随施肥量增加，其单产增加不明显，而杂交晚稻（威优 6 号）则随施肥量增加而增产显著，单产提高约 1.5 吨/公顷，每公顷产量（稻谷加稻草）的养分吸收量：杂交较常晚多吸收 N 21～54 千克，P_2O_5 1.5～15 千克，K_2O 19～67.5 千克。因此，肥料投入水平称为良种良法栽培的一项核心措施。

"杂交水稻"之父袁隆平院士首次在世界上研究成功籼米型杂交水稻，对我国乃至全世界粮食产量的提高作出了重大贡献，使水稻亩产大面积达到 900 千克以上，他的成果于 1976 年开始在全国大面积推广以来，迄今累计种植面积 46 亿亩，共计增产粮食 4 000 多亿千克，解决了我国及世界人口吃饭难的问题。袁隆平院士在研究水稻良种的同时也十分重视国内外新型肥料的筛选和施用，曾先后引进撒可富、史丹利、汉枫缓释肥、小黑龙生态长效肥、腐植酸"黑肥"等进行试验、示范和大面积施用。目前已总结推广出一整套良种良法相结合的综合水稻高产新技术。

（2）补偿耕地不足

生产实践表明，增加施肥量，可以从较小面积耕地上收获更多农产品，如降低施肥量，则必须用较大面积耕地去收获相同数量的农产品。因此，对农业增施化肥与扩大耕地面积的效果相似。例如，按我国近几年化肥平均肥效，每吨养分增产粮食 7.5 吨计，则每增施化肥 1 吨，即相当于扩大耕地面积 1 公顷。因此，那些人多地少的国家，借助增加投肥量以谋求提高作物单产，弥补其耕地不足。人多地少的日本、荷兰，其施肥量是美国、苏联的相加施肥投入量，使其种植面积相对增加 60%～227%。显然，如能将这种认识变成全社会的强烈意识和国策，将对我国农业生产的稳定和发展产生重大影响。

6. 促进绿色有机产业发展

（1）增加有机肥量

化肥投入量的增加，与作物产量的提高和畜牧业的发展有关。统计表明，德国从 1850—1965 年的 115 年间，化肥从无到有，直至平均施用量增至 300 千克/公顷，随着粮食增产和畜牧业发展，施用于农田的有机肥也从 1.8～2.0 吨/公顷，增加到 8～9 吨/公顷，增长 4.5 倍。我国从 1965—1900 年，投入农田的化肥量增加 14.7 倍，有机肥实际投入量则增加 1 倍，而以秸秆和根茬等形式增加的有机质总量则更多。

由此可见，农牧产品中的生物循环必然将相当数量的化肥养分保存在有机肥中。有机肥成为化肥养分能不断再利用的载体。因此，充分利用有机肥源，不仅可以发挥有机肥的多种肥田作用，也是充分发挥化肥作用，使化肥养分能持续再利用的重要途径。

（2）发展绿色资源

化肥作为一种基本肥源，是发展经济作物、森林和草原等绿色资源的重要物质基础。据统计，我国在较充足地施用化肥，实现连年粮食丰收、人民温饱的条件下，经济作物也获得大幅度发展。1995 年前的 10 年中，糖料、油料、橡胶、茶叶等作物增加 50%～80%，瓜、菜增加 150%～170%；水果增加 250%。且随着农村种植业结构的调整，还在继续发展，极大地增强了我国城乡市场和农产品的出口能力。粮食和多种农副产品的丰足，也有力的促进退耕还林、还草的大面积实施和城乡的大规模绿化，在宏观上治理水土流失，保护和改善生态环境提供可靠的基础。

我国有 1.42 亿公顷森林（FAO，1990）长期在雨养的自然条件下生长。如能重点的施用肥料（尤其对那些次生林），即可加速成材和扩展覆盖率。我国有 3.18 亿公顷草原（FAO，1990），长期缺水少肥，载畜率极低，有的每公顷年产肉量不到 15 千克。如能对有一定水源的草原适量施肥，可较快地提高生草量和载畜率。一些发达国家，其耕地平均施肥之所以较高，因其有相当数量用于林业和草地，用于发展多种经济作物和实施城乡大规模绿化。使其农业劳动生产率得以提高，畜牧业发达，农牧产品丰富，而且因其能充分开发和利用绿色资源而使其保持优美的生态环境。

化肥自身存在的某些缺陷以及不合理施用化肥，给环境带来不同程度的污染。世界和中国每年氮肥消费量分别约为 9 000 万吨和 2 000 万吨，通过气态、淋洗和径流等各种途径离开农田损失的数量分别达 3 500 万吨和 900 万吨。我国南方和北方调查结果表明，调查区域内有 50% 的地下水和饮用水硝酸盐超标。江河湖泊富营养化，温室气体的增加，农产品硝酸盐污染等，都与施用化肥不当有关。

新型肥料是肥料家族中不断出现的新成员、新类型、新品种，其内涵是动态发展的，是肥料产业创新发展的原动力。肥料从古代的灰肥、草肥、绿肥、粪肥，发展到今天的化学肥料、生物肥料等，每一次新型肥料的出现，都极大地促进产量提高、农作制度变革和推动农业发展。

世界各国都在针对化学肥料利用率低，施用过程中容易出现损失而污染环境等问题，纷纷研制养分控制释放肥料，要求肥料养分的释放节律与作物的养分吸收相吻合，既可以实现一次性施肥省工高效，又可以大幅度提高肥料利用率。新型生物肥料、有机复合肥料，以及提高作物抗逆性、改善资源利用效率的多功能肥料等都是顺应农业可持续发展需要而生产的新型肥料类型。10 年来，随着控制化肥用量的环境立法在世界各国越来越重视，世界普通化肥用量出现负增长，但是新型缓/控释肥消费每年以高于 5% 的速度增长。20 年来，日本、美国等国家聚合物包膜控制释放肥料的消费量平均每年增长速度为常规肥料的 10 倍以上。世界各国都在投巨资发展新型肥料，抢占新型肥料研究的制高点。新型肥料研究一直是国际农业高技术领域竞争的重要领域。

第二节　主要化学肥料类型及性质

当自然环境中的营养条件不能满足果树生长发育的需要时，就应通过施肥来补充和调节某些营养元素，为果品生产创造适宜条件。化肥具有果树所必需的营养元素含量高、速效、施用方便等特点，科学合理安全施用化肥是获取高产优质果品的基础。氮肥、磷肥、钾肥为大量元素肥料；钙、镁、硫为中量元素肥料；锌、硼、锰、铜、铁、钼为微量元素肥料。

一、氮　肥

1. 尿　素

（1）性　质

尿素［（NH$_2$）$_2$CO］占我国氮肥总量的40%，是主要氮肥品种，含氮（N）46%，属生理中性肥料。

尿素是含氮量最高的固体氮肥，属酰胺态氮肥。通常为白色粒状，不易结块，流动性好，易于施用。易溶于水，水溶液呈中性反应，吸湿性较强，由于在尿素生产中加入石蜡等疏水物质，其吸湿性大大下降。

尿素在造粒过程中，温度达50℃时便有缩二脲生成，当温度超过135℃时，尿素分解生成缩二脲。其反应式如下：

$$CO(NH_2)_2 \rightarrow (CONH_2)_2 \rightarrow NH+NH_3\uparrow$$

尿素中缩二脲含量超过2%时就会抑制种子发芽，危害作物生长，例如，小麦幼苗受缩二脲毒害，会出现大量白苗，分蘖明显减少。

尿素施入土壤后，以分子态溶于土壤溶液中，并能被土壤胶体吸附，土壤胶体吸附尿素的机理是尿素与黏土矿物或腐殖质以氢键相结合。尿素在土壤中经土壤微生物分泌的脲酶作用，水解为碳酸铵或碳酸氢铵。在土壤呈中性，水分适当时，温度越高，尿素水解越快。一般10℃时需7~10天，20℃时4~5天，30℃时只需2天就能完全转化为碳酸铵。碳酸铵很不稳定，容易挥发，所以施用尿素应深施盖土，防止氮素损失。尿素是中性肥料，长期施用对土壤没有破坏作用。

（2）主要技术指标

农用尿素的主要技术指标见表2-1。

表2-1　农用尿素国家标准（GB 2440—2001）

项目		指标		
		优等品	一等品	合格品
总氮（N）（以干基计）（%）	≥	46.4	46.2	46.0
缩二脲（%）	≤	0.9	1.0	1.5
水分（H$_2$O）（%）	≤	0.4	0.5	1.0
亚甲基二脲（以HCHO计）（%）	≤		0.6	
颗粒（0.85~2.80毫米）（%）	≥	93	90	
颗粒（1.18~3.35毫米）（%）	≥	93	90	
颗粒（2.00~4.75毫米）（%）	≥	93	90	
颗粒（4.00~8.00毫米）（%）	≥	93	90	

（3）果树安全施用技术

尿素适宜于各种土壤，宜做追肥，尤其适合做根外追肥。也可作基肥，作基肥应深施，还应与有机肥及磷、钾肥混合施用。

作基肥施用：施用量应根据果树种类、地力等因素确定，果树地一般每亩用尿素8~20千克。果树和浆果作物对氮素非常敏感，需要平衡氮素供应，氮素营养过多，容易使营养生长过旺，影响坐果率。

作追肥施用：一般每亩用尿素6~12千克，可采用沟施或穴施，施肥深度6~10厘米，施肥后覆土，盖严，防止水解后氨的挥发。用尿素追肥要比其他氮肥品种提前几天。沙土地漏水漏肥较严重，尿素可分次施，每次施肥量不宜过多。

尿素含氮量高，用量少，一定要施得均匀；无论作基肥或追肥，均应深施覆土，以避免养分损失。尿素的肥效比其他氮肥晚3~4天，因此作追肥时应提早施用。尿素也可用于果树灌溉施肥。

尿素是电离度很小的中性有机物，不含副成分，对作物灼伤小，并且尿素分子较小，具有吸湿性，容易被叶片吸收和进入叶细胞，所以尿素特别适宜作根外追肥，但缩二脲含量不要超过0.5%。果树喷施尿素水溶液，浓度一般为0.3%~0.6%，每隔7~10天喷一次，一般喷2~3次，喷施时间以清晨或傍晚较好，喷至叶面湿润而不滴流为宜。

2. 硫酸铵

（1）性　质

硫酸铵 [$(NH_4)_2SO_4$] 简称硫铵，也叫肥田粉，约占我国目前氮肥总产量的0.7%，是我国生产和施用最早的氮肥品种之一，含氮（N）20.15%~21%，含硫（S）24%，可作为硫肥施用。

硫酸铵为白色或淡黄色结晶。工业副产品的硫酸铵因含有少量硫氰酸盐（NH_4CNS）、铁盐等杂质，常呈灰白色或粉红色粉状。容重为860千克/立方米，硫酸铵易溶于水，20℃时100毫升水中可溶解75克，呈中性反应。由于产品含有极少量的游离酸，有时也呈微酸性。硫酸铵吸湿性小，不易结块，但在20℃时的临界相对湿度为81%，一旦吸水潮解，结块后很难打碎。

长期施用硫酸铵会在土壤中残留较多的硫酸根离子（SO_4^{2-}），硫酸根在酸性土壤中会增加酸度；在碱性土壤中与钙离子生成难溶的硫酸钙（即石膏），引起土壤板结，因此要增施农家肥或轮换氮肥品种，在酸性土壤中还可配施石灰。硫也是作物的必需养分，但在淹水条件下硫酸根会被还原成有害物质硫化氢（H_2S），引起稻根变黑，影响根系吸收养分，应结合排水晒田、改善通气条件，防止黑根产生。硫酸铵施入土壤后，在土壤溶液中解离为铵离子（NH_4^+）和硫酸根（SO_4^{2-}），可被作物吸收或土壤胶体吸附，由于作物根系对养分吸收的选择性，吸收的铵离子数量远大于硫酸根，所以硫酸铵属于生理酸性肥料。

在酸性土壤施用硫酸铵后，铵离子既可交换土壤胶体上的氢离子，也可被作物吸收后使根系分泌氢离子（H^+），从而使土壤酸性增强。石灰性土壤由于碳酸钙含量较高，呈碱性反应，硫酸铵在碱性条件下分解产生氨气，会引起氮素损失，必须深施、覆土。

（2）主要技术指标

农用硫酸铵的主要技术指标见表 2-2。

表 2-2　硫酸铵产品质量指标（GB 535—95）

项目	指标		
	优等品	一等品	合格品
外观	白色，无可见机械杂质	无可见机械杂质	无可见机械杂质
氮（N）含量（以干基 1 计）（%）≤	21.0	21.0	21.0
水分（H_2O）（%）≤	0.2	0.3	1.0
游离酸含量（以 H_2SO_4 计）（%）≤	0.03	0.05	0.20

（3）果树安全施用技术

硫酸铵可作基肥、追肥。基肥每亩用量 20~40 千克，追肥 15~30 千克，在酸性土壤中施用应与有机肥料混合施用。沟施为好，施后覆土。硫酸铵在石灰性土壤中与碳酸钙起作用生成氨气，易逸失；在酸性土壤中如果施在通气较好的表层，铵态氮易经硝化作用转化成硝态氮，转入深层后因缺氧又经反硝化作用，生成氨气和氧化氮气体逸失到空气中，深施才能获得良好的肥效。

3. 碳酸氢铵

（1）性　质

碳酸氢铵（NH_4HCO_3）又称碳铵、酸式碳酸铵，是我国早期的主要氮肥品种，含氮（N）17%左右。

碳酸氢铵的氮素形态是铵离子（NH_4^+），属于铵态氮肥。产品白色或淡灰色，呈粒状、板状或柱状结晶，容重 0.75，比硫铵轻，稍重于粒状尿素。易溶于水，在 20℃ 和 40℃ 时，100 毫升水中可分别溶解 21 克和 35 克，在水中呈碱性反应，pH 值 8.2~8.4。密度 1.57，易挥发，有强烈刺激性臭味。干燥碳铵在 10~20℃ 常温下比较稳定，但敞开放置时易分解成氨、二氧化碳和水，放出强烈的刺激性氨味。河北省农林科学院土壤肥料研究所试验表明，在 20℃ 时将含水 4.8% 的碳铵充分暴露在空气中，7 天损失大半。碳铵的分解造成氮素损失，残留的水加速潮解并使碳铵结块，碳酸氢铵施入土壤后分解为铵离子和碳酸氢根（HCO_3^-），铵离子被土壤胶体吸附，置换出氢离子、钙离子（或镁离子）等，与其反应生成碳酸、碳酸钙（或碳酸镁），部分铵离子经硝化作用可转化为硝酸根，无副产物。尽管碳铵刚施入土壤时施肥的局部区域 pH 值有所提高，但随着植物的吸收和硝化作用，土壤 pH 值又有降低的趋势，这些都是暂时的，长期施用不影响土质。

（2）主要技术指标

农用碳酸氢铵的主要技术指标见表2-3。

表2-3 碳酸氢铵产品的技术要求（GB 3559—2001）

项目	指标			
	湿碳酸氢铵			干碳酸氢铵
	优等品	一等品	合格品	
总氮（N）（%） ≥	17.2	17.1	16.8	17.5
水分（H_2O）（%） ≤	3.0	3.5	5.0	0.5

注：优等品和一等品必须含添加剂

（3）果树安全施用技术

碳酸氢铵适于作追肥，也可作基肥，但都要深施。一般基施深度10~15厘米，追施深度7~10厘米，施后立即覆土。基施每亩用量30~60千克，追施20~40千克，沟施或穴施。

果树施用碳酸氢铵应注意以下几点：不宜用于设施果树，避免氨气发生危害；忌叶面喷施；忌与碱性肥料混用；忌与菌肥混用；与过磷酸钙混合后不宜久放，因过磷酸钙吸潮性大，使混合肥料变成浆状或结块；必须深施10厘米左右，施后立即盖土，以提高利用率。

二、磷 肥

1. 过磷酸钙

（1）性 质

过磷酸钙 $[Ca(H_2PO_4)_2 \cdot H_2O + CaSO_4]$，别名普通过磷酸钙，简称普钙，含有效磷（$P_2O_5$）12%~20%，占我国目前磷肥总量的70%左右。

物化性质：过磷酸钙是疏松多孔的粉状或粒状物，因磷矿的杂质含量不同而呈灰白色、淡黄色、灰黄色或褐色等。易吸潮、结块，含有游离酸，有腐蚀性，呈微酸性。主要成分是磷酸一钙 $[Ca(H_2PO_4)_2 \cdot H_2O]$，副成分是硫酸钙（$CaSO_4$），还有少量游离磷酸、游离硫酸、磷酸二钙及磷酸铁、铝、镁等。加热时性能不稳定，至120℃以上并继续加热时，五氧化二磷水溶性下降。

农化性质：过磷酸钙的利用率较低，一般只有10%~25%，其主要原因是生成溶解度低、有效性较差的稳定性磷化合物。在中性和微酸性土壤中施入过磷酸钙，有效性最高。pH值6.5~7.5的土壤，磷肥施入后呈磷酸一氢离子（HPO_4^{2-}）和磷酸二氢离子（$H_2PO_4^-$）存在，是作物最有效、最易吸收利用的形态。

（2）主要技术指标

过磷酸钙的主要技术指标执行 GB 20413—2006 标准见表2-4。

表 2-4　过磷酸钙产品的技术要求（GB 20413—2006）

产品类型	项目	优等品	一等品	合格品	
				I	II
疏松过磷酸钙	有效磷（以 P_2O_5）计的质量分数（%）　≥	18.0	16.0	14.0	12.0
	游离酸（以 H_2SO_4）计的质量分数（%）　≤	5.5	5.5	5.5	5.5
	水分的质量分数（%）　≤	12.0	14.0	15.0	15.0
粒状过磷酸钙	有效磷（以 P_2O_5）计的质量分数（%）　≥	18.0	16.0	14.0	12.0
	游离酸（以 H_2SO_4）计的质量分数（%）　≤	5.5	5.5	5.5	5.5
	水分的质量分数（%）　≤	10.0	10.0	10.0	10.0
	粒度（1.00~4.75 毫米或 3.35~5.60 毫米）的质量分数（%）　≥	80	80	80	80

（3）果树安全施用技术

过磷酸钙有效成分易溶于水，是速效磷肥。适用于各种果树及大多数土壤。可以用作基肥、追肥，也可以用作根外追肥。过磷酸钙不宜与碱性肥料和尿素混用，以免发生化学反应而降低磷的有效性。与硫酸铵、硝酸铵、氯化钾、硫酸钾等有良好的混配性能。

用作基肥时，对于速效磷含量较低的土壤，一般每亩施用量 50 千克左右，宜沟施、浅施或分层施。过磷酸钙应与有机肥混合施用，可提高肥效，还兼有保氮作用。如果与优质有机肥混合用作基肥，每亩 20~25 千克。也可采用沟施、穴施等集中施用方法。

作追肥时，一般每亩用量 20~30 千克。注意要早施、深施，施到根系密集层为好。根外追肥时，一般用 1%~3% 的过磷酸钙浸出液。

2. 重过磷酸钙

（1）性　质

重过磷酸钙 [$Ca(H_2PO_4)_2 \cdot H_2O$]，简称重钙，也叫三倍过磷酸钙。通常含有效磷（P_2O_5）40%~50%，主要成分为一水磷酸二氢钙。占我国目前磷肥总产量的 1.3% 左右。

物化性质：外观灰白色或暗褐色，是高浓度微酸性磷肥，大部分为水溶性五氧化二磷(P_2O_5)，还有少量硫酸钙（$CaSO_4$）、磷酸铁（$FePO_2$）、磷酸铝（$AlPO_4$）、磷酸一镁 [$Mg(H_2PO_4)_2$]、游离磷酸和水等。粉末状重钙易吸潮结块，有腐蚀性，颗粒状重钙性状好，施用方便。

农化性质：重钙不含硫酸铁、硫酸铝，几乎全部由磷酸一钙组成，在土壤中不发生磷酸退化作用。在碱性土壤及喜硫作物中，重钙效果不如普钙。

（2）主要技术指标

重过磷酸钙的技术指标执行 HG/T 2219—1991 标准（表 2-5）。

表 2-5　粒状重过磷酸钙产品的技术要求（HG/T 2219—1991）

项目		优等品	一等品	合格品
总磷（P_2O_5）含量（%）	≥	47.0	44.0	40.0
有效磷（P_2O_5）含量（%）	≥	46.0	42.0	38.0
游离酸（以 H_2SO_4 计）含量（%）	≤	4.5	5.0	5.0
游离水分（%）	≤	3.5	4.0	5.0
粒度（1.0~4.0 毫米）（%）	≥	90	90	85
颗粒平均抗压强度，N	≥	12	10	8

（3）果树安全施用技术

重过磷酸钙有效成分易溶于水，是速效磷肥。适用土壤及作物类型、施用方法等与过磷酸钙非常相似，但是由于磷含量高，应注意磷肥用量，施得均匀。重过磷酸钙与硝酸铵、硫酸铵、硫酸钾、氯化钾等有良好的混配性能，但与尿素混合会引起加成反应，产生游离水，使肥料的物理性能变坏，因此生产中只能有限掺混。重过磷酸钙作基肥施用时，应与有机肥混合施用，如果单用时，一般每亩 10~20 千克；作追肥时，一般每亩每次 8~12 千克。喷施一般用 0.5%~1% 的水浸出液。浸出液也可用于灌溉施用。

3. 钙镁磷肥

（1）性　质

钙镁磷肥占我国目前磷肥总产量的 17% 左右，仅次于普通过磷酸钙，其主要成分是磷酸三钙，含 P_2O_5、MgO、CaO、SiO_2 等。

物化性质：钙镁磷肥是一种含磷酸根（PO_4^{3-}）的硅铝酸盐玻璃体，呈微碱性（pH 值 8~8.5），根据所用原料及操作条件不同，成品呈灰白、浅绿、墨绿、黑褐色细粉状。不吸潮，不结块，无毒，无嗅，对包装材料没有腐蚀性，长期贮存不因自然条件变化而变质。有效成分及其含量为 P_2O_5 12%~20%，MgO 8%~20%，CaO 25%~40%，SiO_2 20%~35%。成品自然堆放的堆积密度为 1.2~1.3 吨/米^3。

农化性质：钙镁磷肥是枸溶性肥料，肥效较慢，但有后效。钙镁磷肥的有效磷以磷酸根（PO_4^{3-}）形式分散在钙镁磷肥玻璃网络中，在土壤中不易被铁、铝所固定，也不易被雨水冲洗而流失。当遇土壤溶液中的酸和作物根系分泌的酸时，缓慢地转化为易溶性磷酸盐被植物吸收。

$$Ca_3((PO_4)_2 \xrightarrow{2H^+} 2CaHPO_4 \xrightarrow{2H^+} Ca(H_2PO_4)_2$$

钙镁磷肥除含有磷素外，还含有大量的镁、钙，少量钾、铁和微量锰、铜、锌、钼等，大量的钙离子可减轻镉、铅等重金属离子对作物的危害。其中 8%~20% 的氧化镁（MgO），镁是叶绿素的重要构成元素，能促进光合作用，加速作物生长；含有 25%~

40%的氧化钙（CaO），能中和土壤酸性，起到改良土壤的作用；含有20%~35%的二氧化硅（SiO_2），能提高作物的抗病能力。

（2）主要技术指标

钙镁磷肥主要技术指标执行 GB 20412—2006 标准（表2-6）。

表2-6　钙镁磷肥的主要技术要求（GB 20412—2006）

项目		优等品	一等品	合格品
有效磷（P_2O_5）含量（%）	≥	18.0	15.0	15.0
水分含量（%）	≥	0.5	0.5	0.5
碱分（CaO）质量分数（%）	≤	45.0	45.0	45.0
可溶性硅（SiO_2）质量分数（%）	≤	20.0	20.0	20.0
有效镁（MgO）质量分数（%）	≥	12.0	12.0	12.0
细度：通过0.25毫米试验筛（%）	≥	80	80	80

注：优等品中碱分、可溶性硅和有效镁含量如用户没有要求，生产厂可不作检验

（3）果树安全施用技术

钙镁磷肥广泛适用于各种果树和缺磷的酸性土壤，特别适合于南方钙、镁淋溶较严重的酸性红壤。钙镁磷肥施入土壤后，磷需经酸溶解、转化才能被作物利用，属于缓效肥料。多用作基肥。施用时，一般应结合深施，将肥料均匀施入土壤，使其与土壤充分混合。每亩用量15~20千克，也可一年30~40千克，隔年施用。钙镁磷肥与优质有机肥混拌，应堆沤1个月以上，沤好的肥料可作基肥，可提高肥效。钙镁磷肥不能与酸性肥料混用。不要直接与普钙、氮肥等混合施用，但可以配合、分开施用，效果很好。

三、钾　肥

1. 氯化钾

（1）性　质

氯化钾（KCl）是高浓度的速效钾肥，也是用量最大、施用范围较广的钾肥品种。

氯化钾含钾（K_2O）不低于60%，肥料中还含有氯化钠（NaCl）约1.8%，氯化镁（$MgCl_2$）0.8%和少量氯离子，水分含量少于2%。氯化钾由钾石盐（KC1·NaCl）、光卤石等钾矿提炼而成，也可用卤水结晶制成。

盐湖钾肥是青海省盐湖钾盐矿中提炼制造而成。主要成分为氯化钾，含钾（K_2O）52%~55%，氯化钠3%~5%，氯化镁约2%，硫酸钙1%~2%，水分6%左右。氯化钾一般呈白色或浅黄色结晶，有时含有少量铁盐而成红色。

氯化钾物理性状良好，吸湿性小，溶于水，呈化学中性反应，也属于生理酸性肥料。氯化钾有粉状和粒状2种。粉状肥料可以直接施用，也可同其他养分肥料配制成复混（合）肥。粒状肥料主要用于散装掺和肥料，又称BB肥。

（2）主要技术指标

氯化钾执行 GB 6549—1996 标准，见表 2-7。

表 2-7　农业用氯化钾产品的主要技术要求（GB 6549—1996）

项目		优等品	一等品	二等品
氧化钾（K_2O）（%）	≥	60	57	54
水分（H_2O）（%）	≤	6	6	6

注：除水分外，各组分含量均以干基计算

（3）果树安全施用技术

氯化钾适宜作基肥或早期追肥，对氯敏感的果树一般不宜施用。氯化钾也不宜作根外追肥。氯化钾是生理酸性肥料，在酸性土壤大量施用，也会由于酸度增强而促使土壤中游离铁、铝离子增加，对果树作物产生毒害，因此在酸性土壤中施氯化钾，也应配合施用石灰，可以显著提高肥效。氯化钾不适于在盐碱地上长期施用，否则会加重土壤的盐碱性。在石灰性土壤中，残留的氯离子与土壤中钙离子结合，形成溶解度较大的氯化钙，在排水良好的土壤中，能被雨水或灌溉水排走；在干旱或排水不良的地区，会增加土壤氯离子浓度，对果树生长不利，因此这些地区应控制氯化钾或氯化铵的用量。

氯化钾是速效性钾肥，可以做基肥和追肥。由于氯离子对土壤和果树不利，应多作基肥、早施，使氯离子从土壤中淋洗出去。氯化钾应配合氮、磷化肥施用，以提高肥效。

氯化钾肥适宜在中国南方施用，在南方多雨、排灌频繁的条件下，氯、钠、镁大部分被淋失，其残留量在较长时间内不致引起对土壤的盐害。

氯化钾的适宜用量一般为每亩 7.5 千克左右，具体田块的适宜用量最好通过田间试验来确定。对忌氯的葡萄、苹果、柑橘等果树，应控制施用量，不宜多施。尤其是幼龄树不要施用。盐碱地、低洼地也不宜施用。

2. 硫酸钾

（1）性　质

硫酸钾（K_2SO_4）是高浓度的速效钾肥，不含氯离子，理论含钾（K_2O）54.06%，一般为 50%，还含硫（S）约 18%，适用于各种作物。但货源少，价格较高，目前我国主要应用在苹果、茶树、葡萄等对硫敏感及喜硫、喜钾和忌氯的经济作物上。

物化性质：白色或浅黄结晶体，吸湿性极小，不易结块，易溶于水，不溶于有机溶剂。能生成二元、三元化合物（如 $K_2SO_4 \cdot MgSO_4 \cdot 6H_2O$）。农用硫酸钾一般含氧化钾46%~52%，含硫（S）18%，属于化学中性、生理酸性肥料。

农化性质：硫酸钾是一种高效生理酸性肥料，施入土壤后，钾离子可被作物直接吸收利用，也可被土壤胶体吸附，而硫酸根（SO_4^{2-}）残留在土壤溶液中形成硫酸。长期施用硫酸钾会增加土壤酸性。在石灰性土壤中，残留的硫酸根与土壤中钙离子作用生成硫酸钙（$CaSO_4$，即石膏），会填塞土壤孔隙，造成土壤板结。硫酸钾除含有钾外，还含有作物生长需要的中量元素硫，一般含硫 18% 左右。

（2）主要技术指标

农用硫酸钾执行 GB 20406—2006 标准，见表 2-8。

表 2-8　农业用硫酸钾产品的主要技术要求（GB 20406—2006）

项目		粉末结晶状			颗粒状		
		优等品	一等品	合格品	优等品	一等品	合格品
氧化钾（K_2O）的质量分数（%）	≥	51.0	50.0	45.0	51.0	50.0	40.0
氯离子（Cl^-）的质量分数（%）	≤	1.5	1.5	2.0	1.5	1.5	2.0
水分（H_2O）的质量分数（%）	≤	2.0	2.0	3.0	2.0	2.0	3.0
游离酸（以 H_2SO_4 计）的质量分数（%） ≤				0.5			
粒度（粒径 1.00~4.75 毫米，或 3.35~5.60 毫米）（%） ≥				90			

（3）果树安全施用技术

硫酸钾适用于各种果树，可作基肥，也可作追肥，但以作基肥为好，一般每亩施 5~12 千克；如果作追肥时应早施，一般每亩 5 千克，应注意施肥深度，沟施或穴施到果树根系密集层，以减少钾被固定，也有利于根吸收。施后立即覆土，适时浇水。作根外追肥时，喷施浓度 0.2%~0.3%水溶液，喷施量以叶片湿润而不滴流为宜。钾肥水溶液也可用于灌溉施肥。

3. 硫酸钾镁肥

（1）性　质

硫酸钾镁肥是从盐湖中提取的，分子式 K_2SO_4-$MgSO_4$，外观为无色结晶状，含氧化钾 22%以上，镁（MgO）8%以上，硫 22%以上，基本不含氯化物。不易吸湿潮解，易于贮藏运输。

（2）果树安全施用技术

硫酸钾镁肥适合在果树地作基肥或追肥，可单独施用也可与其他肥料混用。宜用在土壤肥力较低，质地较沙，钾、镁、硫含量较少的果树地上，应深施，集中施，早施。施用时避免与果树幼根直接接触，以防伤根。施用量每亩 30~60 千克，其当季利用率 40%~50%。试验数据显示，苹果每亩用钾肥量（K_2O）平均为 22.28 千克，梨 8.37 千克，桃 25.27 千克，葡萄 67.53 千克，香蕉 93.33 千克，柑橘 9 千克。硫酸钾镁肥特别适合在我国南方红黄壤地区果树施用。

四、中量元素肥

1. 钙　肥

（1）常见钙肥种类和性质

果树常用的钙肥种类和性质见表 2-9。

表2-9　果树常用钙肥种类、主要成分含量和性质

名称	主要成分	氧化钙（CaO）（%）	主要性质
生石灰（石灰岩烧制）	CaO	90（84.0~96.0）	碱性，难溶于水
生石灰（牡蛎、蚌壳烧制）	CaO	52（50.0~53.0）	碱性，难溶于水
生石灰（白云岩烧制）	CaO、MgO	43（26.0~58.0）	碱性，难溶于水
普通石膏	$CaSO_4 \cdot 2H_2O$	26.0~32.6	微溶于水
磷石膏	$CaSO_4 \cdot Ca_3(PO_4)_2$	20.8	微溶于水
普通过磷酸钙	$Ca(H_2PO_4)_2 \cdot H_2O CaSO_4 \cdot 2H_2O$	23（16.5~28）	酸性，溶于水
重过磷酸钙	$Ca(H_2PO_4)_2 \cdot H_2O$	20（19.6~20）	酸性，溶于水
钙镁磷肥	$\alpha\text{-}Ca_3(PO_4)_2 CaSiO_3 MgSiO_3$	27（25~30）	微碱性，弱酸溶性
氯化钙	$CaCl_2 \cdot 2H_2O$	47.3	中性，溶于水
硝酸钙	$Ca(NO_3)_2$	29（26.6~34.2）	中性，溶于水
粉煤灰	$SiO_2 \cdot Al_2O_3 \cdot Fe_2O_3 \cdot CaO \cdot MgO$	20（2.5~46）	难溶于水
石灰氮	$CaCN_2$	53.9	强碱性，不溶于水
骨粉	$Ca_3(PO_4)_2$	26~27	难溶于水

注：CaO（%）＝Ca（%）×1.4

（2）果树安全施用技术

石灰的施用：石灰主要施在酸性土壤，可作基肥或追肥。在土壤pH值5.0~6.0时，每亩适宜用量：黏土75~120千克，壤土50~75千克，沙土30~55千克。土壤酸性大，可适当多施，酸性小可适当少施。

基施时，结合整地将石灰与农家肥一起施入，一般亩施20~50千克，用于改土时亩施150~250千克。追肥可在作物生长期间依据需要进行，以条施或穴施为佳，一般亩施15千克。

石灰施用不宜过量，否则会加速有机质大量分解，造成土壤肥力下降。施用时，应力求均匀，以防局部土壤碱性过大。石灰残效期2~3年，一次施用量较多时，不必年年施用。果树应根据缺钙形态表现进行补钙，如苹果缺钙，新生小枝的嫩叶先褪色并出现坏死斑，叶尖、叶缘向下卷曲，老叶组织坏死，果实出现苦痘病等，即应进行补钙。

石膏的施用：石膏施于碱性土壤，有改善土壤性状的作用。作为改土施用时，一般在pH值9以上时施用。含碳酸钠的碱性土壤中，每亩施100~200千克作基肥，结合灌排深翻入土，后效长，不必年年施用。如种植绿肥，与农家肥、磷肥配合施用，效果更好。

2. 镁　肥

含镁硫酸盐、氯化物和碳酸盐都可作镁肥。

（1）常见含镁肥料的品种、成分和性质

详见表2-10。

表2-10 常见镁肥的品种、成分和主要性质

品种	氧化镁（MgO）（%）	含其他成分（%）	主要性质
氯化镁	19.70~20.00	—	酸性，易溶于水
硫酸镁（泻盐）	15.10~16.90	—	酸性，易溶于水
硫酸镁（水镁矾）	27.00~30.30	—	酸性，易溶于水
硫酸钾镁（钾泻盐）	10.0~18.00	钾（K_2O）22~30	酸性—中性，易溶于水
生石灰（白云岩烧制）	7.50~33.00	—	碱性，微溶于水
菱镁矿	45.00	—	中性，微溶于水
光卤石	14.60	—	中性，微溶于水
钙镁磷肥	10.00~15.00	磷（P_2O_5）14~20	碱性，微溶于水
钢渣磷肥（碱性炉渣）	2.10~10.00	磷（P_2O_5）5~20	碱性，微溶于水
钾镁肥	25.90~28.70	磷（P_2O_5）8~33	碱性，微溶于水
硅镁钾肥	10.00~20.00	磷（P_2O_5）6~9	碱性，微溶于水

（2）果树安全施用技术

镁肥可用作基肥或追肥。基施一般每亩施硫酸镁12~15千克。追施应根据果树缺镁形态症状表现，确定是否施用。如柑橘缺镁，老叶呈青铜色，随后周围组织褪绿，叶基部形成绿色的楔形；香蕉缺镁，叶片失绿，叶柄上有紫红色斑点。应用于根外追肥纠正缺镁症状效果快，但肥效不持久，应连续喷施几次。例如，为克服苹果缺镁症，可在开始落花时，每隔14天左右喷洒2%硫酸镁溶液一次，连续喷施3~5次。一般每亩每次喷施肥液50~100千克。其效果比土壤施肥快。

由于NH_4^+对Mg^{2+}有拮抗作用，而硝酸盐能促进作物对Mg^{2+}的吸收，因此施用的氮肥形态影响镁肥的效果，不良影响程度为：硫酸铵>尿素>硝酸铵>硝酸钙。配合有机肥料、磷肥或硝态氮肥施用，有利于发挥镁肥的效果。

3. 硫　肥

（1）常见硫肥的种类和性质

含硫肥料种类较多，大多是氮、磷、钾及其他肥料的副成分，如硫酸铵、普钙、硫酸钾、硫酸钾镁、硫酸镁等，但只有硫磺、石膏被作为硫肥施用。常见含硫肥料及其主要性质见表2-11。

表2-11 几种含硫肥料及其主要性质

名称	分子式	含硫（S）（%）	性质
石膏	$CaSO_4 \cdot 2H_2O$	18.6	微溶于水，缓效

（续表）

名称	分子式	含硫（S）（%）	性质
硫黄	S	95～99	难溶于水，迟效
硫酸铵	$(NH_4)_2SO_4$	24.2	溶于水，速效
过磷酸钙	$Ca(H_2PO_4)_2 \cdot H_2O \cdot CaSO_4$	12	部分溶于水
硫酸钾	K_2SO_4	17.6	溶于水，速效
硫酸钾镁	$K_2SO_4 \cdot 2MgSO_4$	12	溶于水，速效
硫酸镁	$MgSO_4 \cdot 7H_2O$	13	溶于水，速效
硫酸亚铁	$FeSO_4 \cdot 7H_2O$	11.5	溶于水，速效

（2）果树安全施用技术

因为果树地在常规施肥中已施用了含硫（S）肥料，在土壤有效硫大于20毫克/千克时，一般不需要增施硫肥。否则施多了反而会使土壤酸化并造成减产。果树可根据缺硫的形态症状确定是否施用硫肥。如柑橘缺硫时，新叶失绿，严重时枯梢、果小、畸形、色淡、皮厚、汁少，有时囊汁胶质化，形成微粒状。

硫肥作基肥时，每亩施用硫磺粉1～1.5千克，应与有机肥等混合后施用。也可亩施石膏10～15千克。当果树发生缺硫症状时，喷施硫酸铵或硫酸钾等可溶性含硫肥料水溶液可矫正缺硫症。

五、微量元素肥

微量元素肥料在果树地安全施用的主要原则是应根据果树对微量元素的反应和土壤中有效微量元素的含量施用，土壤中有效微量元素的丰缺见表2-12。

表2-12 土壤中有效微量元素丰缺参考值 （单位：毫克/千克）

元素	测定方法	低	适量	丰富	备注
硼（B）	有效硼（用热水提取）	0.25～0.50	0.5～1.0	1.0～20	
锰（Mn）	有效锰（用含对苯二酚的1mol/L的醋酸钠提取）	50～100	100～200	200～300	
锌（Zn）	有效锌（DTPA提取） 有效锌（0.1mol/L盐酸提取）	0.5～1.0 1.0～1.5	1～2 1.5～3.0	2.4～4.0 3.0～5.0	中碱性土壤 酸性土壤
铜（Cu）	有效铜（0.1mol/L盐酸提取）	0.1～0.2	0.2～1.0	1.0～1.8	
钼（Mo）	有效钼（草酸-草酸铵提取）	0.10～0.15	0.16～0.20	0.2～0.3	
铁（Fe）	有效铁（DTPA提取）	<4.5	4.5	>4.5	

1. 锌 肥

（1）果树常用锌肥的种类与性质

农业生产上常用的锌肥为硫酸锌、氯化锌、碳酸锌、螯合态锌、硝酸锌、尿素锌等，果树施用硫酸锌较普遍。常见锌肥主要成分及性质见表2-13。

表2-13 常见含锌肥料成分及性质

名称	主要成分	含锌（Zn）（%）	主要性质	适宜施肥方式
七水硫酸锌	$ZnSO_4 \cdot 7H_2O$	20~30	无色晶体，易溶于水，呈弱酸性	基肥、种肥、追肥、喷施、浸种、蘸秧根等
一水硫酸锌	$ZnSO_4 \cdot H_2O$	35	白色粉末，易溶于水	基肥、追肥、施、浸种、蘸秧根等
螯合锌	$Na_2ZnHEDTA$	9	液态，易溶于水	追肥（喷施）
氨基酸螯合锌	$Zn \cdot H_2N \cdot R \cdot COOH$	10	棕色，粉状物，易溶于水	喷施

（2）果树安全施用技术

锌肥可用作基肥或追肥。作基肥时每亩施用量1~2千克，可与生理酸性肥料混合施用。轻度缺锌地块隔1~2年施用，中度缺锌地块隔年或翌年减量施用；作追肥时，常用作根外追肥，果树可在萌芽前1个月喷施3%~4%溶液，萌芽后用1%~1.5%溶液喷施，或用2%~3%溶液涂刷枝条，也可在初夏时喷施0.2%硫酸锌溶液。对锌敏感的果树有桃、樱桃、油桃、苹果、梨、李、杏、柑橘、葡萄、胡桃、番石榴等。果树施用锌肥还应根据是否缺锌来确定。例如，果树叶片失绿，叶小簇叶，节间缩短，叶脉间发生黄色斑点等是缺锌的症状表现，及时喷施0.2%的硫酸锌水溶液即可矫正缺锌症。

锌肥施用应注意的是，作基肥时，每亩施用量不要超过2千克，喷施浓度不要过高，否则会引起毒害。锌肥在土壤中移动性差，且容易被土壤固定，因此一定要施均匀，喷施也要均匀喷在叶片上，否则效果欠佳。锌肥不要和碱性肥料、碱性农药混合，否则会降低肥效。锌肥有后效，不需要连年施用，一般隔年施用效果好。

2. 硼 肥

（1）常见硼肥的种类与性质

详见表2-14。

表2-14 常见硼肥的种类和性质

品名	化学分子式	含硼（%）	主要性质
硼酸	H_3BO_3	16.1~16.6	白色晶体粉末，易溶于热水，水溶液呈弱酸性
十水硼酸二钠（硼砂）	$Na_2B_4O_7 \cdot 10H_2O$	10.3~10.8	白色结晶粉末，易溶于40℃以上热水

（续表）

品名	化学分子式	含硼（%）	主要性质
五水四硼酸钠	$Na_2B_4O_7 \cdot 5H_2O$	约14	微溶于水
四硼酸钠（无水硼砂）	$Na_2B_4O_7$	约20	溶于水
十硼酸钠（五硼酸钠）	$Na_2B_{10}O_{16} \cdot 10H_2O$（$Na_2B_5O_8 \cdot 10H_2O$）	约18	溶于水

（2）果树安全施用技术

土施。苹果每株土施硼砂100～150克（视树体大小而异）于树周围。缺硼板栗，以树冠大小计算，每平方米施硼砂10～20克较为合适，要施在树冠外围须根分布很多的区域。例如幼树冠10平方米，可施硼砂150克，大树根系分布广，要按比例多施。但施硼量过多，如每平方米树冠超过40克，就会发生肥害。其他果树也可采用同样方法施硼。

喷施。果树施硼以喷施为主，喷施浓度：硼砂0.2%～0.3%水溶液，硼酸0.1%～0.2%水溶液。柑橘在春芽萌发展叶前及盛花期各喷一次；苹果在花蕾期和盛花期各喷一次；桃、杏和葡萄在花蕾期和初花期各喷一次；肥料溶液用量以布满树体或叶面为宜。

3. 锰　肥

（1）常见锰肥的种类与性质

目前果树常用的锰肥是硫酸锰，其次是氯化锰、氧化锰、碳酸锰等，硝酸锰也逐渐被采用。常见锰肥的成分及性质见表2-15。

表2-15　主要含锰肥料的成分及一般性质

名称	分子式	含锰（%）	水溶性	适宜施肥方式
硫酸锰	$MnSO_4 \cdot H_2O$	31	易溶	基肥、追肥、种肥
氧化锰	MnO	62	难溶	基肥
碳酸锰	$MnCO_3$	43	难溶	基肥
氯化锰	$MnCl_2 \cdot 4H_2O$	27	易溶	基肥、追肥
硫酸铵锰	$3MnSO_4 \cdot (NH_4)_2SO_4$	26～28	易溶	基肥、追肥、种肥
螯合态锰	$Na_2MnEDTA$	12	易溶	喷施
氨基酸螯合锰	$Mn \cdot H_2N \cdot R \cdot COOH$	10～16	易溶	喷施

（2）硫酸锰的物化和农化性质

物化性质：淡玫瑰红色细小晶体，单斜晶系，易溶于水，不溶于乙醇。含锰31%，相对密度2.95。在空气中风化，加热到200℃以上开始失去结晶水，280℃时一水物大部分失去。在700℃时为无水盐熔融物，在850℃时开始分解，因条件不同放出三氧化硫、二氧化硫或氧，残留黑色不溶性四氧化三锰，约在 1 150℃完全分解。

农化性质：锰在作物体中是许多氧化还原酶的成分。参与光合作用、氮的转化、碳水化合物转移等。

（3）果树安全施用技术

果树安全施用硫酸锰以基施和喷施为主，基施硫酸锰一般每亩用 2~4 千克，掺和适量农家肥或细干土 10~15 千克，沟施或穴施，施后盖土。

喷施一般用 0.2%~0.3%硫酸锰溶液。柑橘在春芽萌发展叶前及盛花后各喷一次；苹果在花蕾期和盛花后各喷一次。土壤追肥在早春进行，每株用硫酸锰 200~300 克（视树体大小而异）于树干周围施用，施后盖土。

在果树出现缺锰症状时，应及时喷施补救，果树缺锰素主要表现为叶肉失绿，叶脉呈绿色网状，叶脉间失绿，叶片边缘起皱，严重时褪绿现象从主脉处向叶缘发展，叶脉间和叶脉发生焦枯斑点，叶片由绿变黄，出现灰色或褐色斑点，最后导致焦枯，引起脱落。

4. 铜　肥

（1）铜肥的主要品种与性质

主要含铜肥料见表 2-16。

表 2-16　主要含铜肥料的成分及一般性质

品种	分子式	含铜量（%）	溶解性	适宜施肥方式
硫酸铜	$CuSO_4 \cdot 5H_2O$	25~35	易溶	基肥、叶面施肥
碱式硫酸铜	$CuSO_4 \cdot 3Cu(OH)_2$	15~53	难溶	基肥、追肥
氧化亚铜	Cu_2O	89	难溶	基施
氧化铜	CuO	75	难溶	基施
含铜矿渣		0.3~1	难溶	基施
螯合状铜	$Na_2CuEDTA$	18	易溶	喷施
氨基酸螯合铜	$Cu \cdot H_2N \cdot R \cdot COOH$	10~16	易溶	喷施

（2）硫酸铜的物化和农化性质

物化性质：深蓝色块状结晶或蓝色粉末。有毒，无臭，带金属味，含铜 24%~25%，相对密度 2.284，于干燥空气中风化脱水成为白色粉末物。能溶于水、醇、甘油及氨液，水溶液呈酸性。加热 30℃，失去部分结晶水变成淡蓝色；至 150℃时失去全部结晶水，成为白色无水物；继续加热至 341℃，开始分解生成二氧化硫、氧化铜（黑色）。无水硫酸铜具有极强的吸水性，与氢氧化钠反应生成氢氧化铜（浅蓝色沉淀）。

农化性质：铜含在多酚氧化酚成分中，能提高叶绿素的稳定性，预防叶绿素过早被破坏，促进作物吸收。果树缺铜时叶片失绿，果实小，果肉变硬，严重时果树死亡。

（3）果树安全施用铜肥技术

基施：一般每亩施用硫酸铜 1~2 千克。将硫酸铜混在 10~15 千克细干土内，也可与农家肥或氮、磷、钾肥混合基施。沙性土壤上最好与农家肥混施，以提高保肥能力。一般铜肥后效较长，每隔3~5年施一次。沟施或穴施，施后覆土。

喷施：喷施时配成0.1%~0.2%的水溶液，开花前或生育期喷施，也可与防治病虫害结合喷施波尔多液（1千克硫酸铜、1千克生石灰各加水50升，制成溶液之后混合），最适宜喷施时期是在每年的早春，既可防治病害，又可提供铜素营养。

在果树缺铜出现症状时，应及时进行喷施补救。其症状表现为叶片失绿畸形，枝条弯曲，出现长瘤状物或斑块，甚至会出现叶梢枯并逐渐向下发展，侧芽增多，树皮出现裂纹，并分泌出胶状物，果实变硬。麦类缺铜叶片黄白，变褐，穗部因萎缩不能从剑叶里完全抽出，结实不好。铜过剩可使植物主根伸长受阻，分枝根短小，生育不良，叶片失绿，还可引起缺镁。柑橘对铜极为敏感；草莓、桃、梨、苹果属于中度敏感。

5. 铁　肥

（1）铁肥的主要品种与性质

我国市场上销售的铁肥仍以价格低廉的无机铁肥为主，其中以硫酸亚铁盐为主。有机铁肥主要制成含铁制剂销售，如氨基酸螯合铁、EDDHA类等螯合铁、柠檬酸铁、葡萄糖酸铁等，这类铁肥主要用于含铁叶面肥。常见的铁肥及主要特性见表2-17。

表2-17　主要含铁肥料的成分及一般性质

名称	主要成分	含铁（%）	主要特性	适宜施肥方式
硫酸亚铁	$FeSO_4 \cdot 7H_2O$	19	绿色或蓝绿色结晶，性质不稳，易溶于水	基肥、种肥、叶面追肥
硫酸亚铁铵	$FeSO_4 \cdot (NH_4)_2SO_4 \cdot 6H_2O$	14	易溶于水	基肥、种吧、叶面追肥
尿素铁	$Fe[(NH_2)_2CO]_6(NO_3)_3$	9.3	易溶于水	种肥、叶面追肥
螯合铁	EDTA-Fe，HEDHA-Fe，DTPA-Fe，EDDHA-Fe	5~12	易溶于水	叶面追肥
氨基酸螯合铁	$Fe \cdot H_2N \cdot R \cdot COOH$	10~16	易溶于水	种肥、叶面喷施

（2）果树安全施用铁肥技术

铁肥可作基肥和叶面喷施，基施是将硫酸亚铁与20~50倍优质有机肥混合，集中施于树冠下，挖放射沟5~8条，沟深20~30厘米，施后覆土。一般每亩施用量80~180千克。

果树缺铁引起叶片失绿甚至顶端坏死，不容易矫治，因为铁在作物体内移动性较差，应采用叶面喷施硫酸亚铁的方法进行补救。果树缺铁可用0.2%~1%有机螯合铁或硫酸亚铁溶液叶面喷施，每隔7~10天喷一次，直至复绿为止。硫酸亚铁应在喷洒时配制，不能存放。如果配制硫酸亚铁溶液的水偏碱或钙含量偏高，形成沉淀和氧化的速度会加快。为了减缓沉淀生成，减缓氧化速度，在配制硫酸亚铁溶液时，在每100升水中先加入10毫升无机酸（如盐酸、硝酸、硫酸），也可加入食醋100~200毫升（100~200克）使水酸化后再用已经酸化的水溶解硫酸亚铁。

目前，我国已试生产了一些有机螯合铁肥，如氨基酸螯合铁肥、黄腐酸铁、铁代聚黄酮类化合物。施用氨基酸螯合铁肥或黄腐酸铁时，可喷施0.1%浓度的溶液，肥效较长，效果优于硫酸亚铁。果树缺铁时还可用灌注法，施用浓度0.3%~1%；灌根法，在树冠下挖沟或穴，每株灌2%硫酸亚铁水溶液5~7千克，灌后覆土。树发生缺铁症状表现为叶片尤其是新梢顶端叶片初期变黄，叶脉仍保持绿色，叶片呈绿化网纹状，旺盛生长期症状尤为明显；严重时，叶片完全失绿，变黄，新梢顶端枯死，影响果树正常发育，导致树势衰弱，易受冻害及其他病害的侵染。

6. 钼 肥

（1）常见钼肥的种类与性质

常用的含钼肥料种类与性质见表2-18。

表2-18 主要含铜肥料的成分及一般性质

名称	主要成分	含钼（%）	主要特性	适宜施肥方式
钼酸铵	$(NH_4)_6Mo_7O_{24} \cdot 4H_2O$	50~54	黄白色结晶，溶于水，水溶液呈弱酸性	基肥、根外追肥
钼酸钠	$Na_2MoO_4 \cdot 2H_2O$	35~39	青白色结晶，易溶	基肥、根外追肥
三氧化钼	MoO_3	66	难溶	基肥
含钼玻璃肥料		2~3	难溶，粉末状	基肥
含钼废渣		10	有效钼1%~3%，难溶	基肥
氨基酸螯合钼	$Mo \cdot H_2N \cdot R \cdot COOH$	10	棕色粉末状，易溶	根外追肥

（2）钼酸铵的物化和农化性质

物化性质：钼酸铵 $[(NH_4)_6Mo_7O_{24} \cdot 4H_2O]$ 无色或浅黄色，棱形结晶，相对密度2.38~2.98，溶于水、强酸及强碱，不溶于醇、丙酮。在空气中易风化失去结晶水和部分氨，加热到90℃时失去一个结晶水，190℃时即分解为氨、水和三氧化钼。

农化性质：钼在作物中的作用是参与氮的转化和豆科作物的固氮过程。有钼存在，才能促使农作物合成蛋白质。钼能促进硝态氮的同化作用，缺钼时硝态氮在作物体内大量积累，氮的同化受阻，阻碍果实氨基酸合成，果品品质降低。钼能提高叶片光合作用和促进植物体内维生素C合成，并能促进作物繁殖器官建成。钼还能减少土壤中锰、铜、锌、镍、钴过多而引起失绿症。

（3）果树安全施用技术

基肥：果树地一般每亩用10~50克钼酸铵（或相当数量的其他钼肥）与常量元素肥料混合施用，或者喷涂在一些固体物料的表面，条施或穴施。施钼肥的优点是肥效可持续3~4年。由于钼肥价格昂贵，一般不采用基施，多喷施。

叶面喷施：叶面喷施是果树施用钼肥最常用的方法。根据不同果树的生长特点，在营养关键期喷施，可取得良好效果，并能在果树出现缺钼症状时及时有效矫治作物缺钼症状。果树缺钼时症状首先出现在老叶上，叶片失绿，叶脉间组织形成黄绿或橘红色叶斑，叶缘卷曲，叶凋萎以至坏死，叶片向上弯曲和枯萎，叶片常鞭尾状，花的发育受抑制，果实不饱满。当这种缺钼症状发生时，应及时喷施补救。喷施肥液浓度 0.05% ~ 0.1%。在无风晴天 16 时进行，每隔 7~10 天喷一次，一般需喷 2~3 次，喷至树叶湿润而不滴流为宜。

第三节 有机肥料及其类型

有机肥料是富含有机物质，能提供作物生长所需养分，又能培肥改良土壤的一类肥料。过去，由于有机肥料主要是农民就地取材、就地积存的自然肥料，所以也叫农家肥。但随着商品经济的发展，工厂化加工的有机肥料大量涌现，有机肥料已超出农家肥的局限，向商品化方向发展。

有机肥料种类繁多，其加工原料十分广泛，肥料性质也千差万别。但有共同的特点：资源丰富、种类多、数量大、来源广；有机质含量高；养分齐全、营养全面；肥效稳而长、有后劲；肥田养地；有利于保护生态环境。

一、有机肥的作用

从肥料作用角度归纳，它在农业生产中主要起到以下几个方面的作用。

1. 提供作物生长所需的养分

有机肥料富含作物生长所需的养分，能源源不断地供给作物生长。有机质在土壤中分解产生二氧化碳，可作为作物光合作用的原料，有利于果树产量提高。提供养分是有机肥料作为肥料的最基本特性，也是有机肥料最主要的作用。同化肥相比，有机肥料在养分供应方面有以下显著特点。

一是有机肥养分全面，不仅含有果树生长必需的 16 种营养元素，还含有其他有益于果树生长的物质，能全面促进生长。

二是有机肥料所含的养分多以有机态形式存在，通过微生物分解转变成植物可利用的形态，可缓慢释放，长久供应作物养分。比较而言化肥所含养分均为速效态，施入土壤后，肥效快，但有效供应时间短。

三是纯有机肥料所含的养分比较低，应在加工生产过程中加入少量化肥，或在使用时配合使用化肥，以满足作物旺盛生长期对养分的大量需求。

2. 改良土壤结构，增强土壤肥力

有机肥料能提高土壤有机质含量，更新土壤腐殖质成分，改善土壤物理性状，增加土壤保肥、保水能力，增肥土壤。

一是提高土壤有机质含量，更新土壤腐殖质组成，增肥土壤。土壤有机质是土壤肥力的重要指标，是形成良好土壤环境的物质基础。土壤有机质由土壤中未分解的、半分解的有机物质残体和腐殖质组成。施入土壤中的新鲜有机肥料，在微生物作用下，分解

转化成简单的化合物，同时经过生物化学的作用，又重新组合成新的、更为复杂的、比较稳定的土壤特有的大分子高聚有机化合物，为黑色或棕色的有机胶体，即腐殖质。腐殖质是土壤中稳定的有机质，对土壤肥力有重要影响。

二是改善土壤物理性状。有机肥料在腐解过程中产生羟基一类的配位体，与土壤黏粒表面或氢氧聚合物表面的多价金属离子相结合，形成团聚体，加上有机肥料的密度一般比土壤小，施入土壤的有机肥料能降低土壤的容重，改善土壤通气状况，减少土壤栽插阻力，使耕性变好。有机质保水能力强，比热容较大，导热性小，颜色又深，较易吸热，调温性好。

增加土壤保肥、保水能力。有机肥料在土壤溶液中解离出氢离子，具有很强的阳离子交换能力，施用有机肥料可增加土壤的保肥性能。土壤矿物颗粒的吸水量最高为50%~60%，腐殖质的吸水量为400%~600%，施用有机肥料，可增加土壤持水量，一般可提高10倍左右。有机肥料既具有良好的保水性，又有很好的排水性，能缓和土壤干湿之差，使作物根部土壤环境不至于水分过多或过少。

3. 有机肥能提高土壤的生物活性，刺激作物生长

有机肥料是微生物取得能量和养分的主要来源，施用有机肥料，有利于土壤微生物活动，促进作物生长发育。微生物在活动中或死亡后所排出的东西，不只是含氮、磷、钾等的有机养分，还能产生谷酰氨基酸等多种氨基酸、多种维生素，还有细胞分裂素、植物生长素、赤霉素等植物激素。少量的维生素与植物激素就可给果树的生长发育带来巨大影响。

4. 提高解毒效果，净化土壤环境

有机肥料有解毒作用。例如，增施鸡粪或羊粪等有机肥料后，土壤中有毒物质对作物的毒害可大大减轻或消失。有机肥料的解毒原因在于有机肥料能提高土壤阳离子代换量，增加对镉的吸附。同时，有机质分解的中间产物与镉发生螯合作用形成稳定性络合物而解毒，有毒的可溶性络合物可随水下渗或排出农田，提高了土壤自净能力。有机肥料一般还能减少铅的供应，增加砷的固定。

二、加工、施用有机肥料的重要意义

我国施用有机肥料有悠久的历史，早在二三千年以前的奴隶社会中就有了锄草、茂苗的文字记载。随后在漫长的封建社会时期，编写了不少关于农事的书籍，如战国时期的《礼记》，汉代的《氾胜之书》、晋朝郭义恭的《广志》、宋朝陈敷的《农书》、元朝王桢的《农书》、明朝徐光启的《农政全书》等都有关于有机肥料使用的记载，详尽论述了我国古代使用有机肥料的种类、积造方法和作用。我国古代人民坚持使用有机肥料，不仅增产粮食、解决了温饱问题，而且维持了地力经久不衰。1905年化肥开始引进我国，新中国成立后化肥工业迅速发展，但直到1965年以前，我国农业生产一直以有机肥料为主。20世纪60年代后化肥产量增加，化肥在农业生产中占主要地位，但长期提倡有机、无机结合的肥料使用方针，尤其在蔬菜、果树等经济作物生产中，有机肥

料在肥料使用中占有很大比例。

进入新世纪后，随着人民生活水平的提高，人们对食品质量提出新的要求，施用有机肥料的绿色食品深受广大消费者的喜爱。提高农产品品质带来有机肥料的大量需求，促进了有机肥料的加工生产，除传统的人工堆腐加工有机肥料的方式外，还涌现出一大批企业利用现代技术加工有机肥料，开发了大量高品质的新型有机肥料。

与此同时，随着工农业和城市的发展，产生了大量有机废物，以前只有少量被利用，其中大多数排放至自然界，不仅污染了环境，而且造成了有机资源的浪费。随着人民生活水平的改善，人们对环境条件也提出了新的要求。

焚烧秸秆不仅造成有机质资源的浪费，还造成空气污染。随着国家经济实力增强和人民生活水平的提高，人们的环保意识增强，国家严令禁止焚烧秸秆。各级领导都十分重视秸秆利用问题，为此，农业部发文要求各地大力推广秸秆还田技术，控制田间焚烧秸秆的行为。1999年4月16日，国家环境保护总局、农业部、财政部、铁道部、交通部、中国民用航空总局联合发布了《秸秆禁烧和综合利用的管理办法》，禁止在机场、交通干线、高压输电线路附近和省、辖市（地）级人民政府划定区域内焚烧秸秆。农业部把秸秆还田作为实施"沃土计划"的重点，得到各级党政领导的重视和支持，把此项工作部门行为变为政府行为，有力促进了秸秆还田工作的深入开展。

20世纪80年代以前，我国畜牧生产在农村基本上处于副业地位，城郊虽有一些专业畜牧场，由于数量少和规模小，农民没有条件使用大量化肥来维持作物高产，而主要靠使用有机肥料，故畜牧业产生的粪便能被当地农业生产所消纳，对环境的污染相对较小，对农业生态环境还未构成威胁。进入20世纪80年代，经济改革使畜牧生产迅速发展，畜牧业生产集约化、商品化程度明显提高。一方面畜牧场的兴建由农牧区向城市、工矿区集中；另一方面饲养场规模由小型向大型发展。此外，由于化肥养分含量高，使用方便，也促使农民主观上倾向于重化肥轻粪肥，化肥工业的迅速发展为这种趋势提供了保证。这样，畜牧饲养业和种植业日益脱节，加上家畜粪便的长期均衡产出与农业生产的季节性用肥不相一致，导致大量畜粪和污水不能充分地被农田消纳，多数养殖场随意堆置粪便、排放污水，风吹、雨淋、日晒而使粪便的肥效大大降低，并污染周围环境。不仅浪费了大量资源，对畜牧场的环境卫生与疫病防治也带来极大的危害，而且已成为城市环境的主要污染源之一。

随着国家经济实力的增强，国家更重视环境治理和有机废弃物的利用，投入了大量资金，在有机废弃物的利用过程中建立许多有机肥料厂，不仅治理了环境，而且变废为宝，增加了有机肥料的供给。废弃物的循环利用为有机肥料发展提供了广阔的领域，把农业生产同工业、农产品加工和城市建设等融为一体，提高了物质利用率。

三、有机肥料的种类

有机肥料的来源广泛，几乎一切含有有机质，并能提供养分的物料均可以加工成为有机肥料。因此，有机肥料的种类繁多。广大农民在长期加工、施用有机肥料的过程中，产生了许多有机肥料名称，并形成许多有机肥料分类方法，但全国还没一个统一的有机肥料分类标准。1990 年农业部在全国 11 个省（区）广泛开展有机肥料调查的基础上，根据有机肥料的资源特性和积制方法，把全国有机肥料归纳为：粪尿类、堆沤肥类、秸秆肥类、绿肥类、土杂肥类、饼肥类、海肥类、腐植酸类、农业城镇废弃物、沼气肥 10 大类，并收集了 433 个肥品种（表 2-19），实际上生产实践中有机肥料的品种远不止这些，在某些地区，可能以某种或某几种为主要的有机肥料，其他有机肥料种类很少见到，这与当地有机肥料资源的分布有关。

表 2-19　全国有机肥料种类品种

类别	品种
粪尿类	人粪尿、猪粪尿、马粪尿、牛粪尿、骡粪尿、驴粪尿、羊粪尿、兔粪、鸡粪、鸭粪、鹅粪、鸽粪等
堆沤肥类	堆肥、沤肥、草塘泥、凼肥、猪圈肥、马厩肥、牛栏粪、骡圈肥、驴圈肥、羊圈肥、兔窝肥、鸡窝粪、棚粪、鸭棚粪、土粪等
秸秆肥类	水稻秸秆、小麦秸秆、大麦秸秆、玉米秸秆、荞麦秸秆、大豆秸秆、油菜秸秆、花生秆、高粱秸、谷子秸秆、棉花秆、马铃薯藤、烟草秆、辣椒秆、番茄秆、向日葵秆、西瓜藤、麻秆、冬瓜藤、南瓜藤、绿豆秆、豌豆秆、胡豆秆、香蕉茎叶、甘蔗茎叶、洋葱茎叶、芋头茎叶、黄瓜藤、芝麻秆等
绿肥类	紫云英、苕子、金花菜、紫花苜蓿、草木樨、豌豆、箭豌豆、蚕豆、萝卜菜、油菜、田菁、柽麻、猪屎豆、绿豆、豇豆、泥豆、紫穗槐、三叶草、沙打旺、满江红、水花生、水莲、水葫芦、蒿草、苦刺、金尖菊、山杜鹃、黄荆、马桑、扁荚山黧豆、青草、桤木、粒粒苋、小葵子、黑麦草、印尼大绿豆、络麻叶、苜蓿、空心莲子草、田青、葛藤、红豆草、茅草、含羞草、马唐、松毛、蕨菜、合欢、马樱花、大狼毒、麻栎叶、绊牛豆、鸡豌豆、菜豆、薄荷、野烟、麻柳、山毛豆、秧青、无芒雀麦、橡胶叶、稗草、狼尾草、红麻、杞豆、竹豆、过河草、串叶松香草、苍耳、小飞蓬、野扫帚、多变小冠华、大豆、飞机草等
土杂肥类	草木灰、泥肥、肥土、炉灰渣、烟筒灰、焦泥灰、屠宰场弃物、熟食废弃物、蔬菜废弃物、酒渣、酱油渣、粉渣、豆腐渣、醋渣、味精渣、糖粕、食用菌渣、酱渣、磷脂肥、药渣、黄麻、木茹渣、羽毛渣、骨粉、自然土、尿灰、杂灰、烟厂渣等
饼肥类	豆饼、菜籽饼、花生饼、芝麻饼、茶籽饼、桐籽饼、棉籽饼、柏籽饼、葵花籽饼、蓖麻籽饼、胡麻饼、烟籽饼、兰花仔饼、线麻籽饼、栀籽饼等
海肥类	鱼类、鱼杂类、虾类、虾杂类、贝类、贝杂类、海藻类、植物性海肥、动物性海肥等
腐植酸类	褐煤、风化煤、腐植酸钠、腐植酸钾、腐植酸复混肥、腐植酸、草甸土、复混钙肥等
农业城镇废弃物	城市垃圾、生活污水、粉煤灰、钢渣、工业废水、污泥、工业废渣、肌醇渣、生活污泥、糠醛渣等
沼气肥	沼液、沼渣

注：摘自全国农业技术推广服务中心的《中国有机肥料资源》

1. 秸秆肥

秸秆是农作物的副产品,含有较多的营养元素,既可作商品有机肥料或堆沤肥的原料,也可直接还田施用。

据报道,全国农作物秸秆年总产量达 7 亿多吨,其中稻草 2.3 亿吨、玉米秸 2.2 亿吨、小麦秸 1.2 亿吨、豆类和秋杂粮作物秸秆约 1 亿吨,花生、薯类藤蔓、甜菜叶、甜菜糖渣和甘蔗糖渣约 1 亿吨。秸秆中含有大量的有机质和氮、磷、钾、钙、镁、硫、硅、铜、锰、锌、铁、钼等营养元素,主要作物秸秆的营养元素含量见表 2-20。

碳氮比(C/N)小的秸秆,提供速效养分较好,但有机质残留少;C/N 大的秸秆,养分释放缓慢,但腐殖系数高,有机质残留多,对改善土壤的物理性状有利。一般认为,C/N 20~25 的秸秆,增产、肥田和改土效应都能兼顾。各种豆秸、花生秸 C/N 25~30,含氮量比较高,是秸秆中品质最好的一种。但豆秸、花生秸、薯类藤等 C/N 小的秸秆应粉碎后作饲料,或经处理后做有机肥原料,经济效果会更好。

如果将秸秆粉碎后直接还田,一般每亩施用鲜秸秆 1 500~2 000 千克或干秸秆 300~500 千克。施用时应与商品有机肥等肥料混合开沟施用,沟深 20~40 厘米,因上层土壤中微生物数量较多,有利秸秆腐熟分解。秸秆肥施用后应加强土壤水分管理。

表 2-20 主要作物秸秆的营养元素含量（烘干物）

种类	大量及中量元素（克/千克）							微量元素（毫克/千克）					
	N	P	K	Ca	Mg	S	Si	Cu	Zn	Fe	Mn	B	Mo
稻草	9.1	1.3	18.9	6.1	2.2	1.4	94.5	15.6	55.6	1 134	800	6.1	0.88
小麦秸	6.5	0.8	10.5	5.2	1.7	1.0	31.5	15.1	18.0	355	62.5	3.4	0.42
玉米秸	9.2	1.5	11.8	5.4	2.2	0.9	29.8	11.8	32.2	493	73.8	6.4	0.51
高粱秸	12.5	1.5	14.2	4.6	1.9	1.9	143	46.6	254	127	7.2	0.19	-
甘薯藤	23.7	2.8	30.5	21.1	4.6	3.0	17.3	12.6	26.5	1 023	119	31.2	0.67
大豆秸	18.1	2.0	11.7	17.1	4.8	2.1	15.8	11.9	27.8	536	70.1	24.4	1.09
油菜秸	8.7	1.4	19.4	15.2	2.5	4.4	5.8	8.5	38.1	442	42.7	18.5	1.03
花生秸	18.2	1.6	10.9	17.6	5.6	1.4	27.9	9.7	34.1	994	164	26.1	0.6
棉秸	12.4	1.5	10.2	8.5	2.8	1.7	-	14.2	39.1	1 463	54.3	-	-

2. 家畜粪尿肥

家畜粪尿含有丰富的有机质和各种营养元素,经堆沤熟化后的肥料称为圈肥(厩肥),是良好的有机肥,是农村的主要有机肥源之一。家畜粪尿的成分因家畜种类、饲料成分和收集方法等因素不同而有差异(表 2-21、表 2-22)。

表 2-21 新鲜家畜粪尿中主要养分含量 （单位：%）

种类	水分	有机质	N	P_2O_5	K_2O	CaO	MgO	S
猪粪	80.7	17.0	0.58	0.43	0.44	0.09	0.22	0.10
猪尿	96.7	1.5	0.34	0.11	0.92	—	0.10	0.07
马粪	76.5	21.0	0.51	0.30	0.27	0.21	0.13	0.10
马尿	89.6	8.0	1.25	0.01	1.45	0.45	0.31	0.93
牛粪	81.7	13.9	0.30	0.22	0.17	0.41	0.11	0.07
牛尿	86.8	4.8	0.46	—	1.06	0.01	0.05	0.04
羊粪	61.9	33.1	0.68	0.51	0.27	0.46	0.25	0.15
羊尿	86.3	9.3	1.44	0.04	2.03	0.16	—	—

表 2-22 家禽粪主要养分含量 （单位：%）

种类	有机物	N	P_2O_5	K_2O
鸡粪	25.5	1.63	1.54	0.85
鸭粪	26.2	1.10	1.40	0.62
鹅粪	23.4	0.55	0.5	0.95
鸽粪	30.8	1.76	1.78	1.00

新鲜畜粪尿含难分解的纤维素、木质素等化合物，碳氮比（C/N）较大，氮大部分呈有机态，当季作物利用率低，只有 10%，最高也只有 30%。如果直接用新鲜畜粪尿，由于微生物分解厩肥过程中会吸收土壤养分和水分，与幼苗争水争肥，而且在厌气条件下分解还会产生硝化作用，促使肥料中氮的损失，所以新鲜畜粪尿需积制腐熟。

农村沤制是将畜粪尿放入圈里经不断踏踩、压紧，使粪与垫料充分混合，并在紧密缺氧条件下就地分解腐熟，经 3~5 个月满圈时，圈内的肥料可达腐熟程度，即可施用，上层的肥料如没完全腐熟，需再腐熟一段时间方可施用。家畜粪尿也可用坑圈、堆腐等方法进行腐熟，然后施用。家畜粪尿还可采用发酵法加工成商品有机肥料。

3. 禽粪肥

禽粪是指鸡、鸭、鹅、鸽粪便，养分含量高，易腐熟，属热性肥料，是良好的有机肥料。家禽粪主要养分含量见表 2-22。禽粪便发酵腐熟后，施用方便，无臭味，由于有机质的好氧发酵，堆内温度持续 15~30 天，达 50~70℃，可杀灭绝大部分病原微生物、寄生虫卵和杂草种子；禽粪经过腐熟后，许多作物难利用形态的养分可转变为作物可利用的形态。生产有机肥料的发酵工艺可加速发酵进程，减少养分损失。发酵的技术要点：向家禽粪便中添加锯末、砻糠、作物秸秆等原料，以调整水分和碳氮比；在禽粪内添加过磷酸钙、沸石等原料，吸附发酵过程中产生的臭气，还能改善理化状况。在堆肥原料中加入专用微生物发酵菌剂，可缩短畜禽粪便发酵的周期；在接菌种时加入适量糖、豆饼等，以及有利于微生物生长的培养物质，促进发酵菌剂快速形成优势菌群。在发酵过程通过翻堆或直接向堆中鼓气，补充氧气，促进发酵进程。

4. 绿　肥

栽培和野生的绿色植物体作肥料施用时均称为绿肥。用作绿肥而栽培的作物叫做绿肥作物。果园种植绿肥作物能够增加土壤有机质，改良果园土壤，提高果树营养水平，促进果品优质、高产。新鲜绿肥中一般有机质含量11%~15%，每亩施用1 000~2 000千克绿肥鲜草，土壤有机质含量可提高0.10%~0.15%。在有机质分解过程中，产生一种带有负电荷的胡敏酸，它能够促进土壤团粒结构形成，改善土壤理化性状。各种豆科绿肥根上都有根瘤菌，能有效固定空气中的氮素。绿肥根系多数分布在深1米以上的土层内，可以吸收深层土壤中的磷、钾等大量元素和微量元素，埋压绿肥后可供果树吸收利用。绿肥还有防止水土流失、增加果园覆盖、减少水分蒸发、防治杂草丛生、改善果园小气候等作用。据研究，每施5~8千克绿肥，可增产1千克苹果，百果重增加1~1.8千克。适宜果园种植的绿肥品种很多，主要是豆科绿肥，如绿豆、田菁、柽麻、毛叶苕子、草木樨、沙打旺、紫云英等。

5. 堆沤肥

厩肥、堆肥、沤肥统称为堆沤肥，是我国农业生产中施用量最多的农家有机肥料。

厩肥是畜禽粪尿与垫料或有机添加料混合堆沤腐熟而成的有机肥料。在北方农村称为"圈粪"，南方农村称为"栏粪"。厩肥的积制方法有两种，圈内堆沤腐解法和圈外堆沤腐解法。一般堆沤3个月左右可达半腐熟状态，6个月左右可完全腐熟。厩肥腐熟的标志是黑、烂、臭。腐熟程度较差的厩肥可作基肥，不宜作种、追肥；完全腐熟的厩肥基本是速效的，可用作种肥、追肥；半腐熟的厩肥深施用于沙壤土，腐熟好的厩肥宜施于黏质土壤。厩肥是非常好的有机肥料，一般优先用于果树、蔬菜等经济价值较高的农作物。

堆肥是利用作物秸秆、落叶、杂草、泥土及人粪尿、家畜粪尿等各种有机物混合堆积腐熟而成的有机肥料。堆肥的积制方法主要有两种：普通堆肥和高温堆肥。普通堆肥是在常温条件下通过嫌气分解积制而成的肥料，用该法堆制，有机质分解缓慢，腐熟时间需6个月左右。高温堆肥是在通气良好、水分适宜、高温（50~70℃）条件下好热性微生物对纤维素进行分解积制，有机质分解快，腐熟效果好。堆肥的性质与厩肥相近，属热性肥料。

沤肥是以作物秸秆、青草、树叶、绿肥等植物残体为主要原料，混合人畜粪尿、泥土，在常温、淹水条件下沤制而成的肥料。由于沤肥在嫌气条件下进行，养分不易挥发，形成的速效养分多被泥土吸附而不易流失，肥效长而稳。沤肥在南方多雨地区较为普遍，北方也有利用雨季或水源便利的地方进行沤制。沤肥适宜用作基肥，果树施用量一般为每亩2 000~3 000千克，施用时还应配以适量的氮肥和磷肥。

6. 饼　肥

饼肥是含油的种子经提取油分后的渣粕，作肥料用时称为饼肥。饼肥含有丰富的营养成分,这类资源一般提倡过腹还田或综合利用,但需注意的是有些饼粕含有毒素,如棉籽饼含有棉酚、茶籽饼含皂素、桐籽饼含有桐酸和皂素等,不易作饲料。我国饼肥种类较多,主要有大豆饼粕、花生饼、芝麻饼、菜籽饼、棉籽饼、茶籽饼等。农民一般将其作为优质有机肥施于果树、花卉等经济价值较高的作物。

饼肥富含有机质和氮素,并含有一定数量的磷、钾及各种微量元素(表2-23)。饼肥中养分含量,有机质75%~85%,氮1.11%~7.00%,五氧化二磷0.37%~3.00%,氧化钾0.85%~2.13%,还含有蛋白质及氨基酸、微量元素等。菜籽饼和大豆饼中还含有粗纤维6%~10.7%,钙0.8%~11%,胆碱0.27%~0.70%。此外,还有一定数量的烟酸及其他维生素类物质等。

表2-23 常见饼肥养分含量参考值 (%)

种类	N	P_2O_5	K_2O	种类	N	P_2O_5	K_2O
大豆饼	7.00	1.32	2.13	大麻饼	5.05	2.40	1.35
芝麻饼	5.80	3.00	1.30	柏籽饼	5.16	1.89	1.19
花生饼	6.32	1.17	1.34	苍耳籽饼	4.47	2.50	1.47
棉籽饼	3.41	1.63	0.97	葵花籽饼	5.40	2.70	–
棉仁饼	5.32	2.50	1.77	大米糠饼	2.33	3.01	1.76
菜籽饼	4.60	2.48	1.40	茶籽饼	1.11	0.37	1.23
杏仁饼	4.56	1.35	0.85	桐籽饼	3.60	1.30	1.30
蓖麻籽饼	5.00	2.00	1.90	花椒籽饼	2.06	0.71	2.50
胡麻饼	5.79	2.81	1.27	苏籽饼	5.84	2.04	1.17
椰籽饼	3.74	1.30	1.96	椿树籽饼	2.70	1.21	1.78

饼肥中的氮以蛋白质形态存在,磷以植酸及其衍生物和卵磷脂等形态存在,钾大都是水溶性的。饼肥是一种迟效性有机肥,必须经微生物分解后才能发挥肥效。饼肥含氮较多,碳氮比(C/N)较低,易于矿质化。由于含有一定量的油脂,影响油饼的分解速度。不同油饼在嫌气条件下的分解速度不同,如芝麻饼分解较快,茶籽饼分解较慢。土壤质地也影响饼肥分解及氮素保存。沙土有利于分解,但保氮较差;黏土前期分解较慢,但有利于氮素保存。

7. 沼气发酵肥料

沼气发酵肥料是将作物秸秆与人畜粪尿在密闭的嫌气条件下发酵制取沼气后沤制而成的一种有机肥料。沼气发酵残渣和沼气发酵液是优质的有机肥料,其养分含量受原料种类、比例和加水量的影响而差异较大。一般沼气发酵残渣含全氮0.5%~1.2%,碱解氮430~880毫克/千克,速效磷50~300毫克/千克,速效钾0.17%~0.32%,沼气发酵液中含全氮0.07%~0.09%,铵态氮200~600毫克/千克,速效磷20~90毫克/千克,速效钾0.04%~0.11%,沼气发酵残渣的C/N为12.6~23.5,质量较高,但仍属迟效性肥料，发酵液属速效性氮肥。

残渣和发酵液可分别施用，也可混合施用，都可做基肥或追肥，但发酵液大多做追肥。残渣做基肥每亩用量 100~200 千克，发酵液做追肥 800~1 500 千克，沟施或穴施，施后立即覆土。发酵肥应立即施用或加盖密封，以免养分损失。施用发酵肥可使果树增产 10%~40%，果品品质也有所提高。

四、有机肥安全施用原则

果树安全施肥所用的有机肥必须符合以下要求：①有机肥料质量必须符合有关标准的规定。②有机肥料中不得含有对果树品质和土壤环境有害的成分，或者有害成分严格控制在标准规定的范围之内。③商品有机肥料必须获得国家农业部（2018 年 3 月，国务院机构调整，农业部更名为农业农村部）或省级农业部门的登记（免于登记的产品除外）。④农家自积自用的有机肥料必须经高温腐熟发酵，以杀灭各种寄生虫卵和病原菌、杂草种子，使之达到无害化卫生标准。

科学施用。有机肥料一般使用量较大，一般每亩施用量 1 000 ~ 3 000 千克，且主要用作基肥一次施入土壤。部分粗制有机肥料（如粪尿肥、沼气肥等）因速效养分含量相对较高，释放也较快，亦可作追肥施用。绿肥和秸秆还田一般应注意施用方法和分解条件。

有机肥料和化肥配合施用，是提高化肥和有机肥肥效的重要途径。在有机、无机肥料配合施用时应注意二者的比例以及搭配方式。许多研究表明，以有机肥料氮量与氮肥氮量比 1∶1 增产效果最好。除了与氮素化肥配合外，有机肥料还可与磷、钾及中量元素、微量元素肥料配合施用，也可与复混肥配合施用。

五、有机肥料的科学施用

施肥的最大目标就是通过施肥改善土壤理化性状，协调作物生长环境条件。充分发挥肥料的增产作用，不仅要协调和满足当季作物增产对养分的要求，还应保持土壤肥力不降低，维持农业可持续发展。土壤、植物和肥料三者之间，既是互相关联，又是相互影响、相互制约的。科学施肥要充分考虑三者之间相互关系，针对土壤、作物合理施肥。

1. 因土施肥

根据土壤肥力施肥，土壤有别于母质的特性就是其具有肥力，土壤肥力是土壤供给作物不同数量、不同比例养分，适应作物生长的能力。它包括土壤有效养分供应量、土壤通气状况、土壤保水保肥能力、土壤微生物数量等。

土壤肥力状况高低直接决定着作物产量的高低，首先应根据土壤肥力确定合适的目标产量。一般以该地块前三年作物的平均产量增加 10% 作为目标产量。

根据土壤肥力和目标产量的高低确定施肥量。对于高肥力地块，土壤供肥能力强，适当减少底肥所占全生育期肥料用量比例，增加后期追肥的比例；对于低肥力土壤，土壤供应养分少，应增加底肥的用量，后期合理追肥。尤其要增加低肥力地块底肥中有机肥料的用量，有机肥料不仅要提供当季作物生长所需的养分，还可培肥土壤。

根据不同质地土壤中有机肥料养分释放转化性能和土壤保肥性能不同，应采用不同的施肥方案。沙土土壤肥力较低，有机质和各种养分的含量均较低，土壤保肥保水能力差，养分易流失。但沙土有良好的通透性能，有机质分解快，养分供应快。沙土应增施有机肥料，提高土壤有机质含量，改善土壤的理化性状，增强保肥、保水性能。但对于养分含量高的优质有机肥料，一次使用量不能太多，使用过量也容易烧苗，转化的速效养分也容易流失，养分含量高的优质有机肥料可分底肥和追肥多次使用。也可深施大量堆腐秸秆和养分含量低、养分释放慢的粗杂有机肥料。黏土保肥、保水性能好、养分不易流失。但土壤供肥慢，土壤紧实，通透性差，有机成分在土壤中分解慢。黏土地施用的有机肥料必须充分腐熟；黏土养分供应慢，有机肥料应早施，可接近作物根部施放。旱地土壤水分供应不足，阻碍养分在土壤溶液中向根表面迁移，影响作物对养分的吸收利用。应大量增施有机肥料，增加土壤团粒结构，改善土壤的通透性，增强土壤蓄水、保水能力。

2. 根据肥料特性施肥

有机肥料原料广泛，不同原料加工的有机肥料养分差别很大，不同品种肥料在不同土壤中的反应也不同。因此，施肥时应根据肥料特性，采取相应的措施，提高作物对肥料的利用率。有机肥料中以饼肥的性能最好，不仅含有丰富的有机质，还含有丰富的养分，对改善作物品质作用明显，是西瓜、花卉等作物的理想用肥。由于其养分含量较高，既可做底肥，也做追肥，尽量采用穴施、沟施，每次用量要少。

秸秆类有机肥料的有机物含量高，这类有机肥料对增加土壤有机质含量，培肥地力作用明显。秸秆在土壤中分解较慢，秸秆类有机肥料适宜做底肥，肥料用量可加大。但氮、磷、钾养分含量相对较低，微生物分解秸秆还需消耗氮素，要注意秸秆有机肥料与氮磷钾化肥的配合。

畜禽粪便类有机肥料的有机质含量中等，氮、磷、钾等养分含量丰富，由于其来源广泛，使用量比较大。但由于其加工条件的不一样，其成品肥的有机质和氮、磷、钾养分差别较大，选购使用该类有机肥料时应注意其质量的判别。以纯畜禽粪便工厂化快速腐熟加工的有机肥料，其养分含量高，应少施，集中使用，一般做底肥使用，也可做追肥。含有大量杂质，采取自然堆腐加工的有机肥料，有机质和养分含量均较低，应做底肥使用，量可以加大。另外，畜禽粪便类有机肥料一定要经过灭菌处理，否则容易给作物和人、畜传染疾病。

绿肥是经人工种植的一种肥地作物，有机质和养分含量均较丰富。但种植、翻压绿肥一定要注意茬口的安排，不要影响主要作物的生长。绿肥一般有固氮能力，应注意补充磷钾肥。

3. 根据作物需肥规律施肥

不同作物种类、同一种类作物的不同品种对养分的需要量及其比例、养分的需要时期、对肥料的忍耐程度等均不同，因此在施肥时应充分考虑每一种作物需肥规律，制定合理的施肥方案。

4. 果树类型与施肥方法

需肥期长、需肥量大的类型　这种类型的果树，初期生长缓慢，中后期由于肥料产生效果，从根或果实的肥大期至收获期，能维持旺盛的长势。香蕉、菠萝等大都属于这种类型。从养分需求来看，前期养分需要量少，应重在作物生长后期多追肥，尤其是氮肥，但由于作物枝叶繁茂，后期不便施肥。因此，最好还是作为基肥，施在离根较远的地方，或是作为基肥进行深施。

收获期长的西红柿、黄瓜、茄子等茄果蔬菜，及生育期长的芹菜、大葱等，生长稳定，对养分供应要求稳定持久。前期要稳定生长形成良好根系，为后期的植株生长奠定好的基础。后期是开花结果时期，既要保证好的生长群体，又要保证养分向果实转移，形成品质优良的产品。因此这类作物底肥和追肥都很重要，既要施足底肥保证前期的养分供应，又要注意追肥，保证后期养分供应。一般有机肥料和磷、钾肥均做底肥施用，后期注意氮、钾追肥。

有机肥料虽然有许多优点，但是它也有一定的缺点，如养分含量少、肥效迟缓、当年肥料中氮的利用率低（20%～30%），因此在作物生长旺盛，需要养分最多的时期，有机肥料往往不能及时供给养分，常常需要用追施化学肥料的办法来解决。有机肥料和化学肥料的特点分别如下。

（1）有机肥料的特点

①含有机质多，有改土作用。②含多种养分，但含量低。③肥效缓慢，但持久。④有机胶体有很强的保肥能力。⑤养分全面，能为增产提供良好的营养基础。

（2）化学肥料

①能供给养分，但无改土作用。②养分种类单一，但含量高。③肥效快，但不能持久。④浓度大，有些化肥有淋失问题。⑤养分单一，可重点提供某种养分，弥补其不足。

因此，为了获得高产，提高肥效，就必须有机肥料和化学肥料配合使用，以便相互取长补短，缓急相济。而单方面地偏重于有机或无机，都是不合理的。

六、商品有机肥料的技术标准

有机肥又称农家肥，主要来自农村和城市可用做肥料的有机物，包括人畜禽粪尿、作物秸秆、绿肥等，经微生物发酵腐熟后制成。有机肥来源广泛、品种多，几乎一切含有有机物质并提供多种养分的物料都可作为有机肥。有机肥料能提供作物养分、维持地力、改善作物品质，实行有机肥料与化肥相结合的施肥制度十分必要。随着农业的发展，工厂化生产有机肥的企业大量涌现，有机肥已超出农家肥的局限向商品化方向发展。

国家已经发布了有机肥料的农业行业标准 NY 525—2012，该标准适用于以畜禽粪便、动植物残体和以动植物产品为原料加工的下脚料为原料，并经发酵腐熟后制成的有机肥料，不适用于绿肥、农家肥和其他由农民自积自造的有机粪肥。商品有机肥料必须按肥料登记管理办法办理肥料登记，并取得登记证号，方可在农资市场上流通销售。有机肥料技术指标见表2-24。

表2-24 有机肥料的技术指标（NY 525—2012）

项目	指标
有机质（以干基计），%	30
总养分（ N+P$_2$O$_5$+ K$_2$O），%	4.0
水分（游离水），%	20
酸碱度，pH值	5.5~8.0

有机肥料中的重金属含量、蛔虫卵死亡率和大肠杆菌值指标均应符合GB 8172的要求。

七、有机肥料施用的误区

1. 生粪直接施用

在农忙时节，有些农户没有提前准备有机肥料，而所种植的有些作物，如蔬菜、果树等经济作物又离不开有机肥料，便直接到养殖场购买鲜粪使用，不经处理直接施用生粪的危害在畜禽粪利用方式一节已讲过。因此，严禁生粪直接下地。这时可购买工厂化加工的商品有机肥料，工厂已为农民进行了发酵、灭菌处理，农民买回来后可直接使用。

2. 过量施用有机肥料的危害

有机肥料养分含量低，对作物生长影响不明显，不像化肥容易烧苗，而且土壤中积聚的有机物有明显改良土壤作用，有些人错误地认为有机肥料使用越多越好。实际过量施用有机肥料同化肥一样，也会产生危害。主要表现在以下几点。

一是过量施用有机肥料导致烧苗。

二是大量施用有机肥料，致使土壤中磷、钾等养分大量积聚，造成土壤养分不平衡。

三是大量施用有机肥料，土壤中硝酸根离子积聚，致使作物硝酸盐超标。

3. 有机、无机配合不够

有机肥料养分全面，但含量低，在作物旺盛生长期，为了充分满足作物对养分的需求，在使用有机肥料基础上，补充化肥。有些厂家片面夸大有机肥料的作用，只施有机肥料，作物生长关键时刻不能满足养分需求，导致作物减产。

4. 喜欢施用量大、价格便宜的有机肥料

有机肥料种类繁多，不同原料、不同方法加工的有机肥料质量差别很大。如农民在田间地头自然堆腐的有机肥料，虽然经过较长时间的堆腐过程已杀灭了其中病菌，但由于过长时间发酵和加工过程，以及雨水的淋溶作用，里面的养分已损失了很大一部分。另外加工过程中不可避免地带入一些土等杂质，也没有经过烘干过程，肥料中水分含量较高。因此，这类机肥料虽然体积大，重量多，但真正能提供给土壤的有机质和养分并不多。以鸡粪为例，鲜粪含水量较高，一般含水量在70%，干物质只占少部分，大部分是水，所以3.5立方米左右鲜粪才加工1吨含水量20%以下的干有机肥料。

有机肥料的原料来源广泛，有些有机肥料的原料受积攒、收集条件的限制，含有一定量的杂质，有些有机肥料的加工过程不可避免地会带进一定的杂质。我国有机肥料的强制性产品质量标准还没有出台，受经济利益的驱动，有些厂家和不法经销商相互勾结，制造、销售伪劣有机肥料产品，损害农民利益。农民没有化验手段，如果仅从数量和价格上区分有机肥料的好坏，往往上当受骗。

不法厂家制造伪劣有机肥料的手段多种多样，有的往畜禽粪便中掺土、砂子、草炭等物质；有的以次充好，向草炭中加入化肥，有机质和氮、磷、钾等养分含量均很高，生产成本低，但所提供氮、磷、钾养分主要是化肥提供的，已不是有机态氮、磷、钾的特点性质；有些有机肥料厂家加工手段落后，没有严格的发酵和干燥，产品外观看不出质量差别，产品灭菌不充分，水分含量高。

商品有机肥料出现时间不长，但发展迅速，国家有关部门已制订肥料法，对有机肥料产品的管理逐步趋于正规。农民购买有机肥料，要到正规的渠道购买，不要购买没有企业执照、没有产品标准、没有产品登记证的"三无"产品。土杂粪、鲜粪价格虽然便宜，但养分含量低、含水量高、体积大，从有效养分含量和实际肥效上来讲，不如购买商品有机肥料合算。

第四节　肥料施用方式方法

植物生长发育所必需养分的来源主要是空气、水和土壤，而土壤则是作物必需养分的最大来源，但土壤所固有的养分远远不足作物生长和生产所需，因此，还需要外源补充，即人为施肥。施肥是为了最大限度地满足作物对养分的需求。作物所需各种养分主要是通过地下部——根系从土壤溶液中吸收的，研究发现作物地上部—叶片（及部分茎枝）也具有养分吸收功能，而且，作物对叶片所吸收养分的利用同根部吸收的是一样的，由此，对作物施肥也就有两种方式—根部土壤施肥与叶面施肥。

一、根部对养分的吸收与土壤施肥

作物吸收养分主要是通过根系从土壤溶液中吸收，所以根部是作物吸收养分的主要器官。根系吸收的养分主要是土壤溶液中各种离子态养分，如 NH_4^+、HPO^-、$H_2PO_4^-$、K^+、Ca^{2+}、Mg^{2+}、Mn^{2+}、Cu^{2+}、Zn^{2+}、HBO_4^-、Cl^- 等，除此之外，根系也能少量吸收小分子的分子态有机养分，如尿素、氨基酸、糖类、磷酸酯类、植物碱、生长素和抗生素等，这些物质在土壤、厩肥和堆肥等有机肥中都有存在。尽管如此，土壤和肥料中能被根系吸收的有机小分子种类并不多，加之有机分子也不如离子态养分易被根系吸收，因此矿质养分是作物根系吸收的主要养分种类。如果土壤中的养分不能满足作物生长的需要，就需要通过施肥来补充。

在土壤中养分充足的前提下，作物能否从土壤中获得足够的养分主要与其根系大小、根系吸收养分的能力有关。同一类作物甚至不同品种之间，根系的大小和养分吸收能力差别很大，所以对土壤中营养元素的吸收量也不同。一般而言，凡根系深而广、分支多、根毛发达的作物，根与土壤接触面大，能吸收较多的营养元素；根系浅而分布范围小的作物对营养元素的吸收量就少。因此，为了提高作物对施入土壤中肥料养分的吸收利用，施肥时应尽可能将肥料施在作物生长期间根系分布较密集的土层中。

由于作物一生中根系生长和分布特点是不同的，所以施肥要根据作物不同生育时期根系的生长特点来确定适宜的肥料施用方法，如在作物生长初期，根系小而入土较浅，且吸收能力也较弱，故应在土壤表层施用少量易被吸收的速效性肥料，以供应苗期营养；在作物生长中后期，作物根系都处于较深土层中，所以追肥应深施。作物早期根系特点对施肥部位也有较大影响，作物早期若直根发达，肥料最好施在下面，若侧根发达则应将肥料施在种子周围。作物从幼苗开始，根系就具有吸收水分和养分的能力，所以，要想使作物多吸收养分，就应及早促使根系生长。

二、叶部对养分的吸收与叶面施肥

作物除了根系能吸收养分外，还能通过地上的部分器官，如茎、叶等吸收各种营养物质，被称为叶面营养。除部分气态养分，如二氧化碳（根系也可吸收二氧化碳）、氧气、水（水蒸气）、二氧化硫等，是通过作物叶面上的气孔吸收的外，其他养分（包括各种矿质养分和少量有机养分）在农业生产中则主要是通过叶面喷施（叶面施肥）的方法来供给作物的。叶面施肥是作物通过叶部吸收养分的主要养分来源方式，它是将作物所需各种养分直接施于叶面的技术，具有吸收速度快、吸收利用率高、用肥量少、效益好等特点。利用叶面施肥，一方面可通过叶面施用各种矿质养分以补充作物生理营养，另一方面，可通过喷施各种生长调节物质以调节作物生长发育。

一般陆生植物的叶片由角质层、蜡质层、表皮细胞、叶肉细胞等组成。而叶面，即叶表皮细胞的最外面，是角质层和蜡质层，由表皮细胞原生质生成，通过细胞壁分泌到表面。研究表明，养分进入叶肉细胞可以通过气孔，也可通过叶片角质层上的裂缝和从表皮细胞延伸到角质层的微细结构，即外壁胞间连丝，它是角质膜到达表皮细胞原生质的通道。植物叶部吸收的养分和根部吸收的养分一样能在植物体内同化和转运。

但叶面吸收的养分量是有限的，不能完全满足作物各生育期对养分的需求，因此，叶面吸收不能完全代替根系吸收养分，而只能作为作物所需养分的一种辅助来源，叶面施肥也只能是土壤施肥的一种辅助手段，而不能完全代替土壤施肥，特别是对于作物需要量较大的养分如氮、磷、钾，主要还是要靠土壤施肥由根系吸收。但当作物需要强化某种（些）养分，特别是微量元素，或者是根部吸收养分困难时，叶面养分吸收对于作物的正常生长发育就具有重要意义。所以，叶面施肥也是一种重复、有效的施肥方式。

叶面施肥可使营养物质从叶部直接进入体内，参与作物的新陈代谢与有机物的合成过程，因而比土壤施肥更为迅速有效，常常作为及时纠正作物缺素症的有效措施。在施肥时还可以按作物各生育期以及苗情和土壤的供肥实际状况进行分期喷洒补施，充分发挥叶面肥反应迅速的特点，以保证作物在适宜的肥水条件下正常生长发育，达到高产优质的目的。

三、作物施肥的最佳时期

作物的生育期长短不一，所需营养元素的种类、数量和比例在不同的生育时期也不尽相同。因此，在作物不同的生育时期施用肥料，其效果也就不同。

在作物的生长发育周期内，根据作物的生理及其对养分需求特点的变化，可划分为若干具有不同特征的生育时期。在这些时期中，一般除萌芽期（种子供应营养）和成熟期（根部停止吸收营养）外，在其他各个时期作物都要通过根系从土壤中吸收养分。作物吸收养分的整个生长历程称为作物的营养期。

在作物营养期中又有不同的营养阶段，在各个营养阶段中作物吸收养分的特点不一样。一般情况下，作物生长初期主要是利用萌芽种子或块茎、块根中储藏的养分，木本植物或多年生牧草在初春时利用第一年积累在储藏器官中的养分，从外界吸收的养分极少。随着植株体的逐渐长大，根系吸收能力渐增，直到开花结实期，吸收养分的数量及吸收强度达最大值；到了生长后期，作物生长量减小，养分需求量也明显下降，到成熟期根系即停止吸收养分，主要是靠之前所积累的营养物质。虽然不同作物吸收养分的具体数量和比例不同，但通常各种作物在不同生育期的养分吸收状况与其生长速度及干物质积累的趋势是一致的。此外，作物在不同营养阶段中需要养分的种类也不同。

四、作物营养临界期

在作物生长发育过程中，某种营养元素过多、过少或营养元素之间比例不平衡，对作物生长发育起着显著影响的时期称为营养临界期。在此期作物对某种养分需求的绝对值虽然不高，但要求迫切，如果该养分缺乏、过多或比例失调时，都会明显影响作物的正常生长发育而造成损失，即使以后再补充供给这种养分或采取其他补救措施，也难以纠正或弥补损失。在营养诊断上，一般是当植株体内某种养分低于某一浓度时，作物的生长量或产量就显著下降，并表现出养分缺乏症状，此养分浓度称为"营养临界"值。

通常多数作物的营养临界期大都出现在生长发育的转折时期。作物生长初期，对外界环境条件比较敏感，种子萌发出苗初期主要依靠种子胚乳中贮存的营养，当这部分养分消耗殆尽、开始依靠根系吸收养分时，必须及时供给充足的养分才能维持幼苗的正常生长发育，这个由靠种子供应营养向依靠根系吸收营养转变的时期，就是作物的一个营养临界期。所以，苗期是施用速效化肥的重要时期。实践和研究证明，不同作物不同养分种类的营养临界期出现的时期也不同。

一般认为，作物磷素营养临界期多在生长初期—幼苗期，如棉花在二、三叶期，玉米在三叶期，冬小麦和水稻在分蘖初期，此时大部分幼根在土壤表层，尚未伸展，吸收养分能力差，而土壤溶液中磷的浓度很低，移动性也小，所以幼苗期容易发生缺磷，表现为根系细弱，分蘖延迟或不分蘖，形成"小老苗"现象。因此，若作物苗期缺磷，生长发育会受到抑制而导致减产。所以在生产中通常将磷肥用作基肥或种肥以保证作物生长初期获得足够的磷素营养。在部分地区，由于低温、盐碱等不良外界因素的影响，加之幼苗根系吸收能力弱，此时，若通过叶面施肥补充部分磷素营养，往往具有显著的施肥效果。

作物氮营养临界期一般比磷营养临界期稍微晚一些，往往是在营养生长开始转向生殖生长的时候，如水稻在三叶期和幼穗分化期，小麦在分蘖和幼穗分化期，此时若缺氮，则表现为分蘖少、花数少、穗粒数少，以致产量低，即使以后多施氮肥，也只能增加茎叶产量和提高千粒重，而不能增加穗粒数；而此期若能适量供给氮素，就能增加分蘖数，为形成大穗打下基础。如果在氮营养临界期后再过多追施氮肥，则造成无效分蘖增加，使群体郁闭，小穗数减少甚至倒伏而减产。

由于钾在作物体内呈离子态存在，移动性强，有被高度再利用的能力，因此不易判断钾的营养临界期。一般认为水稻钾的营养临界期在分蘖初期和幼穗形成期，据实践经验，当分蘖期茎秆中钾含量在1%以下时，则分蘖停止，幼穗形成期如钾含量在1%以下，则穗粒数显著减少。

五、作物营养最大效率期

在作物的生长发育周期内，植株体对养分的需要量和吸收量最大，且养分的增产效能（即单位养分获得的经济产量）也最大的时期，称为作物营养最大效率期。一般出现在作物生长发育的旺盛时期、植株生长迅速，根系吸收养分能力最强，需肥量最多，若能及时供应足够的养分，增产效果非常显著，作物往往可获得高产。因而，这个时期是施肥的关键时期，适量的施肥可获得最大效应。各种作物不同养分的营养最大效率期的出现时期也不一致，如甘薯生长初期是氮素营养最大效率期，而块根膨大期则是磷、钾营养最大效率期，棉花氮、磷营养最大效率期均在花铃期。

总之，营养临界期和最大效率期均是作物营养的关键时期，也是施肥的关键时期，保证这两个时期有足够的养分供应，对提高作物产量和质量具有重大意义。

虽然作物对养分的需要有阶段性和关键性时期，但作物前一阶段的营养特性必然影响到后一阶段的营养特性，此为作物吸收养分的连续性。任何一种作物，除了在吸收养分的关键时期应充分满足各种所需养分外，在各个生育阶段中也必须适当供给作物正常生长所需的各种养分。否则，关键时期所施的肥料也不能充分发挥肥效，作物的生长和产量也会受影响。因此，在施肥实践中，应施足基肥、重视种肥和适时追肥，发挥各种肥料的相联效应，才能为作物丰产创造良好的营养条件，这是获得增产的重要施肥措施。

第五节　化学肥料的识别与鉴伪

随着我国肥料工业的发展，农业结构调整步伐的加快，农业生产上肥料的使用量逐年增加，肥料品种繁多。在肥料出厂时，每种肥料在包装袋上标明有肥料名称、养分含量、商标、重量、标准号、生产厂名、厂址、生产许可证编号、登记证号等。在运输、贮存过程中，有时由于包装破损、标签失落等原因，造成肥料混杂不清，给肥料的分配、贮存和使用都带来困难。更严重的是在目前市场经济条件下，一些不法商贩将假冒伪劣肥料混入市场，使农民朋友上当受骗，给农业生产造成严重损失。因此，对肥料加以简单识别，定性鉴别和快速测定，既有重要意义，又具有现实意义。

一、简易识别

肥料的鉴别一般需要在化验分析室里，用定量和定性的方法鉴别。但在广大农村，由于缺乏仪器设备，可用一些简易方法对肥料进行识别。这种方法是根据商品肥料的形态特征，如外观形状、气味、吸湿性、酸碱性、水中溶解性、灼烧试验等进行简易定性鉴别，可以帮助我们识别肥料的真假伪劣。

1. 直观法

（1）肥料包装和标志

肥料的包装材料和包装袋上的标志都有明确的规定。化肥的国家标准 GB 8569 对肥料的包装技术、包装材料、包装件试验方法、检验规则和包装件的标志都作了详细规定。肥料的包装上必须印有产品的名称、商标、养分含量、净重、厂名、厂址、标准编号、生产许可证、登记证等标志。如果没有上述主要标志或标志不完整，就有可能是假冒伪劣肥料。另外，要注意肥料包装是否完好，有无拆封痕迹或重封现象，以防那些使用旧袋充装伪劣肥料的情况。

（2）颜　色

各种肥料都有其特殊颜色，据此，可大体区分肥料的种类。氮肥除石灰氮为黑色，硝酸铵钙为棕、黄、灰等杂色外，其他品种一般为白色或无色。钾肥为白色和红色两种。磷酸二氢钾为白色。磷肥大多有色，有灰色、深灰色或黑灰色。硅肥、磷石膏、硅钙钾肥也为灰色，但有冒充磷肥的现象。磷酸二铵为半透明、褐色。

（3）气　味

一些肥料有刺鼻的氨味或强烈的酸味。如碳酸氢铵有强烈氨味，硫酸铵略有酸味。石灰氮有特殊的腥臭味，过磷酸钙有酸味，其他肥料无特殊气味。

（4）结晶状况

氮肥除石灰氮外，多为结晶体。钾肥为结晶体。磷酸二氢钾、磷酸二氢钾铵，一些微肥硼砂、硼酸、硫酸锌、铁、铜肥均为晶体。磷肥多为块状或粉状、粒状的非晶体。

2. 水溶法

如果外表观察不易认识肥料品种，则可根据肥料在水中的溶解情况加以区别。准备一只烧杯或玻璃杯，加入半杯蒸馏水或清洁的凉开水，然后取肥料样品一小匙，慢慢倒入杯中，用玻璃棒充分搅动，静止一会儿观察其溶解情况，可分为易溶、部分溶解和难溶三类。

全部溶解的多为硫酸铵、硝酸铵、氯化铵、尿素、硝酸钾、硫酸钾、磷酸铵等氮肥和钾肥，以及磷酸二氢钾、磷酸二氢钾铵、铜、锌、铁、锰、硼、钼等微量元素单质肥料。

部分溶解的多为过磷酸钙、重过磷酸钙、硝酸铵钙等。

不溶解或绝大部分不溶解的多为钙镁磷肥、磷矿粉、钢渣磷肥、磷石膏、硅肥、硅钙肥等。绝大部分不溶于水，发生气泡，并闻到有"电石"臭味的为石灰氮。

3. 与碱性物质反应

取少许试样与等量的熟石灰或生石灰或纯碱等碱性物质，加水搅拌。如有氨臭味产生，则为铵态氮肥或含铵的其他肥料。

4. 灼烧法

把肥料样品加热或燃烧，从火焰颜色、熔融情况、烟味、残留物等情况，进一步识别肥料品种。

取少许肥料放在薄铁片或小刀上，或直接放在烧红的木炭上，观察现象。硫酸铵逐渐熔化并出现"沸腾"状，冒白烟，可闻到氨味，有残烬。碳酸氢铵直接分解，产生大量白烟，有强烈的氨味，无残留物。氯化铵直接分解或升华产生大量白烟，有强烈氨味，无残留物。尿素迅速溶化时冒白烟，无氨味。硝酸铵边熔化边燃烧，冒白烟，有氨味。硫酸钾或氯化钾无变化，但有爆裂声，没有氨味。燃烧并出现黄色火焰的是硝酸钠，出现紫色火焰的为硝酸钾。磷肥无变化（除骨粉有焦烧味外），但磷酸铵类肥料能溶化发烟，并且有氨味。

二、假化肥的识别

1. 氮　肥

市场出现的多为假冒尿素，一般有两种情况：一种是化肥袋内下面是碳酸氢铵，上面是尿素，其特点是上面流动性好，下面不流动甚至结块，而且可闻到较强的挥发氨味，可以判断这是掺碳酸氢铵的假尿素。如果流动都较好，只是颗粒颜色、粒径大小不一致，可能是尿素、硝酸铵的混合物。最难区别是尿素中掺有与尿素颗粒颜色、溶解性很相似的东西，常见的有颗粒硝酸铵，还有一些大分子的有机物如多元醇（三十烷醇）等。下列要点可作为判断的原则。

（1）外观上

尿素、硝酸铵、多元醇均为无味的白色颗粒，没有反光。而硝酸铵颗粒表面发亮，有明显反光。多元醇乳白，没有发亮的色泽和反光，不透明。

（2）手感上

尿素光滑、松散，没有潮湿感觉；硝酸铵光滑湿感；多元醇松散不太光滑，也没有潮湿感。

（3）用火烧

把3种物质放在烧红的木炭上或铁板上，尿素迅速熔化，冒白烟，有氨臭味；硝铵发生剧烈燃烧，发出强光、白烟，并伴有"嘶嘶"声；多元醇分散燃烧，但没有氨味。

此外，市场上还常常出现劣质尿素，其外观往往是颗粒大小不均一，颜色不均匀，球形不规则等，也有些劣质尿素外观很完美。劣质尿素质量不合格的主要原因是生产尿素的工艺技术不过关，在生产尿素的过程中产生较多的缩二脲，缩二脲对植物生长有毒害作用，尤其是幼苗。缩二脲含量大于1%，即为劣质尿素。

2. 磷　肥

市场上假冒磷肥多用磷石膏、钙镁磷肥、废水泥、砖粉末等冒充普钙。其鉴别规则如下。

（1）外观上

普钙为深灰色或灰白色疏松粉状物，有酸味；磷石膏为灰白色的六角形柱状或晶状粉末，无酸味；钙镁磷肥的颜色与普钙相似，灰绿色或灰棕色，没有酸味，呈很干燥的玻璃质细粒或细粉末；废水泥渣为灰色粉粒，无光泽，有较多坚硬块物，粉碎后粉粒也比较粗，没有游离酸味；砖瓦粉末颜色发蓝，粉粒也较粗，无酸味。

（2）手感上

普钙质地重，手感发绵但不轻浮；磷石膏质地轻，手感发绵比较干燥；废水泥渣质地比普钙重，手感不发腻，不发绵，不干燥，有坚硬水泥渣存在；砖瓦粉末手感明显发涩，不干燥，有砖瓦渣存在。

（3）水溶性

普钙部分溶于水，磷石膏完全溶于水，钙镁磷肥不溶于水，废水泥渣和砖瓦粉加水成浆，废水泥浆重新凝固，水多情况下砖瓦粉会沉淀。

在识别中，若发现普钙中有土块、石块、煤渣等明显杂质则为劣质普钙；如发现酸味过浓，水分较大，则为未经熟化不合格的非成品普钙；如果发现颜色发黑、手感发涩、发扎，则为粉煤灰假冒普钙。

3. 钾　肥

一般市场上常见的有进口和国产钾肥掺混后冒充进口钾肥出售，颜色呈白色或红色，掺混后的钾肥流动性差。硫酸钾和氯化钾、钾镁肥掺混后冒充硫酸钾出售，掺混后的钾肥呈现淡黄、白色或淡黄、红色结晶体。还有的是把钾肥和碳酸氢铵掺混后冒充国产钾肥销售，这种情况下可把产品研成粉末，取少量放在小铁片上灼烧，若能燃烧、熔化或发白烟，带有氨臭味为氨肥，而跳动有爆裂声的是钾肥。此外，也有用氯化钠（食盐）冒充氯化钾的，可用舌尖稍舔一下有咸味。

4. 复合肥

市场上多是以颗粒普钙冒充硝酸磷肥、重过磷酸钙，也有用普钙、硝酸磷肥假冒磷酸二铵的。它们之间有着相似的颜色、颗粒和抗压强度，但成分种类、含量、价格差别很大。颗粒过磷酸钙 P_2O_5 含量 14%~18%；三料磷肥（重钙）P_2O_5 含量 42%~46%；硝酸磷肥含氮 25%~27%，含 P_2O_5 11%~13.5%；磷酸二铵含 P_2O_5 46%~48%，含纯氮为 16%~18%。

（1）外观上

磷酸二铵（美国产）不受潮情况下，中心黑褐色，边缘微黄，颗粒外缘微有半透明感，表面略显光滑，呈不规则颗粒；受潮后颗粒颜色加深，无黄色和边缘透明感，湿过水后颗粒铜受潮颗粒表现一样，并在表面泛起极少量粉白色。硝酸磷肥透明感不明显，颗粒表面光滑，为颜色黑褐的不规则颗粒。重过磷酸钙颗粒为深灰色颗粒。过磷酸钙颜色要浅些，发灰色、浅灰色，表面光滑程度差些。

（2）水溶性

硝酸磷肥、重过磷酸钙均溶于水。

（3）用火烧

磷酸二铵、硝酸磷肥在红木炭上灼烧能很快熔化并放出氨气；而重过磷酸钙和过磷酸钙没有氨味；特别是过磷酸钙颗粒形状根本没有变化。

5. 复混肥

目前市场上多是三元素养分≥25%的复混肥，颜色多为灰色、黑褐色（含硝基腐殖酸）不规则颗粒。也有含量≥45%的三元复混肥，以高岭土为黏结填充料，为黄褐色、粉褐色。假冒复混肥一般为污泥、垃圾、土、粉煤灰等颗粒物，一般不含氮素化肥。

（1）外观上

氮素化肥特别是尿素、硝酸铵多的复混肥，炉温合适，颗粒熔融状态好，表面比较光滑；假复混肥表面粗糙，没有光泽，也看不见尿素、氯化钾残迹。

（2）用火烧

在烧红的铁板或木炭上复混肥能熔化、发泡发烟，放出少量氨味，而且颗粒变小，氮素越多熔化越快，浓度越高残留越少，颗粒磷肥和假冒复混肥没有变化。烧灼方法可以作为辨别真假复混肥和浓度高低的主要方法，当然最准确的还是抽样作定量分析。

以上肥料的鉴别方法都是直观的，仅供参考。更好的方法是经土壤肥料研究单位、肥料、化工监测部门的化验分析。不同作物、不同土壤上的科学施肥技术，最好在农业科研单位、农业技术推广部门的指导下进行，在选用作物专用肥、复混肥、复合肥要特别慎重。

第三章

果树与肥料

第一节　水果质量

一、水果质量

施肥与水果质量安全，是目前人们关心的热点问题之一，其中最受关注的是食用水果的质量和安全。果品质量的基本内涵，主要有以下内容。

1. 水果的直感品质

包括外观（如水果的色泽和光泽等）、口感（如适口性）等。

2. 水果的营养价值

水果营养素含量和质量，包括蛋白质、氨基酸、脂肪、糖类、维生素、纤维素、有益矿物质等。

3. 食用水果安全性

主要指果品中危害人体健康的成分，如硝酸盐、重金属等有毒物质、农药残留、激素、添加剂等含量不得超过国家规定的标准。

4. 水果的贮运和加工品质

如新鲜水果的贮存、运输与货架期的保鲜性能等。

5. 人们食用水果的影响

如长期食用的水果，对不同人群的积累性影响。

二、施肥与果树产量和质量的关系

从植物营养的基本原理来说，只有生长健康的植（作）物个体才能生产出健康而品质优良的产品。营养不足或过盛，都会导致作物不健康和降低水果品质。水果的质量与施肥的关系密切。安全合理施肥会促进果树健康生长，从而使水果品质得到改善。例如，提高水果中蛋白质、氨基酸、维生素、矿物元素等营养成分含量，可提高水果的适口性、外观色泽及耐贮性，同时降低水果的硝酸盐和重金属等有害物质含量。

低施肥量使果树表现为营养不良，树体不健康。此时增施肥料，水果的产量和品质就可同时提高；施肥过量达到产量增加的潜力限度时，果树过多吸收的养分就成了奢侈吸收，既造成养分浪费，还会对水果质量产生负面影响。例如，氮肥施用过量，造成水果口感不佳；磷、钾肥施用过量后，果树营养期缩短，产量下降，水果品质变坏。

在水果生产中，一般在低施肥量阶段产量和品质大都随着施肥量增加而提高。当施肥量达到一定水平，继续增加施肥量，谋求更高产量时，其水果质量的增长曲线开始下降。现代水果生产中，为获得较高的产量和良好的水果品质，应重视安全合理施肥。

第二节　果树的营养特性

一、果树的营养特性

果树是多年生作物，营养具有以下特点。

1. 需要养分数量大

尤其是成年果树养分吸收量更大，施肥量也很多。

2. 持续消耗养分

果树有位置固定，具有连续吸收养分的特点，使土壤中某些养分消耗过量，尤其是微量元素养分，必须通过施肥及时给予补充，否则容易缺乏某些微量元素养分而影响果品的产量和品质。

3. 冬前需要供应储备养分

果树树体大，在其根、枝、干内可以贮藏大量营养物质。果树早春萌芽、开花和生长，主要消耗树体贮存的养分。

4. 吸收深层养分能力强

果树根系发达，入土很深可达 50～80 厘米，且吸肥能力强。尤其是成年果树，可从下层土壤中吸收某些养分，以补充上层土壤中养分的不足。果树施肥时不仅要考虑表层土壤，更要考虑根系大量分布层的土壤养分状况，把肥料施到一定深度，特别是移动性小的磷、钾肥料更应深施，以利于根系吸收和提高肥料的增产效率。

5. 树体营养差异大

果树一般是利用嫁接方式繁殖的，由于砧木不同，常使树体吸收营养元素的能力产生差异；接穗品种不同，需肥情况也不同。

6. 有年周期的营养特点

在供肥时不能只考虑果树某一短期的需要，应根据周年吸肥特点补充养分。

二、果树必需营养元素的生理功能

1. 氮（N）

氮是构成蛋白质和核酸的成分。蛋白质中氮的含量占 16%～18%，蛋白质是构成果树体内细胞原生质的基本物质，蛋白质和核酸都是植物生长发育和生命活动的基础。氮还是组成叶绿素、酶和多种维生素以及卵磷脂的主要成分。氮不仅是营养元素，而且还起到调节激素的作用，在维持生命活动和提高果树产量、改善果品品质方面具有极其重要的作用。

2. 磷（P）

磷是果树体内的核酸、核蛋白、磷脂、植素、磷酸腺苷和多种酶的组成成分。核酸和核蛋白是细胞核与原生质的组成成分，在植物生命活动与遗传变异中具有重要功能；植素是磷脂类化合物组成成分之一，磷脂是细胞原生质不可缺少的成分；磷酸腺苷对能量的贮藏和供应起着非常重要的作用；多种含磷酶具有催化作用；磷是糖类、含氮化合物、脂肪等代谢过程的调节剂，在能量转换、呼吸及光合作用中都起着关键作用，光合作用的产物要先转变成磷酸化的糖，才能向果实和根部输送。磷肥能增强果树的抗旱、抗寒能力，促进果树提早开花，提前成熟。

3. 钾（K）

钾是果树多种酶的活化剂。钾能增强果树的光合作用和促进碳水化合物的代谢和合成。钾对氮素的代谢、蛋白质合成有很大的促进作用。钾能显著增强果树的抗逆性，主要以可溶性的无机盐存在于分生组织和新陈代谢较活跃的芽、幼叶及根尖部分，与细胞分化、透性和原生质的作用密切相关，果树生长或形成器官时，都需要钾的存在。

钾在树体内比较容易运转，可以被重复利用。缺钾表现叶片小，枝梢细长，而对花芽形成影响较大，即使轻度缺钾，也会造成减产。

4. 钙（Ca）

钙在果树体内以果胶酸钙的形态存在，是组细胞壁胞间层的重要元素，是果树生长必需元素之一。钙能中和代谢过程中产生的有机酸，使草酸转为草酸钙而解毒，钙还能与钾、钠、镁、铁离子产生拮抗作用，以降低或消除这些过多离子的毒害作用，有调节树体内 pH 值的功效。钙能中和土壤的酸度，对于硝化细菌、固氮菌及其他土壤微生物有很好的影响。钙是某些酶促作用的辅助因素，可增强与碳水化合物代谢有关酶的活性，有利于果树的正常代谢。

5. 镁（Mg）

镁是叶绿素的重要组成成分，也存在于植素和果胶物质中，还是多种酶的成分和活化剂，它能加速酶促反应，促进糖类的转化及其代谢过程，对果树呼吸有重要作用。镁促进脂肪和蛋白质的合成，促进磷的吸收和运输，可以消除钙过剩的毒害，使磷酸转移酶活化，还能促进维生素 A 和维生素 C 的形成，提高果品品质。镁在维持核糖、核蛋白的结构和决定原生质的物理化学性状方面，都是不可缺少的。镁在树体内可以迅速流人新生器官，幼叶比老叶含镁量更高，果实成熟时，镁流入种子。

6. 硫（S）

硫是构成蛋白质和酶不可缺少的成分，参与树内的氧化还原反应过程，是多种酶和辅酶及许多生理活性物质的重要成分。硫影响呼吸作用、脂肪代谢、氮代谢、光合作用以及淀粉的合成，维生素 B_1 分子中的硫对促进果树根系的生长有良好的作用。

7. 铁（Fe）

铁主要集中于叶绿体中，直接或间接参与叶绿体蛋白质的形成，是叶绿素形成和光合作用不可缺少的元素，树体内有氧呼吸不可缺少的细胞色素氧化酶、过氧化氢酶、过氧化物酶等都是含铁酶。铁能促进果树呼吸，加速生理氧化。铁在树体内含量很少，多以高分子化合物存在，它在果树体内不易转移。

8. 锌（Zn）

锌是树体内碳酸酐酶的成分，能促进碳酸分解过程，与果树的光合作用、呼吸作用以及碳水化合物合成、运转等过程有关，在果树体内物质水解、氧化还原过程和蛋白质合成中起作用，对果树体内某些酶具有一定的活化作用，参与叶绿素的形成，也参与生长素（吲哚乙酸）的合成。

9. 铜（Cu）

铜是果树体内氧化酶的组成成分，在催化氧化还原反应方面起着重要作用，影响呼吸作用。铜与蛋白质合成有关，铜对叶绿素有稳定作用，并可以防止叶绿素破坏；含铜黄素蛋白在脂肪代谢中起催化作用，还能提高对真菌性病害的抵抗力，对防治果树病害有一定作用。

10. 锰（Mn）

锰是许多酶的活化剂，影响呼吸过程，适当浓度的锰能促进种子萌发和幼苗生长。锰也是吲哚乙酸氧化酶的辅基成分，大多数与酶结合的锰和镁有同样作用。锰直接参与光合作用，是叶绿素的组成物质，在叶绿素合成中起催化作用。锰促进氮素代谢，促进果树生长发育，提高树体抗病性。锰对果树体内的氧化还原有重要作用。

11. 硼（B）

硼不是树体内含物的结构成分，但硼对果树根、枝条等器官的生长、幼小分生组织的发育及果树开花结实均有重要作用。硼影响细胞壁果胶物质的形成，加速树体内碳水化合物的运输，促进树体分生组织细胞的分化，促进蛋白质和脂肪的合成，增强光合作用，改善树体内有机物的供应和分配，提高果树抗寒、抗旱、抗病能力，防止果树发生生理病害。硼素在树体组织中不能贮存，也不能由老组织转入新生组织中去。

12. 钼（Mo）

钼对果树体内氮素代谢有着重要的作用，它是硝酸还原酶的组成成分，参与硝酸态氮的还原过程。缺钼时，果树体内硝酸盐积累，阻碍氨基酸的合成，使产品品质降低。钼还能减少土壤中锰、铜、锌、镍、钴过多所引起的缺绿症。

三、果树对主要养分的吸收量

对于成龄果树而言，果树对养分的吸收量主要指果树形成单位产量的养分吸收量。该参数不仅与果树的品种、树龄有关，同时也与果树的管理方式、产量水平有密切关系。中国肥料信息网公布的几种果树单位产量的养分吸收量见表3-1。

表3-1 主要果树形成100千克经济产量所吸收的养分量

作物	形成100千克经济产量所吸收的养分量（千克）		
	氮（N）	磷（P_2O_5）	钾（K_2O）
香蕉	0.54	0.11	2.00

（续表）

作物	形成100千克经济产量所吸收的养分量（千克）		
	氮（N）	磷（P_2O_5）	钾（K_2O）
荔枝	0.22	0.06	0.25
龙眼	0.45	0.15	0.83
芒果	0.14	0.05	0.23
菠萝	0.38	0.11	0.74
柑橘	0.60	0.11	0.40
枇杷	0.11	0.04	0.32

四、果树合理施肥

合理施肥是改善和提高农产品品质最重要的手段。肥料对作物品质的调控机理主要表现在营养元素的生理功能上，首先是影响与该元素有关的品质成分的含量。肥料养分还可促进其他营养品质的形成，如适量施钾可明显提高蔬菜、水果中糖分、维生素的含量，抑制单施氮肥的不良效应，降低硝酸盐含量，提高油料、糖料、纤维素类作物的品质和榨菜头中鲜味氨基酸和甜味氨基酸含量，降低苦味氨基酸含量；施磷促进作物体内贮存物质蔗糖、淀粉和脂肪的合成；适量施用硼、锌、锰肥可以提高瓜果蔬菜中维生素和糖分；施钙可防治瓜、果的水心病、苦痘病、脐腐病，改善作物外观品质。

果树的施肥要点是，前期以施用氮肥为主，中后期以钾肥为主，磷肥随基肥施入，保证磷肥的全年供应。具体的技术要点如下。

1. 基　肥

果树施基肥一般在果实采收后进行，基肥中有机肥的用量，一般是水果产量的相等数量，即"斤果斤肥"，还应当加入速效性氮、磷、钾肥，以促进果树形成庞大根系，同时有利于花芽分化，为优质高产打好基础。

2. 追　肥

开花前后追施氮肥，配合适量磷肥，追肥时间宜早不宜晚。适当增加追肥次数，以促进果实膨大和花芽分化。追肥应以灌根、喷施、灌注等方式相结合为好。果树不仅对大量营养元素有较多的需要，而且对某些中量和微量营养元素也有较高的要求。由于果树立地生长时间很长，容易造成某些营养元素过多消耗，特别是在有机肥料用量较少的果园，中量和微量元素得不到补充就会出现缺素症状，如缺铁引起黄化病，缺锌引起小叶病，缺钙引起水腐病等，这种现象在果园中比较普遍。因此，必须适时喷施含微量元素的叶面肥2~4次，补充缺乏的营养元素。叶面喷施肥料应该是果树施肥的重要组成部分。

3. 果树施肥应注意的事项

应根据果树生长和营养特点合理施肥，才能实现优质、高产、稳产。

果树施肥的特点与大田作物不同，但相同的是都应实行合理施肥。

灌根、灌注（钻孔）和叶面喷施液体微肥对果树优质高产十分重要。

五、果树施肥不当的影响

果树施肥不当，不仅会危害果树，影响水果产品品质，浪费资源，而且还严重污染土壤和地下水源，威胁生态平衡和人类身体健康。主要表现在以下几个方面。

过量施用氮肥和磷肥，会使氮、磷养分进入水体，导致水中藻类等水生物过量繁殖，当藻类等水生物死亡后，其有机物的分解使水体中溶解氧大量被消耗，水体呈现缺氧状态，使水质恶化，造成鱼、虾死亡等严重后果。

氮肥的不合理施用，由于反硝化作用，形成氮气和氧化亚氮气体，从土壤中逸散出来进入大气。氧化亚氮气体到达地球的臭氧层后与臭氧发生反应，生成一氧化氮，使臭氧减少，地球臭氧层遭受破坏而减弱阻止紫外线透过大气层，强烈的紫外线照射对生物有很大的危害，如皮肤癌等。

由于土壤中的硝态氮向下淋失，会造成地下水和湖泊及河流的富营养化，当地下水含硝酸盐量达 50 毫克/升以上时，即为严重超标，使饮水质量变差，如果人们长期饮用这种超标的地下水，硝酸盐转化为亚硝酸盐后，可能生成强致癌物质——亚硝胺，对人类健康构成很大威胁。

如果不能安全施用氮肥，会使水果产品硝酸盐含量超标，长期食用对身体健康造成危害。

有些肥料品种可能含有重金属、氰等有害物质，造成水果产品的有害残留物超标。

第三节　果树安全施肥

一、果树安全施肥

是指通过肥料科学合理施用，保护果树和生态环境的安全，从而确保水果食用安全。水果的食用安全，是指水果产品中危害人体健康的成分如硝酸盐、重金属等毒性物质和农药残留含量不得超过国家有关规定的指标。

施肥对水果产品质量的影响是一个较为复杂的问题。一般来说，通过肥料的科学合理施用，可以提高水果产量，改善水果产品品质，培肥土地。

果树安全施肥是一项技术性很强的增产措施，其基本内容包括：①选用的肥料种类或品种；②果树需肥特点；③目标产量；④施肥量；⑤养分配比；⑥施肥时间；⑦施肥方式、方法；⑧施肥位置。每一项内容都与施肥效果有着密切关系。

肥料的种类很多，选择肥料时应了解肥料的性质和功能、特点、施用方法，同时考虑土壤肥力、各种果树的需肥特性，做到因土壤、作物、气候等因素进行安全合理施用，以获得优质、高产、高效，防止水果产品污染和生态环境污染。

二、果树安全施肥的意义

肥料是果树的"粮食"，是果树栽培的重要生产资料，在水果生产中起着重要的作用。

提高果树产量。据调查统计资料显示，肥料的平均增产效果为40%～60%。

改善水果品质。通过科学合理安全施肥，可以有效改善水果品质，如适量施用钾肥，可明显提高水果糖分和维生素含量，降低硝酸盐含量；适量施用钙肥，可以防治水果水心病、脐腐病等。

保障耕地肥力。通过科学合理安全施肥，补充土壤被作物吸收带走的养分，保护耕地生产力。

使果树生长茂盛，提高地面覆盖率，减缓或防止水土流失，维护地表水域、水体不受污染，起到保护环境的作用。

提高肥效，使果树健壮生长。减少农药用量，不仅降低生产成本、增加效益，还对保护生态环境有重要意义。

现在水果生产中，肥料投入约占全部农业生产资料投入的50%以上。值得注意的是，肥料的施用也并非越多越好，过量或不合理施用肥料会导致水果产品质量安全问题，使人体健康受到威胁。如氮肥过量施用，可能导致作物抗病虫、抗倒伏能力下降，产量降低；引起果品中硝酸盐富集；氮素淋失会对地表水和地下水产生环境污染；氨的挥发和反硝化脱氮会对大气环境产生污染。

三、果树安全施肥的基本原则

根据果树的需肥特点和果树土地供肥状况及肥料效应，以有机肥为主，化肥为辅，充分满足果树对各种营养元素的需求，保持或增加土壤肥力及土壤微生物活性，所施的肥料不应对果园环境和果实品质产生不良影响，使用符合国家有关标准的农家肥、化肥、微生物肥料和新型肥料及叶面肥等。

禁止施用的肥料类别有：①未经无害化处理的城市垃圾，含有金属、橡胶和有毒物质的垃圾、污泥，医院的粪便、垃圾和工业垃圾；②硝态氮肥和未腐熟的人粪尿；③未获国家有关部门批准登记生产的肥料等。

四、果树安全施肥的措施

目前在水果生产中，一般肥料的投入占生产资料总投入的1/2左右，由于肥料本身的特性和生产工艺技术的限制以及肥料安全施用技术等问题，果树施肥在一定程度上构成了水果质量不安全因素。究其原因，主要是施用有害物质超标的肥料或不合理施肥造成的。如有机肥料中含有害微生物、寄生虫、病原体、杂草种子、有害重金属、化学农药残留、对作物有害的物质等，化肥也可能含有重金属和其他有害物质。因此，施用有害物质超标肥料或没按肥料安全施用要求进行施肥，都可能造成水果质量安全和环境的污染。

为防止肥害，做到安全合理施肥，国家对现有的各种肥料（包括商品性肥料和农家肥料）制定了有关标准，尽量把施肥污染降到最低水平，控制在环境保护和农产品安全质量允许的指标范围以内。在果树安全施肥过程中，对有机肥无害化处理、肥料的选择、施用技术，都必须提高安全意识。安全合理施肥、严格控制氮肥的过量施用。商品肥料要选择符合有关标准的产品，要严格掌握施用量和施肥方法，需深施的肥料不可表施，确保施肥对果树和水果质量的安全。

农家肥（包括作物秸秆、农副产品下脚料、动物粪尿等）必须充分发酵腐熟，使物料在高温发酵过程中内部温度达到 70~75℃，持续 10~15 天，既能杀灭农家肥中的病原菌、虫卵、杂草种子等，并对其所含的有害物质有降解作用。应注意的是，草木灰应单独贮存（避免潮湿），单独施用，否则会使所含的钾元素大量损失，降低肥效。

五、常见果树施肥误区与安全施肥要点

1. 果树施肥误区

目前果树施肥存在以下几个误区。

"施肥点离树干越近越好"。施肥时如果离树干过近，会导致伤根烧根现象，效果不好。同时施肥点距根尖越远，也不利于根系吸收养分。

"施肥量越多越好"。为了追求产量，盲目多施肥，不是根据肥料的种类、树势强弱、树体大小、产量多少、地力条件等因素综合确定施肥量，结果是树体营养供需不平衡，造成肥害重者烧根死树，轻者病虫害滋生，营养生长和生殖生长失调，只长树叶，而果实较少。

"施肥时间按忙闲而定"。果树需肥时期是有一定规律的，根据劳动力忙闲施肥的做法是不科学的。如果错过了果树需肥时期施肥，往往收不到预期的效果。

"施肥种类随意定"。秋季施基肥，有些果农随意用化肥代替有机肥，或者用未经腐熟的作物秸秆代替厩肥等农家肥，如果每年如此，结果是果园土壤肥力下降、树势衰弱、产量降低、果品品质变劣。正确的做法是坚决贯彻有机肥与化肥配合施用的原则，这样不仅有利于果园培肥改土，提高土壤肥力，而且对果树优质高产提供了物质保证。

"重地下土壤施肥，轻地上叶面施肥"。有些果农习惯于地下土壤施肥，对地上叶面喷肥的作用轻视或认识不够，不能做到地上地下施肥相结合，结果导致黄叶病、小叶病、缩果病、早期落叶病等生理性病害严重发生，叶片光合功能降低，最终导致产量降低，品质变劣。

2. 正确施肥技术要点

为了果树优质高产应掌握以下几个施肥技术要点。

施肥离树远近深浅要适宜。实际上，一般果树水平根的分布是树冠直径的 2~4 倍。

实践证明，苹果、梨、桃、杏等果树开沟或挖穴离树干的距离在树冠垂直投影线的外缘为宜，深度 30~40 厘米。此位置是果树根的集中分布区，养分利用率高。

施肥量因树因地因肥而定。无论是基肥还是追肥、迟效性肥还是速效性肥，其施肥量确定的一般原则是：幼龄小树低于成年大树；未结果或初结果期的树低于盛果期的树；肥力差的果树地应多于较肥沃的果树地。施基肥时，厩肥等有机肥的施入量一般每亩不应低于 5 000 千克，同时配施适量的磷、钾化肥或复混肥、专用肥。

施肥时期要按树体需求而定。要根据果树不同的生长发育阶段、树种、品种等因素确定。要按时施肥，不能影响树体营养的供应。果树基肥一般宜在果实采收后或采果前施入。实践证明，采果后或果实成熟后期施入基肥，对改善果树叶片光合功能，提高树体营养的贮存水平，增强树体抗逆能力以及提高花芽分化的数量和质量都具有十分重要的意义。

施肥种类要根据果树的需肥特点、肥料的性质而定。果树既需要氮、磷、钾等大量元素肥料，也需要钙、镁、硫等中量元素，还需要硼、铁、锌等微量元素肥料。要做到有机肥与化肥配合施用，大量元素肥料与中、微量元素配合施用，才能满足果树不同时期的生长发育需要。要改变水果生产中"重视氮磷肥，轻视钾肥，忽视有机肥和微肥"的不科学做法。

土壤施肥应与叶面施肥相结合。通过根系吸收的土壤施肥是施肥的主渠道，叶面喷肥直接喷布于树体，具有节本省工、养分吸收快、利用率高的优点。特别对防治缺铁引起的黄叶病、缺硼引起的缩果病、缺锌引起的小叶病等生理性病害效果明显。

六、果树安全施肥量的确定

果树栽培是一个庞大的生态体系，确定果树的安全施肥量是一个较复杂的技术问题。由于影响施肥量的因素是多方面的，促使施肥量有较大的变化幅度和明显的地域差异。鉴于我国目前的水果生产实际情况，并考虑到方法的可操作性，本书只介绍养分平衡法来确定果树的安全施肥量。

养分平衡法是国内外施肥中最基本、最重要的方法，是根据果树需肥量与土壤供肥量之差来计算达到目标产量（也称计划产量）的施肥量，其计算公式为：

$$\text{某养分元素肥料的合理用量(千克/公顷)} = \frac{\text{果树养分吸收量(千克/公顷)} - \text{土壤养分供应量(千克/公顷)}}{\text{肥料中的该养分含量(\%)} \times \text{肥料当季利用率(\%)}}$$

1. 果树的养分吸收量

$$\text{果树的养分吸收量(千克/公顷)} = \text{果品单位产量的养分吸收(千克/公顷)} \times \text{目标产量(千克/公顷)}$$

果品单位产量的养分吸收量，就是每生产 1 千克果品需要吸收某营养元素的量。该值可通过田间试验取得，一般做法是：把一定区域内果树一个生产周期生长的地上部分收获起来，对枝、叶、果等分别称重，并测定它们的养分含量，求出某养分吸收总量，再除以该区域内一个周期的果品产量，所得的商就果品单位产量对某养分的吸收量。在实际生产中，可查阅相关资料，参考前人对该项参数的研究结果。

目标产量，也称为计划产量。确定该项指标是养分平衡法计算施肥量的关键。目标产量决不能凭主观意志决定，必须从客观实际出发，统筹考虑果树的产量构成因素和生产条件（如地力基础、水源条件、气候因素），若目标产量定得太低，难以发挥果园的生产潜力；若定得太高，施肥量必然较大，如果实产量达不到目标值，就会供肥过量，造成浪费，甚至污染环境。从近十年来我国各地实验研究结果和生产实践得知，果园目标产量首先取决于树相与群体结构，管理水平、地力基础、水源条件及气候因素等也是影响目标产量的重要条件。拟定和调整目标产量也应参考当地果园上季的实际产量和同类区域果园的产量情况。

2. 土壤养分供应量

土壤养分供应量的计算，是根据地力均匀的同一果园不施肥区的果品产量，乘以果品单位产量的养分吸收量。

计算公式为：

$$\underset{(千克/公顷)}{土壤养分供应量} = \underset{(千克/千克)}{果品单位产量的养分吸收量} \times \underset{(千克/公顷)}{不施肥区果品产量}$$

式中，果品单位产量的养分吸收量与前文中的取值相同。

3. 肥料中的养分含量

商品肥料（化肥、复混肥、精制有机肥、叶面肥等）都是按照国家规定或行业标准生产的，其所含有效养分的类别与含量都标明在肥料包装或容器标签上，一般可直接用其标定值。果农积造的各类有机肥（堆沤肥、秸秆肥、圈肥、饼肥等）的养分类别与含量，可采集肥料样品到农业测试部门化验取得，也可通过田间试验法测得。

4. 肥料的当季利用率

肥料的当季利用率是指当季果树从所施肥料中吸收的养分量占所施肥料养分总量的百分数。不是恒定值，在很大程度上取决于肥料用量、用法和施肥时期，且受土壤特性、果树生长状况、气候条件和农艺措施等因素的影响而变化。一般有机肥的当季利用率较低，速效化肥的当季利用率较高，有些迟效化肥（如磷矿粉）的当季利用率很低。

肥料利用率的高低直接关系到投肥量的大小和经济收入的多少，国内外都在积极探索提高肥料利用率的途径。

用田间差减法测定肥料利用率较为简便，其基本原理与养分平衡法测定土壤供肥量的原理相似，即利用施肥区果树吸收养分量减去不施肥区果树吸收的养分量，其差值视为肥料供应的养分量，再除以肥料养分总量，所得的商就是肥料的利用率。计算公式为：

$$肥料利用率 = \frac{施肥区果树吸收养分量(千克/公顷) - 不施肥区果树吸收养分量(千克/公顷)}{肥料施用量(千克/公顷) \times 肥料中的养分含量(\%)}$$

七、果树安全施肥的时期

1. 基　肥

基肥是较长时期供给果树养分的基础肥料。作基肥施用的主要是有机肥和迟效化肥，也可根据果树种类和其长相，配施适量的速效肥料。基肥施入土壤后，逐渐分解，不断供给果树需要的常量元素和微量元素。基肥于果实采摘后尽早施入效果最好，采果后果树根系生长仍较旺盛，因施基肥造成的伤根容易愈合，切断一些细小根可促发新根。施基肥可提高树体营养水平和细胞液浓度，有利于来年萌芽开花和新梢早期生长。

2. 追　肥

当果树需肥量增大或对养分的吸收强度猛增时，基肥释放的有效养分不能满足需要，就必须及时追肥。追肥既是当季壮树和增产的肥料，也为果树来年的生长结果打下基础。追肥数量、次数和时期与树龄、树相、土质及气候等因素有关。一般幼树追肥宜少，随着结果的增多，追肥次数也要增加，以协调长树与结果的矛盾。一般成年结果树每年追肥 2~4 次，依果树种类和果园具体情况酌情增减。

（1）花前追肥

果树萌芽开花需消耗大量营养物质，若树体营养水平较低，而氮素供应不足时，易导致将来大量落花落果，并影响树体生长。一般果树花期正值养分供应高峰期，对氮肥敏感，只有及时追肥才能满足其需要。对弱树、老树和结果量大的树，应加大追肥量，促萌芽开花整齐，提高坐果率，并加强营养生长。若树势强，施基肥充足，花前肥应推迟至开花后再追。春季干旱少雨地区，追肥须结合灌水，才能充分发挥肥效。

（2）花后追肥

落花后是坐果期，也是果树需肥较多的时期。幼果生长迅速，新梢生长加快，都需要较多氮素营养。追肥促新梢生长，扩大叶面积，提高其光和效能，利于碳水化合物和蛋白质形成，减少生理落果。

（3）果实膨大与花芽分化期追肥

此期花芽开始分化，部分新梢停止生长，追肥可提高果树的光合效能，促进养分积累，提高细胞浓度，有利于果实肥大和花芽分化。这次追肥既保证了当年产量，又为来年结果打下基础，对克服结果大小年现象也有效。一些果树的花芽分化期是氮肥的最大效率期，追肥后增产明显。结果不多的大树或新梢尚未停长的初结果树，也应追施适量氮肥，否则易引起二次生长，影响花芽分化。此期追肥还要注意氮、磷、钾适当配合。

（4）果实生长后期追肥

这次追肥主要解决大量结果造成树体营养物质亏缺和花芽分化的矛盾。尤其晚熟品种后期追肥十分必要。据研究，树体内含氮化合物一般以 8 月含量最高，若前期肥不足，则秋季逐渐减少，落叶前减至最少。因此，后期必须追施氮肥，适量配施磷、钾肥可提高果实品质，改善着色效果。这对盛果期大树尤为重要。在实际生产中，有些地区将这次追肥与施基肥相结合。

因地域不同、果树类别不同或物候期的差异，各地施肥的时期和次数也有所不同。如柑橘产区每年追肥4~5次，分为萌芽肥、稳果肥、壮果肥和采果肥等，对尚未结果的幼树，施肥时期应重点考虑春、夏、秋树梢生长对营养的需求，但一般9—10月不宜追氮肥，以防促发晚秋梢。若计划幼树下一年开始结果，其生长后期要适当增加磷、钾肥的施用比例。

八、果树安全施肥的方法

1. 土壤施肥

土壤施肥是将肥料施在根系生长分布范围内，便于根系吸收，最大限度地发挥肥料效能。土壤施肥应注意与灌水的结合，特别是干旱条件下，施肥后尽量及时灌水。果树常用的施肥方法有以下几种：

（1）环状沟施

在树冠外围稍远处即根系集中区外围，挖环状沟施肥，然后覆土。环状沟施肥一般多用于幼树。

（2）放射状沟施

以树干基部为中心，呈放射状向四周挖多条（4~6条或更多）沟。沟外端略超出树冠投影的外缘，沟宽30~70厘米，沟深一般达根系集中层，树干端深30厘米，外端深60厘米，施肥覆土。隔年或隔次更换施肥沟位置，扩大施肥面积。

（3）条状沟施

在果树行间、株间或隔行挖沟施肥后覆土，也可结合深翻土地进行。挖施肥沟的方向和深度尽量与根系分布变化趋势相吻合。

（4）全园撒施

将肥料均匀地撒在土壤表面，再翻入深20厘米的土中，也有的撒施后立即浇水或锄划地表。成年果树或密植果园，根系几乎布满全园时多用此法。该法施肥深度较浅，有可能导致根系上翻，降低果树抗逆性。若将此法与放射状沟施法隔年交替应用，可互补不足。各地还有围绕树盘多点穴施等施肥形式，作为撒施和沟施的补充方法。

（5）灌溉施肥

结合漫灌、冲施或喷灌、滴灌、渗灌等设施灌溉。其特点是可控、节水，肥随水走，供肥较快，肥力均匀，对根系损伤小，肥料利用率高，节省劳动力，增产增效。

（6）灌根施肥

灌根施肥是将肥料配制成水溶液，也可加入防治果树病虫害的农药，直接灌于果树根的分布区域。此法具有节省肥料、速效、不伤根，可与部分农药混用等特点。

（7）果园绿肥种植与施用

果园种植绿肥可充分利用土地、光能等自然资源。绿肥还可用作养殖饲草，过腹还田，实现经济效益与生态效益双丰收。

2. 根外施肥

（1）叶面喷施

此法用肥量小，发挥作用快，而且几乎不受树体养分分配重点的影响，可直接针对树冠不同部位分别施用，满足养分急需，也避免了养分被土壤固定。一般喷施后 15 分钟至 2 小时即可吸收。根外追肥可提高叶片光合强度。喷后 8~15 天，叶片对肥料元素反应最明显，以后逐渐降低，20~30 天后基本消失。根外追肥不能完全替代土壤施肥，两者相互补充，可发挥施肥的最佳效果。

（2）树干注入法

有些地区采用对树干压力注射法，将肥料水溶液送入树体；还有的用树干输液法，即在树干上打孔，然后插上特制的针头，用胶管连通肥料溶液桶。这些方法在改善高产大树的营养状况和快速除治果树缺素症等方面具有特效。

第四节　果树营养失调症诊断

一、果树营养诊断的一般方法

1. 形态诊断

也称为树相诊断，是根据树体生长表现来诊断果树体营养状况的方法。新梢的长度与粗度，叶片的大小与厚薄，叶片的扭曲与皱缩，叶色的深浅，是否黄化，落花落果，果实的形状、大小与品质等，都可以作为树相诊断的指标。营养失调是引起树相（形态）异常的主要原因之一，果树缺乏某种元素时，一般都在形态上表现特有的症状，即所谓的缺素症，如失绿、斑块、斑点、畸形等。由于营养元素不同、生理功能不同，症状出现的部位和形态常有不同的特点和规律。例如，由于元素在果树体内移动有难有易，失绿开始的部位不同，一些容易移动的元素如氮、磷、钾及镁等，当果树体内呈现不足时，就会从老组织移向新生组织，因此缺乏症最初总是在老组织上先出现。

2. 组织分析诊断

以植物组织中营养元素含量和产量的关系为理论依据，以生产最高产量和品质的最适营养水平为标准，借助分析仪器，对果树叶片等组织进行各种营养元素的全量分析，与预先拟订的含量标准比较，或就正常与异常标本进行直接的比较，判断果树营养丰缺。组织分析诊断的方法有以下两种：

（1）叶片分析诊断

以叶片的常规（全量）分析结果为依据判断营养元素的丰缺。

（2）组织速测诊断

组织速测诊断是以简易方法测定果树某一组织鲜样的成分含量来反映养分状况，属于半定量性质的分析测定。被测定的一般是尚未被同化的或大分子的游离养分，叶柄（叶鞘）常成为组织速测的样本，这一方法常用于田间现场诊断。从果树营养诊断技术体系运用于生产实践来看，目前一般限于氮、磷、钾三要素范围内。

3. 土壤分析诊断

土壤分析结果与果树营养状况一般也有密切的关系，但土壤分析诊断与果树营养状况的相关程度没有植株分析诊断结果更好直接判断。开展果园土壤肥力动态监测，及时了解土壤肥力状况及其变化趋势，为指导果园培肥地力和科学施肥提供重要依据。

4. 施肥诊断

（1）根外施肥法

采用叶面喷、涂、切口浸渍、枝干注射等方法，有针对性地使用某种元素，通过果树吸收后观察其反应，看症状是否得到改善再做出确切判断。这类方法主要用于微量元素缺乏症的应急诊断。

（2）抽减试验法

在验证或预测土壤缺乏某种或几种元素时可采用此法。

5. 指示植物诊断

利用某些植物对某种元素比栽培果树等更敏感的特点，在果园中种植这些植物，用于预测或验证土壤某种元素是否缺乏。此法应用得不多。

二、果树缺素症分类与诊断

1. 果树缺素症状检索表见表 3-2。

表 3-2　果树缺素症状检索表

症状	缺乏元素
1　老叶症状	
1.1　症状常遍布整株，基部叶片干焦和死亡	
1.1.1　植株浅绿，基部叶片黄色，干燥时呈褐色，茎短而细	缺氮
1.1.1　植株深绿，常呈红或紫色，基部叶片黄色，干燥时暗绿，茎短而细	缺磷
1.2　症状常限于局部，杂色或缺绿，叶缘杯状卷起或卷皱	
1.2.1　叶杂色或缺绿，有时呈红色，有坏死斑点，茎细	缺镁
1.2.2　叶杂色或缺绿，叶尖和叶缘有坏死斑点	缺钾
1.2.3　坏死斑点大而普遍出现于叶脉间，最后出现于叶脉，叶厚	缺锌

（续表）

症状	缺乏元素
2　嫩叶症状	
2.1　顶芽死亡，嫩叶变形和坏死	
2.1.1　嫩叶初呈钩状，后从叶尖和叶缘向内死亡	缺钙
2.1.2　嫩叶基部浅绿，从叶基部枯死，叶扭曲	缺硼
2.2　顶芽仍活但缺绿或萎蔫	
2.2.1　嫩叶萎蔫，无失绿，茎尖弱	缺铜
2.2.2　嫩叶不萎蔫，有失绿	
2.2.1　坏斑点小，叶脉仍绿	缺锰
2.2.1　有或无坏死斑点	
2.2.2.1　叶脉仍绿	缺铁
2.2.2.2　叶脉失绿	缺硫

2. 果树缺素症状分类

各种类型的缺素或营养失调症，一般均首先表现在叶片上，失绿黄化，或呈暗绿、暗褐色，或叶脉间失绿，或出现坏死斑。这种共同的表征主要因为每种元素都不是各自独立地被植物吸收，且又多与几种代谢功能有关，而功能之间则是相互联系的，如大多数代谢失调导致蛋白质合成受破坏或一些酶功能不正常，叶中氨基酸或其他物质（如丁二胺）累积而造成中毒症状等。不过，在供应短缺的情况下，首先表现出来的症状又往往与此元素最主要的功能有关，这是缺素症特异性的一面。

3. 果树缺素症状诊断

在观察果树营养失调症时，有的营养元素缺乏症状很相似，容易混淆。例如，缺锌、缺锰、缺铁、缺镁，主要症状都是叶脉间失绿，有相似之处，但又不完全相同，可以根据各元素缺乏症的特点来辨识。辨识微量元素缺乏症状有三个要点。

（1）叶片大小和形状

缺锌的叶片小而窄，在枝条的顶端向上直立呈簇生状，缺乏其他微量元素时，叶片大小正常，没有小叶出现。

（2）失绿部位

缺锌、缺锰、缺镁的叶片，只有叶脉间失绿，叶脉本身和叶脉附近部位仍然保持绿色，而缺铁叶片只有叶脉本身保持绿色，叶脉间和叶脉附近全部失绿，因而叶脉形成了细网状，严重缺铁时，较细的侧脉也会失绿；缺镁的叶片，有时在叶尖和叶基部仍保持绿色，这是与缺乏微量元素显著不同的。

（3）叶片颜色的反差

缺锌、缺镁时，失绿部分呈浅绿、黄绿以至灰绿，叶脉或叶脉附近仍保持原有绿色。绿色部分与失绿部分相比较时，颜色深浅相差很大。缺铁时叶片几乎呈灰白色，反差更强。缺锰时反差很小，是深绿或浅绿的差异。

元素缺乏症不仅表现在叶或新梢上，根、茎、芽、花、果实均可能出现症状，判断时需全面查验。果树缺钙现象比较普遍，且主要表现在果实上。果实缺钙症状主要集中在果实膨大期和成熟期。微量元素的缺乏与土壤类型有关：缺锰或缺铁一般发生在石灰性土壤中，缺镁只出现在酸性土壤中，只有缺锌会出现在石灰性土壤和酸性土壤中。

三、果树营养失调的一般原因

果树缺乏任何一种必需元素时，其生理代谢就会发生障碍，从而在外形上表现出一定的症状。引起缺素症的原因很多，常见的有以下几种。

1. 土壤营养元素缺乏

土壤中营养元素不足是引起缺素症的主要原因。一般当土壤中某种元素含量低到一定程度时就会引起果树缺素症。

2. 不良土壤理化性质等因素影响营养元素的有效性

干旱、土壤酸碱度不适、吸附固定、元素间不协调、土壤理化性质不良等，使其营养元素有效性降低，从而导致果树不能正常吸收。

3. 不良气候条件的影响

主要是低温。低温一方面减缓土壤养分转化，另一方面削弱果树对养分的吸收能力，故低温容易引发缺素症发生。通常寒冷的春天容易发生各种缺素症。此外，雨量多少和日照等对缺素症的发生也有明显影响。

4. 施肥不合理

主要是不能根据果树的需肥规律、土壤供肥特点、肥料种类性质及其配比进行安全施肥，导致土地供肥不足或者过多，带来负面影响。

5. 果园土壤管理不善

主要有三种情况，土壤紧实、土壤水分调节不当、改土不当，使土壤养分成为不可给状态或影响根系的正常吸收，导致某些元素的缺乏。

6. 没能适地种树

主要是没按土壤性质安排果树种植，从而造成缺素症。

7. 病虫害等因素的影响

苹果腐烂病、烂根病可导致缺氮、缺磷、缺硼和缺锌；地下害虫如线虫、金针虫、蛴螬和地老虎可导致草莓缺氮、缺磷和苹果苗木缺锌、缺铁；土壤存在真菌等病体，易导致缺铁；根系严重创伤或犁伤也可导致缺氮、缺磷；圆叶海棠和三叶海棠砧木嫁接带退绿叶斑病黑痘病毒的接穗，可导致缺硼症。

8. 栽培技术不当

果树回缩修剪过重、剥皮过重、负载量太大、砧木选择和砧穗结合不当等，也会引起果树缺素症。

第四章

主要热带果树需肥规律与施肥

第一节　香　蕉

香蕉（*Musa nana* Lour.）是芭蕉科芭蕉属植物，又指其果实。热带地区广泛栽培食用。原产亚洲东南部，台湾、海南、广东、广西等地区均有栽培。香蕉味香、富含营养，终年可收获，在温带地区也很受重视。香蕉肉质柔软，清甜可口而有香味，品质优良，营养丰富。据分析每 100 克果肉中，碳水化合物 20 克、蛋白质 1.2 克、无机酸 0.7克、脂肪 0.6 克、粗纤维 0.4 克，还含有维生素和微量元素等人体所需的营养物质。此外，香蕉还具有较高的药用价值，因其性寒、味甘、无毒，具有止渴、润肺肠、利便等作用，常食香蕉对促进人体健康，增加食欲，帮助消化，增强人体抗疾病的能力，都有好处。除果实外，叶、花、根等器官都可入药。香蕉除鲜食外，还可以加工制成香蕉干、香蕉汁、香蕉酱、香蕉粉，经发酵后可酿酒和提取香精。在非洲和太平洋上的一些岛屿国家，香蕉作为主要粮食或蔬菜食用。

一、形态特征

香蕉植株丛生，具匍匐茎，矮型的高 3.5 米以下，一般高不及 2 米，高型的高 4~5米，假茎均浓绿而带黑斑，被白粉，尤以上部为多。叶片长圆形，长 2~2.2 米，宽60~70 厘米，先端钝圆，基部近圆形，两侧对称，叶面深绿色，无白粉，叶背浅绿色，被白粉；叶柄短粗，通常长在 30 厘米以下，叶翼显著，张开，边缘褐红色或鲜红色。穗状花序下垂，花序轴密被褐色绒毛，苞片外面紫红色，被白粉，内面深红色，但基部略淡，具光泽，雄花苞片不脱落，每苞片内有花 2 列。花乳白色或略带浅紫色，离生花被片近圆形，全缘，先端有锥状急尖，合生花被片的中间二侧生小裂片，长约为中央裂片的 1/2。

1. 根

香蕉没有主根，它的根系是由球茎抽出的细长肉质不定根组成，大部分根从球茎周围生出，称为平行根。少部分从球茎底部生出，向下生长，称为直生根。根的直径除根尖外几乎相等。新根白色，质脆易断，这种形态结构使香蕉根系对土壤的水分、氧气、营养状态等具有高度的敏感性。正常的植株有 200~300 条根，平行根主要分布在表土10~30 厘米的土层中，在良好的土壤条件下侧根可长至 60~100 厘米，下垂根可深达50~100 厘米。

2. 茎

香蕉的茎干可分为真茎和假茎两部分。

真茎又包括地下球茎和地上茎（果轴）。香蕉植株在生长初期，地下球茎的上半部被叶鞘所环抱，平时不易看到。但随着植株的不断生长，外围叶鞘逐渐枯萎脱落，球茎的上半部也逐渐露出地面，这种情况在宿根蕉园是比较普遍的。地下球茎是整个植株的重要器官，是根、叶、芽眼、吸芽着生的地方，又是营养物质的贮存中心。球茎上端有密生的圆形叶痕（即叶鞘着生的地方），叶鞘的中央是生长点。球茎在植株营养中后期生长加速，花芽分化后期增至最粗，以后基本停止膨大。转而向上不断地伸长，形成花轴，直到花轴从假茎顶部中心抽出，成为地上茎（果轴）。

假茎也称蕉身，是由叶鞘层层紧压围裹而形成粗大圆柱形的茎干。从假茎的横切面可以看到叶鞘呈螺旋形排列。每片香蕉新叶都是从假茎的中心长出，使老叶及叶鞘逐渐挤向外围，从而促使茎干不断增粗。当最后一张叶片抽出后，假茎的中心便抽出花轴。假茎的高度因品种、品系及栽培条件等不同而有较大的差异。在目前香蕉的栽培品种中，可分为高、中、矮三种类型。以新植蕉为例，假茎高度在 280 厘米以上的属高秆香蕉；高度在 200~280 厘米的属中秆香蕉；高度在 200 厘米以下属矮秆香蕉。同一品种而不同的栽培条件其假茎的高度是有所不同的。一般地下水位低，管理水平高的蕉园比地下水位高、管理水平差的蕉园高；多年生的宿根蕉比新植蕉高。假茎粗度一般在 40~85 厘米。香蕉假茎颜色为棕褐斑黄绿色。

假茎是养分贮存库，其中，磷、钾、氮最多，所以，高产的蕉株都有粗大的假茎，此外，假茎还起着支撑庞大的叶和花果的作用。

3. 叶

香蕉为单子叶植物，蕉叶呈螺旋式互生，叶宽大，长椭圆形。当香蕉新叶从假茎中心向上生长时，叶身左右半片相互旋包着，为圆筒状，当整张叶片抽出后，叶身开始自上而下展开。香蕉叶片由叶柄、中脉、叶面组成，中脉将叶片分为左右两半，叶脉为羽状，中脉具有浅槽，可以引雨水下渗，以利新叶和花序向上伸长，中脉两侧的叶片还具有随不同气候的变化而展开或叶缘下垂的机能，以便调节叶背气孔蒸腾量。香蕉叶片的形状因品种不同而有差异。一般香牙蕉叶片阔，先端圆钝，叶柄粗短，叶柄沟槽开张，有叶翼，叶基部刘对称。大蕉叶片宽大而厚，叶先端较尖，叶柄较长，叶柄沟槽闭合，无叶翼，叶基部略不对称，叶背披白粉。龙牙蕉叶狭长而薄，叶先端稍尖，叶柄长，叶柄沟槽一般闭合，无叶翼，叶基部不对称，叶柄和叶基部的边缘有红色条纹，叶背披白粉。

香蕉吸芽苗在生长的初期，长出的叶片是没有叶身、只有鳞状狭小的鞘叶，随后又抽出狭窄的小剑叶。以后随着植株的生长，香蕉叶片逐片增大，当最后长出细短而钝的叶片时（终止叶），假茎中心部便抽出花蕾。

4. 花

香蕉花蕾在终止抽叶后，便从假茎顶端中央抽出（现蕾），香蕉的花序属穗状无限花序，着生两排像梳状的花组，每组被花片包裹着。花序基部的为雌性花，中段的为中性花，顶部的为雄性花，三者最大的差异在于子房（花托）的长短和大小以及雄蕊的长短。各种花都有一个由 3 片大裂片和两片小裂片联合成的复合花瓣，一片游离花瓣。一组由 3 枚雄蕊或退化组成的雄器，一个 3 室的子房和一个柱头。只有极少数品种的香蕉雄蕊含有花粉，一般栽培品种的雄花虽有发达的花药，但多数无花粉，果实由雌花子房未经授粉发育而成，称为单性结实或营养性结实。

5. 果　实

香蕉属于子房下位花，果实包藏在花托内。子房由3个心皮联合而成，每一心皮形成一心室，属中盘形胎座。果肉是由心室壁的外缘、隔膜及中轴自发地发育而成的，胚株在早期干缩，最后仅剩下几行褐色微粒状的退化种子埋在果肉里，心室在发育后期逐渐消失而仅显出痕迹，故果肉容易分为3份。

香蕉是浆果，果实多为带棱圆柱形，果身直或微弯；果柄短；果皮较厚；果皮未成熟时呈青绿色，个别品种紫红色。成熟后逐渐趋于平伸，长12~30厘米，直径3.4~3.8厘米，果棱明显，有4~5棱，先端渐狭，在25℃以下的温度催熟，成熟时为黄色，个别品种红色；果肉乳白色或黄色，未成熟时含有大量的淀粉，催熟后淀粉转化为糖，肉质软滑香；果指的长度和粗度与重量，因品种、长势、肥水条件、果实数量以及季节的变化等有很大的差异。一般栽培条件好，植株粗壮，青叶数多，果实发育良好，果指长，商品率就高。

二、生长环境条件

1. 温　度

香蕉是热带常绿果树，整个生长发育过程都要求有较高的温度。从香蕉生长情况看，在24~32℃的温度，香蕉生长最适宜，在平均气温27~29℃时，叶片生长最快。温度太高，对生长不利，37℃以上叶片和果实会出现灼伤。香蕉是抗寒力较差的树种，当温度降至12℃时，嫩叶、嫩果、老熟果会出现轻微冷害，表现为刚展开的嫩叶靠近叶缘出现零星的白斑、长椭圆形，病健部交界极明显；5℃时，蕉叶便出现冻害现象，表现为老熟叶片中脉和近中脉叶面出现大量近圆形、下陷的小圆斑；2.5℃时，不论是吸芽、成株或挂果树叶片全部冻死失绿，果实冻死变黑。低温持续越长，受害越严重，当气温降至0℃时，则植株地上部冻死，整片蕉园受损，造成重大损失。香蕉种类、品种不同，其耐寒力也有不同，通常大蕉耐寒力较强，其次是粉蕉、龙牙蕉，最不耐寒的是香牙蕉。

2. 水　分

香蕉是大型草本植物，水分含量高，假茎含水82.6%，叶柄含水91.2%，果实含水79.9%；香蕉叶片大，水分蒸腾量大，根系浅，必须供给充足的水分，才能促进生长和结果。每形成1克干物质要消耗水分500~800克。

香蕉的需水量与叶面积、光照、温度、湿度及风速有关。强光、高温、低湿、风速大植株需水量大。在夏季，矮蕉每株晴天每天消耗水分25升，多云天消耗18升，阴天也要9.5升。折算成每公顷2 500株计，每个月要耗水1 875吨，相当于187.5毫米降水量。如降雨不足就须通过灌溉作补充。夏季10天左右无降雨就需要适当的灌溉。

水分不足，香蕉生长受影响。轻则叶片下垂呈凋萎状，气孔关闭，光合作用暂停。重则会使叶片枯黄凋萎，停止抽叶。新植试管苗对缺水最为敏感。抽蕾期也是需水较多的时期，此时水分供应不足会抑制果轴抽生。长期干旱会降低香蕉产量、质量及延长生育期。

相反，当雨季水分过多时，根系因缺氧无法呼吸就会烂死。水浸 72~144 小时，所有植株先是叶片变黄，然后凋萎，植株死亡。因此，多雨季节要注意排水。

3. 光　照

香蕉属喜光作物，整个生育期需要充足的光照，在光照充足和高温多湿的条件下，蕉果发育整齐，成熟快，若蕉园过密，或被林木遮蔽以及阴雨期长而造成光照不足，植株开花结果推迟，发生叶斑病等香蕉病害，导致果少而低产。

但香蕉具有层生性，阳光过于强烈也不利于生长发育，香蕉单株种植并不比园地群体种植好。说明香蕉似乎不需要太强光，反而适当密植，光照适当减弱对生长有利。据试验，遮荫使全光照降到 50% 时，对香蕉的生长和产量无影响，许多学者都认为香蕉只要晴天光照的 1/4 就足够了。

合理密植可以减少强光对叶片、果实和根系的灼伤，调节地温及空气湿度，提高单位面积产量，提早成熟。就光照而言，海南岛和雷州半岛及沿海地区的太阳辐射强度大，栽培密度应较珠江三角洲地区大。

4. 土　壤

香蕉对土壤条件要求不很严格，在多种类型的土壤上都能生长。但因香蕉根群细嫩，一般以土层深厚、排水良好、富含有机质的砂质壤土为好。而无团粒结构的重黏土（含黏粒 40% 以上）或细沙等都不利于根系的发育，这些土壤容易积水、板结、不透气和缺乏养分。实践证明，即使是肥水供应十分充足，也难以促进香蕉正常生长。土壤 pH 值在 4.5~8 香蕉都可适应，但以 pH 值在 6~7.5 最佳。在 pH 值 5.5 以下，土壤镰刀菌繁殖迅速，在凋萎病发生严重的地区，会加重受害程度。盐碱田、冷底田都不适宜种植香蕉。我国及世界各地高产蕉园的经验表明，高产蕉园的土壤应具备下列条件。

（1）物理性状良好

不论是冲积壤土、黏壤土，只要具有良好的物理性状，都适宜种植香蕉。实践证明，土壤物理性状不好，雨后容易积水，旱时板结如石，即使是肥水供应充足，也难促进香蕉的正常生长。

（2）地下水位低

这是围田蕉园增产增收的重要条件。地下水位的高低直接影响根系的发育和土壤微生物的活动、土壤结构以及土壤的透气性、保肥能力等。地下水位高直接限制了根系的活动范围，妨碍了香蕉的正常生长。如遇暴雨袭击，容易引起淹地，短时淹水会招致根系受伤、叶片发黄，淹水超过 20 小时会造成根系窒死。因此，在选地建园时，地下水位以在 1 米以下为宜。

（3）土层深厚，土壤有机质丰富

这与土壤保肥、保水及透气性密切相关，凡是高产的蕉园都具有比较深厚的表土层，珠江三角洲及高州的高产蕉园都是冲积土，表土层深达 40~50 厘米。广西南宁的香蕉主要栽培在左江沿岸的冲积砂质土壤，福建龙溪则栽培在土层深厚的石灰性冲积土。可见，土层是否深厚是选地时要考虑的重要因素。

（4）适宜的地势和方向

在平原地建立商品生产基地有利于运输、灌溉，但我国香蕉大部分是种植在坡地上。在坡地种植香蕉以南向、东向及东南向为最好。向西、向北都不适宜，向西的受烈日照射，土壤易干燥，果实易发生日焦病；向北的易受寒风吹袭和霜冻危害，最好选择靠近河流地带，这样可减少霜冻程度，受冻后也易于恢复生长。

5. 风

香蕉叶大、根浅、假茎肉质疏松，果穗重，故被人们形容为："头重、脚轻、根底浅"，说明香蕉抗风能力不强，极易被风吹折、吹倒，或折断果穗和叶柄。不同风力其影响也不同。微风能调节气温促进气体交流，对香蕉的生长发育很有好处。但当风速达到每秒 20 米时，可使香蕉叶片撕裂，叶柄折断，影响光合作用。更大的风会摇动蕉株，损伤根群，使蕉株生长缓慢；花芽分化期间如果蕉株摇动过大，就会影响香蕉的正常发育而导致减产。强风危害更大，可把整株吹倒或连根拔起，或折断植株；抽蕾结果后遇强风，由于植株顶部的重量增加，更容易被风吹折。我国沿海地区特别是广东、海南、福建由于夏秋台风多而屡受损失，大大降低了经济效益。因此，发展香蕉生产，须重视地形地势的选择，同时要积极营造防风林带。

三、营养特性

1. 不同香蕉品种的养分吸收特性

我国香蕉生产虽然主栽区域面积没有其他水果面积分布广，但种类和品种繁多，包括香蕉、大蕉和龙牙蕉（主要有龙牙蕉和粉蕉等）三大类型的诸多品种。经过近年品种优化，香蕉生产已从过去的多个主栽品种种植发展到目前以巴西蕉为主。根据广东省农业科学院土壤肥料研究所多年研究结果，不同品种香蕉对养分的吸收比例接近，氮、磷、钾、钙、镁吸收比例为 1∶（0.08~0.09）∶（3.05~3.27）∶（0.55~0.61）∶（0.13~0.27）。以每生产 1 吨香蕉果实计，不同品种需要吸收的氮、磷、钾养分量为矮脚遁地雷≈中把香蕉>矮香蕉>巴西蕉，这表明获得相等的果实产量，巴西蕉需要吸收的养分量较小，即需要的肥料量也相对较少，属于养分效率较高的品种（表 4-1）。

表 4-1　不同香蕉品种生产每吨果实养分吸收情况

品种	吸收状况	氮（N）	磷（P）	钾（K）	钙（Ca）	镁（Mg）
中把香蕉	吸收量（千克）	5.89	0.47	18.77	—	—
	吸收比例	1	0.08	3.19		
矮脚遁地雷	吸收量（千克）	5.93	0.48	18.07	—	—
	吸收比例	1	0.08	3.05		
矮香蕉	吸收量（千克）	4.84	0.45	14.9	2.97	0.62
	吸收比例	1	0.09	3.08	0.61	0.13
巴西蕉	吸收量（千克）	4.59	0.41	15.0	2.52	1.22
	吸收比例	1	0.09	3.27	0.55	0.27

2. 不同生育期香蕉叶片养分含量变化动态

巴西蕉在营养生长期叶片养分以氮含量最高，而且较为稳定，在花芽分化期至抽蕾期（即孕蕾期）含量急剧下降，抽蕾后下降趋势减缓。叶片钾含量在营养生长期一直保持上升趋势，花芽分化期至抽蕾期水平显著提高，期间与叶片氮含量有一交叉点，在抽蕾期达到最高，然后逐渐下降。在整个生育期，叶片氮、钾含量明显高于其他营养元素，并表现出明显的消长关系，而且两者在孕蕾期有交叉点，表明孕蕾期是巴西蕉营养的关键期。因此，在生产上，花芽分化期（球茎呈蒜头状）至抽蕾前是香蕉施肥的关键时期。

叶片钙、镁含量在整个生育期的变化非常相似，在营养生长期含量逐渐降低，抽蕾期降至最低，然后有所上升，与叶片钾含量的变化趋势大致相反，显示叶片钾含量与钙、镁含量之间存在着一定的拮抗作用，钙、镁含量之间则有协同的关系。在缺镁的香蕉产区，如果同时施用钾和钙、镁肥，需要注意这三种养分的平衡施用，否则某一种养分施入过多则会抑制香蕉对另外两种养分的吸收。叶片硫含量在整个生育期变化不大，成熟期稍有提高，叶片磷含量一直稳定在较低水平。

3. 不同生育期香蕉根系养分含量变化动态

巴西蕉根系养分含量在整个生育期均以钾含量最高，达到5.49%，为氮含量的2~3倍。钾含量在营养生长期最高，至花芽分化期逐渐下降，至抽蕾期明显下降至最低，然后在果实膨大期又稍有提高。根系氮含量在整个生育期变化不大，在1.4%~1.7%变动。根系磷含量在整个生育期十分稳定，钙含量也变化很小，而镁含量则随着根系的生长而不断提高，表现出与钾含量大致相反的变化趋势。因此，在香蕉施肥时，需要注意钾、镁之间的拮抗作用。

4. 不同生育期香蕉对养分的吸收

巴西蕉在营养生长期（18片大叶前），干物质累计占全生育期物质总量的10.7%，氮、磷、钾吸收比例为1：0.10：2.72；孕蕾期（18~28片大叶）氮、磷、钾养分吸收量占全生育期的35.4%，吸收比例为1：0.11：3.69；果实发育成熟期氮、磷、钾养分吸收量占全生育期的53.9%，吸收比例为1：0.10：3.19。16~23片大叶期间，干物质积累急剧增加。在花芽分化期（18片大叶）前后45天中，植株生长迅速，假茎显著增粗，叶片明显增大，生物产量急剧增加。

5. 香蕉养分累积总量

成熟期的巴西蕉植株养分吸收量为钾>氮>钙>镁>磷≈硫，氮、磷、钾、钙、镁、硫养分的吸收比例为1：0.09：3.27：0.55：0.27：0.09。从各养分在巴西蕉植株的累积来看，氮主要集中在果肉、叶片及假茎中；磷在果肉、果皮和叶片中含量较高；超过1/3的钾累积在假茎中，其他部位钾吸收量差别不大；钙主要分布在假茎、叶柄及叶片中；镁则在假茎、叶片、球茎及叶柄中含量较高；大部分的硫积累在叶片和果肉中。因此，假茎与叶片是巴西蕉养分最主要的累积器官。在成熟期，收获果穗（果肉、果皮及果轴）带走的养分（占全株）：氮38.6%、磷54.8%、钾33.4%、钙8.0%、镁17.8%、硫31.5%，其余大部分养分留在残株上。

对于微量元素，巴西蕉吸收养分量为锰>铁>锌>硼，绝大部分铁集中在球茎和假茎，锰主要分布在叶片、叶柄和假茎中，硼在各部位的分布相对均匀，在叶片、假茎、果肉、果皮和叶柄中含量均较高，锌主要集中在假茎和球茎中。收获果穗带走的铁占全株总吸铁量的 2.1%，锰 16.5%，硼、锌分别占 38.2%和 21.29%。因此，香蕉收获后的残株尚含有大量的大、中、微量元素养分，只要是健康的香蕉残株，均应尽量就地还田以减少施肥量。

巴西蕉在亩产 4 032 千克的高产条件下，植株需要吸收的养分量为 18.50 千克氮、1.65 千克磷、60.48 千克钾、10.16 千克钙、4.92 千克镁、1.61 千克硫、140.56 克铁、195.59 克锰、15.36 克硼和 29.27 克锌，即相当于生产每吨果实的养分吸收量为 4.59 千克氮、0.41 千克磷、15.0 千克钾、2.52 千克钙、1.22 千克镁、0.40 千克硫、34.86 克铁、48.51 克锰、3.81 克硼、7.26 克锌。

四、需肥特点

香蕉为多年生常绿大型草本植物，植株高大，生长快，产量高，对肥料反应敏感，需肥量大。据报道，中等肥力水平的香蕉园每生产 1 000 千克香蕉果实约需吸收氮（N）9.5~21.5 千克、磷（P_2O_5）4.5~6 千克、钾（K_2O）21.2~22.5 千克。香蕉是典型的喜钾作物，对钙、镁的需求量也较高，氮、钙的吸收比例约为 1：0.69。氮、镁的吸收比例约为 1：0.2。

香蕉在整个生长发育过程中，孕蕾期前对氮需求量大，后期对磷、钾需求较多。香蕉是耐氯作物，施用含氯化肥不会对产量和品质产生不良影响。

五、营养诊断与缺素补救措施

1. 缺　氮

在生产中，特别是根系生长不好及杂草竞争生长的情况下，常发生氮缺素症，叶片变成淡绿色，叶片中脉、叶柄、叶鞘带红色，叶距缩短出现"莲座状"簇顶。通常施用的氮肥有硝酸铵、硫酸铵和尿素，施肥量大约是每年每亩 17 千克。正常情况下，每年施氮肥 3~4 次，有条件的地方可结合灌水或下雨，每月追施一次较为理想。在干旱条件或发生缺素症状时，可用浓度为 2%的尿素溶液进行叶面喷施，每 7 天左右喷施一次，连续喷施 2~3 次。

2. 缺　磷

香蕉对磷的需求量不多，吸收最快的阶段是 2—5 月龄期，抽蕾后对磷的吸收约为营养生长阶段的 20%。磷的供不足常阻碍植株生长和根系发育，较老叶片边缘失绿，继而出现紫褐色斑点，最后汇合形成"锯齿状"枯斑。受影响的叶片卷曲，叶柄易折断，幼叶呈深蓝绿色。通常施用的磷肥是过磷酸钙，在种植前每亩每年用 60 千克与土壤混合施入 20 厘米深的沟内。在发生缺磷症状时，喷施 1.5%~2%过磷酸钙水浸液，每7~8天喷施一次，至症状消失。

3. 缺 钾

在一般情况，香蕉对氮、磷、钾的需求比例为4∶1∶14。因此，钾是香蕉营养中的一个关键性元素。如果缺钾最普遍的症状是最老叶出现橙黄色失绿，接着很快枯死，寿命显著缩短，中脉弯曲。生长受到抑制，叶片变小，抽蕾延迟。通常施用的钾肥是硫酸钾（K_2SO_4）。贫瘠的土壤如果要使第一代果高产，每年每亩可施硫酸钾130千克。实践证明，在坡地蕉园，同一块地当收获2~3代果后，将遗留的假茎及其废弃物埋入地下，腐烂后能有效满足下一代果对钾的大量需求。在发生缺磷症状时，喷施1%~1.5%氯化钾水溶液，每7~10天喷施一次，一般连续喷施3~4次即可矫治。

4. 缺 钙

香蕉缺钙时最初症状出现在幼叶，侧脉变粗，尤其是靠近中脉的侧脉；叶缘失绿，当这些叶斑开始衰老时，失绿向中脉扩展，呈现锯齿状叶斑，有时还会出现"穗状叶"，即一些叶片变形或几乎没有叶片。防治措施：对酸性土壤施用石灰，将pH值调整到6.5，一般需施240~570千克碳酸钙，沙质土壤少施，黏土需多施。对pH值超过8.5的香蕉园，应施用石膏，每亩80~100千克。土壤干旱缺水时，应及时灌水，以利根系对钙的吸收。在发生缺钙症状时，喷施0.3%~0.5%硝酸钙，每5~7天喷施一次，连续喷施2~3次。最好喷施1 000~1 500倍的氨基酸螯合钙，效果好于硝酸钙。

5. 缺 镁

镁缺乏常表现在种植多年的老蕉园，叶缘中脉渐渐变黄，叶序改变，叶柄出现紫色斑点，叶鞘边缘坏死等。有效防止措施是叶面喷施1%~2%硫酸镁水溶液，每7~10天喷施一次，至症状消失。

6. 缺 硫

吸收硫最快的时期是植株营养生长阶段，抽蕾后吸收速度减慢。果实生长所需要的硫主要由叶片和假茎提供，香蕉植株如果缺硫，会导致果穗很小或抽不出来，症状主要表现在幼叶上，呈黄白色。硫的补充主要是施用硫酸铵、硫酸钾和过磷酸钙，一般每亩每年定期施用含硫肥料33千克，就能避免缺硫。在发生缺硫症状时，结合追肥增施含硫化肥，或叶面喷施0.5%~1%的含硫化肥，每7~10天喷施一次，一般连续喷施2~3次。

7. 缺 锰

缺锰多呈现出第二或第三片幼叶边缘"梳齿状"失绿，通过根施或喷施，每亩每年施入46~73克硫酸锰，能有效减少锰缺乏之症。在发生缺锰症状时，喷施氨基酸复合微肥或0.5%硫酸锰水溶液，每7~10天喷施一次，至症状消失。

8. 缺 锌

蕉园中缺锌多发生在pH值较高或施石灰过多的土壤。常出现植株幼叶显著变小，变为披针形，叶背面有花青素显色，随着幼叶展开而逐渐消失，叶片展开后出现交错性失绿。有时果实扭曲，呈浅绿色。消除缺锌症状，通常实行根外追肥，叶片喷施0.5%硫酸锌见效最快。喷施含锌的氨基酸复合微肥600~800倍稀释液，每5~7天喷施一次，连续喷2~3次即可消除缺锌症状。

9. 缺　铁

铁缺乏主要出现在石灰质土壤中，常表现为整个叶片失绿，变成黄白色，春秋季比夏季严重，干旱时更明显。叶喷施 0.5% 硫酸亚铁溶液，每 7~8 天喷施一次，一般需连续喷施 3~4 次。

10. 缺　硼

土壤缺硼常导致香蕉植株叶面积变小，叶片变形、卷曲，叶背出现特有的垂直于叶脉的条纹。种植蕉苗时每亩施 80 克硼砂，能减少症状出现。发生缺硼症状时喷施 0.2% 硼酸水溶液，每 5~7 天喷施一次，连续喷施 2~3 次即可消除缺硼症状。

六、安全施肥技术

1. 香蕉施肥量

香蕉的施肥量应依土壤、气候、品种，新植或宿根，种植密度和目标产量等而定。表 4-2 综合国内代表性香蕉产区的施肥状况。

表 4-2　我国香蕉产区的施肥量及主要元素比例

地区	施用量（千克/公顷）			三要素比例
	氮	磷	钾	氮：磷：钾
海南	994.5	83.8	1 957.8	1：0.08：1.97
广东	771.0	177.0	1 078.5	1：0.23：1.39
福建	567.0	106.5	316.5	1：0.19：0.56
广西	852.0	147.0	678.0	1：0.17：0.80
台湾	309.0~412.5	22.5~30	514.5~684.0	1：0.14：2.36

2. 香蕉施肥时期

香蕉施肥以有机肥为主，化肥为辅，氮、磷、钾配合，偏重钾肥施用，保证植株正常生长和果实膨大所需，总体原则是前促、中攻、后补，苗期以淋施或喷施叶面肥为主，有机肥使用腐熟羊粪或牛粪等，禁用含重金属和有害物质的城市生活垃圾、工业垃圾，化肥禁用未经国家批准登记和生产的肥料，在采前 40 天停止追肥。

为了避免发生肥害，回穴、施基肥时，应做到：①牛粪、猪粪、鸡粪、甘蔗滤泥、剑麻渣等有机肥必须提前堆沤，待充分腐熟后再施用。②过磷酸钙应充分打碎并过筛，然后与有机肥混匀成基肥。③将基肥与表土混均匀后填入植穴的下半部，植穴上半部约 15 厘米深的表层内不含基肥，避免幼苗根系直接接触基肥。避免以下几种常见错误：一是基肥施于穴面上，并有结块的过磷酸钙；二是回穴不满，导致水浸苗或土埋及苗的心叶；三是回土成龟背形，导致日后蕉苗浮头。

香蕉施肥时期依定植或留芽期、植株发育及生产香蕉季节而有差异，而总的应以蕉株的不同生育阶段进行安排。实践证明，组培苗香蕉施肥可掌握攻三关。

一是攻好壮苗关。定植 3 个月内要勤施薄肥，第一次应在第一片新叶全展开后开始。据观察，组培苗定植 10 天后已有良好发育的根系，根长平均达 10 厘米，所以定植 16 天后即可施第一次肥。以后要每 10 天施肥 1 次，每次以淋淡人畜尿为宜。如第一次用尿素 50 克加入 15 升（即 1 桶）水，肥料每桶分 5 株施用，或每株施用尿素 10 克，施于植株 8~10 厘米周围，随着幼苗长大可逐步加大施肥量，但要防止施用量过大而伤根。第二个月，每株施尿素 50~90 克，氯化钾 50~100 克，钙镁磷肥 120.5 克，硫酸镁 14.5 克，在植后第二个月内，注意平衡。对弱小植株加施肥一次，起到香蕉群体内个体生长的平衡，对香蕉的高产优质打下良好的基础。注意施肥浓度切勿过大，用量也不宜过多，以免发生肥害（烧苗）。第三个月，每株施尿素 150~250 克、氯化钾 150~250 克，开穴或开沟施用。在这 3 个月内做到精管、细管，为前期壮秆打下基础。

二是攻好壮穗关。即花芽分化期，在抽蕾前两个月重视追肥，以增加果梳数和果指数，参考施肥量为每株施花生饼 1 千克，氯化钾 340 克，尿素 150 克，并施适量的硫酸镁。

三是攻好壮果关。根据生势、叶色，决定施肥时期与数量，一般在抽蕾前几天施 1 次，断蕾后再补 1 次，以钾肥为主，氮肥次之，以促果指增长增重。从整个生长期的分配来看，香蕉抽蕾前的施肥量占全年施肥的 70% 左右产量最高，其中，营养生长期施肥量占 45%~50%，花芽分化期施肥量占 20%~25%。

吸芽苗植后前期施肥与组培苗不同，吸芽苗植后 10 天，尚未出根，植后 20 天，仅生长 3~8 条根，故施肥以定植后 25~30 天为宜。此时蕉苗已抽出两片新叶，可淋灌人畜粪尿，以恢复生根，以后随蕉树的长大而加浓。每月施肥 3 次，逐次加浓。如粪水淡，每次每桶可加尿素 50~100 克，氯钾 25~50 克。其间壮穗肥、壮果肥可参考上述组培苗的方法。

旧蕉园施肥主要是攻花、攻果与攻芽。在收获后才留吸芽来接替母株结果（生产春蕉），收果后重施基肥，离植株 30~50 厘米处开 15~20 厘米宽的环形沟，可每株施优质有机肥（如牛粪）10~20 千克，饼肥 0.5~1 千克和磷肥 0.25 千克，施后盖土。花芽分化前重视追肥，可使植株多分化雌花，为丰产打下基础。在果实发育期施足肥料，可加速果实生长发育，促进果指饱满，提高产量和品质。除上述施肥期以外要注意的其他施肥时期是：种植前底肥，植后苗期肥（17 片叶期前），抽蕾后壮果肥，越冬前过寒肥及越冬后早春肥。香蕉全年约需追肥 10~15 次，南方酸性土壤易缺镁，每亩施硫酸镁 25~30 千克。表 4-3 是海南省香蕉园建议的施肥量。

表 4-3　海南香蕉园的推荐施肥量及其分配比例　（单位：千克/亩）

时期	肥料种类				
	基肥	尿素氮	钙镁磷肥	氯化钾	硫酸镁
0~4 叶	2 500	8.2	25.0	2.0	
5~8 叶		10.0	20.0	6.0	

（续表）

时期	肥料种类				
	基肥	尿素氮	钙镁磷肥	氯化钾	硫酸镁
9～12 叶	2 500	15.0		20.0	2.4
13～16 叶		38.0		48.0	
17～20 叶		24.0		43.0	3.2
21～24 叶		8.0		24.0	1.6
25～28 叶		14.0		27.0	1.6
29～32 叶		3.0		19.0	2.4
抽蕾期		10.0		38.0	0.8
幼果期		28.0			5.6
成熟期		24.0			

注：每亩以 166 株折算；成熟期的肥料用量为备用肥，按具体情况施肥；若施用其他形态的肥料，应根据具体的养分含量进行折算；各地区应根据蕉园的肥力状况，相应调整施肥量。

第二节　荔　枝

荔枝（*Litchi chinensis* Sonn.）是无患子科荔枝属植物。荔枝是起源于我国的世界级名果，分布于中国的西南部、南部和东南部，广东和福建南部栽培最盛。亚洲东南部也有栽培，非洲、美洲和大洋洲有引种的记录。荔枝与香蕉、菠萝、龙眼一同号称"南国四大果品"。

荔枝味甘、酸、性温，入心、脾、肝经；可止呃逆，止腹泻，是顽固性呃逆及五更泻者的食疗佳品，同时有补脑健身，开胃益脾，有促进食欲之功效。因性热，多食易上火。明朝李时珍《本草纲目》载："常食荔枝，能补脑健身，治疗瘰疬疔肿，开胃健脾，干制品能补元气，为产妇及老弱补品。"据分析，每 100 克荔枝果肉含有：水分83.8 克、碳水化合物 14.76 克、蛋白质 0.82 克、脂肪 0.2 克及十多种矿物质（钙 5 毫克、磷 31 毫克、钾 171 毫克、锌 0.7 毫克、铁 0.31 毫克、镁 10 毫克、铜 0.148 毫克、锰 0.055 毫克及硼 0.02 毫克）；含有 4 种维生素：C_7 1.5 毫克、B_1 0.01 毫克、B_2 0.065毫克和 B_6 0.603 毫克；还含有 8 种必需氨基酸，含热量 26.67×10^4 J。除鲜食外，果实还可用于制荔枝干、果汁、糖水罐头和酿酒等。荔枝蜜是蜜中上品。果皮、树皮、树根含有大量单宁，均为制药的好原料。种子也可用以酿酒、制醋和用作饲料。荔枝木材坚实，纹理雅致，耐腐，历来为上等名材。

一、形态特征

荔枝为常绿乔木，最高可达 20 米，寿命长达千年。主干粗壮，树皮多光滑、棕灰色，枝叶茂密，树冠半圆至圆形，主枝粗大，分枝多，向四周均匀分布，树姿常因品种而异。如元红、陈紫、兰竹、糯米糍较开张；乌叶、桂味较直立；兰竹、糯米糍、怀枝枝叶紧密；三月红、桂味、乌叶较稀疏。荔枝树体是由庞大的根系、主干、枝条、叶片、花和果实等器官构成。

1. 根

荔枝新鲜种子播种后，10 天左右开始萌发，胚根先突破种皮深入土中，由此发育而成的根称为主根。主根在一定部位上生出多数侧根，侧根可再次分枝形成二次侧根、三次侧根，最后一级分枝根为须根，须根脆弱，如此分枝形成荔枝植株的庞大根系，分布在土壤中完成吸收水分和无机盐的功能。荔枝树的根系是直根系，但由于形成侧根能力强，尤其是顶端生长受抑制后，会刺激许多侧根密集生长，形成发达的根系。

荔枝庞大的根系由主根（高空压条繁殖树除外）、侧根、须根和菌根组成。荔枝的侧根为灰褐色。须根着生于侧根上，是根系最活跃的部位，由吸收根、瘤状根及输导根组成。吸收根初生白色，主要分布于疏松肥沃的耕作层土壤，有根毛，海绵层厚，稍有弹性，易断，不具根毛，幼根常与真菌共生，形成内生菌根。瘤状根着生于输导根上，显微镜下压片观察，形状近球形、三角形或长三角形，其皮层由先端向基部迅速加厚，与根尖相连处缢缩变细，形成不规律肿瘤状的节，起着贮藏营养的作用，但极易脱落，每 25 克土壤中有 220 个左右脱落的瘤状根，其皮层与根尖皮层和维管束有机相连，瘤状根的多少与荔枝的丰产性成正相关。输导根在吸收根之上，由吸收根演化而来，海绵层脱落，黄褐色，木质化程度逐渐加强，主要起输导水分和养分的作用。

荔枝根系的分布因繁殖方法、土壤的性质、地下水位、树龄及栽培管理不同而异。实生繁殖和用实生砧嫁接的荔枝根系为实生根系，其主根由种子的胚根发育而来，特点为主根发达，根群深广，对不同环境有较强的适应能力；高空压条苗（俗称圈枝苗）缺乏主根，苗期侧根盘生，定植后向四周扩展，也能形成庞大的根群，但分布较浅，抗旱能力较差；山脚冲积土层厚，根系较深；山地土层较薄，根浅生；地下水位越高根系越浅。荔枝吸收根群主要集中分布在 10~150 厘米深的土层中；根系的水平分布随树冠的扩大而扩大，一般可比树冠大 2.3~3 倍，但以树冠滴水线内外 20 厘米分布最多。虽然在疏松肥沃土层深厚的坡地，实生树的垂直根可以深达 4~5 米，高空压条繁殖的大树也可达 3~4 米土层，但在潮湿南亚热带红黄壤条件下，一般根系分布浅。据调查，36 年生黑叶高空压条树的根系在广州平地最深仅 80 厘米，主要分布层为 10~40 厘米，根浅叶茂使树体对水分胁迫反应敏感。

2. 芽和枝干

荔枝的芽是枝、花和花序的原始体，是枝或花形成过程中的临时性器官。茎是荔枝地上部着生叶和芽以及分枝的营养器官。沿树体轴延长生长的茎是主茎，它形成荔枝的主干。主干上的各级分枝称为枝，直接从主干上的分枝称为主枝，主枝上的二级分枝为侧枝，最末一级或二级分枝叫作梢。荔枝的主干、主枝、侧枝和梢统称为枝干。

根据芽在枝上着生的位置可分为顶芽和腋芽，在枝顶端的芽叫顶芽，叶腋处的芽叫腋芽或侧芽。根据芽萌发后形成的器官又可分为叶芽和花芽，萌发后只长枝和叶的芽称为叶芽，萌发后能开花的芽称为花芽。荔枝的芽一般由顶端分组织、雏叶、叶原基和芽原基组成，其外围无鳞片包被，因此荔枝的叶芽和花芽均为单芽，裸露。

荔枝的枝干大致可分为新梢、结果枝、营养枝和骨干枝等类型。芽萌发当年形成的有叶长枝叫新梢。荔枝的枝梢多自营养枝的顶芽及其下 2、3 个侧芽或者从落花、落果枝的基部，或者从结果枝上部抽出。新梢上的分枝根据其发生的季节可分为春梢、夏梢、秋梢和冬梢。荔枝的末次秋梢是结果母枝。由结果母枝上抽出的能开花结果的枝条成为结果枝。在结果枝上的顶芽和腋芽都有抽出结果枝的可能，但由于存在顶端优势，通常只有结果母枝顶部的 1~3 个芽能萌发成结果枝，但有的品种如黑叶、妃子笑等，自结果母枝顶芽计起由上到下，能连续萌发，抽出 10 多个结果母枝。对顶芽花穗进行短截，不但能使留下的短穗上抽生多量短花穗，而且能使母枝上多个腋芽再抽生短的花穗。只长叶不开花结果的 1~2 年生的枝称为营养枝。营养枝的生长受到树龄、挂果量、营养贮备等树体状况影响。幼树抽梢能力强，每年能抽梢 4~6 次，有利于迅速形成和扩大树冠；幼年结果树一年能抽梢 2~3 次；成年树一年仅抽梢 1~2 次，梢少且短。荔枝的主干、主枝、侧枝一起组成荔枝树树冠的骨架，统称为骨干枝。骨干枝支撑着树体地上部的生长发育及开花结果，并通过其体内木质部和韧皮部的输导组织完成不同器官间的物质运输传送。

枝的顶端在生长期间称为梢尖，生长停止时，顶端形成顶芽。枝上着生叶的位置称为节，两相邻节之间的部分称为节间。当荔枝叶脱落后，在节上留下的痕迹叫叶痕，在叶痕中还可以看到叶柄维管束的断痕叫做束痕。

荔枝实生树的主干较直且粗壮，用空中压条繁殖的树，有的呈多干型，分枝低，干高不明显。嫁接繁殖的树，主干 3~5 条，干高 30~50 厘米。幼树主干的表皮比较平滑，因品种不同呈淡黄褐色、黄褐色、深黄褐色及灰褐色，着生皮目。大树主干多为灰褐色或黑褐色，树皮较平滑或粗糙，皮目明显或不明显。荔枝树干木质坚硬，纹理细致，呈波浪状，棕红色。

枝条着生角度一般较大，扩展较宽，分枝多，构成浓密的树冠。不同品种因主枝分级层次多少，生长角度大小，扩展开展程度不同，树冠形态也有差异。陈紫、元红、兰竹、怀枝、糯米糍等品种树形较开张，树冠多为半圆头形、半圆形或伞形等；三月红、早红、桂味、大枣、状元红等品种及实生繁殖树，树冠多为长圆头形、长圆锥形等。不同品种枝梢长势不同，三月红、妃子笑的枝梢疏而长，桂味的枝梢脆而硬，尚书怀的枝梢软而韧。幼年树的主枝着生皮目、褐色，因不同品种呈长形、椭圆形、近圆形等；排列形状的疏密、整齐、平直、弯曲及明显与否不一。荔枝初生新梢呈绿黄色，后转为黄褐色、棕褐色、灰褐色不等；皮孔明显，随枝梢老化明显程度逐渐降低。

3. 叶

荔枝叶由叶片和叶柄两部分组成的不完全叶。叶片是叶的重要部分，光合作用和蒸腾作用主要由叶片来完成。在叶片内分布着叶脉，叶脉有支持叶片平展和疏导养分的功能。叶柄位于叶片基部，并与茎相连，叶柄具有支持叶片，并使叶片在一定空间接受较多阳光的作用。叶柄内部具有发达的机械组织和输导组织，起着联系叶片与茎尖的输导功能。

荔枝叶多为偶数羽状复叶，互生或对生，由 2~6 对小叶组成，小叶长 5~15 厘米，宽 3~5 厘米，革质。叶的形状、叶尖、叶基、叶缘形态和叶脉分布等特征为荔枝分类和品种识别的重要依据之一。叶片的形状主要有披针形、椭圆形、长椭圆形或倒卵形等；叶尖的形态主要有长尖、短尖、圆钝、急尖等；叶缘的形态主要有全缘、锯齿、波纹等；叶脉为羽状叶脉。叶面光滑而浓绿，叶背稍带灰白色。

4. 花

荔枝花穗为复总状圆锥花序，由花轴上着生侧穗、支穗和小穗组成。每个小穗由 3 朵小花组成，且顶生的一朵小花先发育开放。支穗可由中间一朵小花，两旁各为一个小穗共 7 朵小花组成，或由中间一朵小花，两旁各为带中间一朵小花的两个小穗共 15 朵小花组成。花穗抽出的部位多在去年的秋梢顶端及近顶部的几个腋芽上抽出，去年未抽梢的落花落果枝、结果枝也能抽出花穗。花穗可分为纯花穗和带叶花穗。花穗大小因品种、树势、栽培管理不同而异，初结果树和生长壮旺的树花穗较大且长，俗称马尾穗、长脚花、山牛尾；结果盛期的花穗一般较粗短，俗称扫帚穗、矮脚花。三月红、妃子笑、大造、黑叶等品种花穗较长，一般 28 厘米以上；怀枝、桂味、糯米糍、兰竹等品种花穗较短，一般 23 厘米以下。另外，同一品种结果母枝成熟早，花穗长，反之，花穗短。

荔枝的花是雌雄同株异花，在一个花序中雌、雄混生，每个花序着生的花数差异很大，有几十朵至几千朵不等，花的多少与品种特性、结果母枝状况和气候因子等相关，一般每穗单花 300~500 朵。雌雄蕊着生在花上，花盘上的蜜腺能分泌蜜汁，利于昆虫传粉。

5. 果　实

荔枝果实是由上位子房发育形成的真果，是由果柄、果蒂、果皮、果肉（假种皮）及种子 5 个部分组成。因品种不同果形有圆形、椭圆形、扁圆形、卵形、心脏形等。果肩为耸起、平正、斜生或一边斜、一边平；果顶为浑圆、钝圆或尖圆等。

子房壁发育成木栓化的果皮，皮色有鲜红、紫红、暗紫红、淡红及少数黄蜡、黄绿、青绿色等。果皮具瘤状凸起的龟裂片，龟裂片中央突起为裂片峰，有毛尖、圆钝、尖刺状等。龟裂片与龟裂片之间的分界处称为裂纹。从果肩至果顶有明显或不明显的逢合线。龟裂片和裂片峰的大小、形态等为荔枝品种典型特征，是荔枝分类上的重要依据。其食用部分是肉质多汁的假种皮，是由胚珠的外珠被发育而成，果肉颜色有白色、乳白色和淡黄乳白色、黄蜡色等，多为半透明，果肉中部厚 0.7~1.6 厘米，肉质爽脆或软滑。果皮与果肉之间有一层很薄的内果皮。荔枝种子一枚，长椭圆形，种皮光滑，黑褐色、光亮。种子与果肉易分离。种仁内有半月形呈淡黄色的胚芽，但不很明显，内有子叶两片。

二、生长环境条件

1. 温　度

温度是影响荔枝营养生长和生殖生长的主要因子之一。荔枝生长在年平均气温21~25℃的地区，反应良好。晚熟品种在0℃、早熟品种在4℃时，营养生长基本停止。8~10℃时生长开始恢复，10~12℃时生长缓慢，13~18℃时生长增快。21℃以上生长良好，23~26℃时，生长旺盛。荔枝叶片光合作用最适温度是22~26℃，当叶温高于或低于此范围时，光合作用降低。温度降至0℃时尚不致冷害，降至-1.5℃时2d之内荔枝老树尚可忍受，但枝梢叶层出现冻害；-2.6℃时，秋梢受严重冻害。霜冻会致叶片干枯，嫩梢尤其敏感。

冬季低温与荔枝花芽分化有密切关系。据对糯米糍、怀枝等晚熟品种的观察，0~10℃低温和时间较长更有利于花芽形态分化，早冬梢小叶展开初期受冻脱落，形成花穗多，且花穗分枝多，花量大，雌花多，是丰产前兆；在11~14℃情况下，花枝和叶都可以同时缓慢发育，最终可形成有经济价值的花穗；18~19℃以下，仍可形成带叶多的小花穗，但无经济价值，是荔枝成花的边缘温度。

2. 水　分

荔枝性喜温湿，水分充足与否，直接影响枝梢的生长、花芽分化和开花坐果。我国荔枝主要产区年降雨量达1 500~2 000毫米。夏秋季雨量分布较多，有利于营养生长，冬春季雨量分布较少，有利于花芽分化和花穗发育。荔枝叶片含水量除受土壤水分的影响外，也受大气相对温度的影响。丘陵山地红壤土荔枝园40~45cm土层的含水量相当稳定，全年土壤含水量保持在14%~19%，尤其是3—6月保持在18%左右。然而枝梢叶片含水量的变动则较大，如2—7月含水量高低差达8%~20%。其中3—5月梅雨期，降雨时数较多，光照强度较低，大气相对湿度高，蒸发量相对减少。

荔枝花芽形态分化时，芽体必须处于萌动状态。冬春季旱情严重，花芽分化推迟，花穗抽出期晚、花质差，甚至无花。早期适当淋水，能促使芽体萌动，花芽分化及花穗发育正常。

花期忌雨，雨多影响授粉受精。尤其是连续阴雨或低温阴雨危害更大，雨多则花腐，花穗上积水导致"沤花"发生。幼果期阴雨天多，光合作用效能低，导致落果加剧。谢花后小果期需要适量的降水，宜数天一阵雨，如遇少雨干旱，会妨碍果实生长发育，引起大量落果。果实成熟期如久旱骤雨，水分过多，则会出现大量裂果。雨水多土壤积水，通气不良，影响根系活动。

3. 光　照

俗话说"当日荔枝，背日龙眼"。充足阳光有助于同化作用，增加有机物的积累，利于花芽分化，增进果实色泽，提高品质。年日照时数在1 800小时以上对荔枝生长发育较为适宜。枝叶过密阳光不足，养分积累少，难于成花，开花期日照时数宜多不宜强，光照过强，大气干燥，蒸发量大，花药易枯干，花蜜浓度大，影响授粉受精。

开花期和幼果发育期阴雨连绵，光合效能低，会导致大量落花落果。果实发育期间光照过强，其辐射量超过 2 299 焦/平方厘米时，果皮未充分生长就提早转红色，影响果实质量。

4. 土 壤

荔枝对土壤的适应范围很广。丘陵山地的红壤土、黄壤土、紫色土、沙壤土、砾石土、玄母岩，平地的黏壤土、冲积土，河边沙质土等都能正常生长和结果。其中山地、丘陵地、旱坡地由于地势高、土层厚、排水良好，但普遍缺乏有机质，肥力较低。通过深翻改土，可改善土壤结构，提高肥力，使荔枝根群分布深而广，植株保持中等生势，与平地荔枝园相比，树龄长，果实皮较厚，色泽鲜红，品质较佳。平地、水乡等地势低水位相对较高，有机质较丰富，水分足，植株生长快，生势旺盛，根群分布浅而广，树龄不及山地枝长，相对来说，果实水分较多，风味一般较淡。荔枝根与菌根菌共生，喜微酸性土壤。

土壤的各种理化性状如排水、通气、保水、保肥、pH 和有机质含量等，对荔枝的产量和品质相当重要。种植时选择土壤疏松、通气、排灌方便、有机质多、pH 值 5 ~ 6.5 的为佳。环境条件较差的果园，种植前后，都必须重视果园土壤环境的改善。

5. 风

荔枝园通风透气，有调节温度、湿度，促进气体交流，减少病虫为害，增强光合效能作用。在一般情况下，高 2.5~3.5 米的荔枝树，其花粉主要散落在树冠下以及距树冠约 10 米的范围内，风力有助于传粉授粉。

花穗发育期、开花期，吹西北风，易招致嫩穗凋萎，加速雌花柱头干枯，影响授粉。吹过夜南风，潮湿闷热，容易引起大量落果。吹大风轻者引起大量落果，8 级以上大风，尤其是热带风暴，严重者破坏树形，枝折树倒。果实发育期间造成的损失更加严重。因此，荔枝建园时，应重视园地的选择和设置防风林。

三、营养特性

1. 营养特性

根据荔枝目标产量制定施肥方案时，荔枝果实的养分带走量是首要考虑的指标，要根据品种的不同作出相应的调整。不同荔枝品种果实养分带走量有所不同（表4-4），每吨鲜果实带走氮量 1.35 ~ 2.29 千克，其中以桂味、淮枝和三月红最高；磷 0.28 ~ 0.90 千克，以桂味最高，其他品种差异不大；钾 2.08 ~ 2.94 千克，品种间的差异相对较小；钙和镁则以桂味带走量较高。

表 4-4 荔枝果实带走的养分量参考值　　　（单位：千克/吨）

品种	养分带走量					
	氮（N）	磷（P₂O₅）	钾（K₂O）	钙（Ca）	镁（Mg）	硫（S）
三月红	1.35 ~ 1.88	0.31 ~ 0.49	2.08 ~ 2.52	–	–	–

（续表）

品种	养分带走量					
	氮（N）	磷（P₂O₅）	钾（K₂O）	钙（Ca）	镁（Mg）	硫（S）
妃子笑	1.61	0.28	2.32	0.25	0.19	0.14
淮枝	1.76	0.28	2.32	0.25	0.19	0.14
糯米糍	1.61	0.27	2.32	0.25	0.19	0.14
桂味	2.29	0.9	2.94	0.52	0.28	0.16

2. 不同生长器官的养分元素含量

（1）叶片和枝条

据有关研究，黑叶、淮枝和大造等品种的矿质营养元素含量从高到低排列顺序为氮、钙、钾、镁、磷、铁、硼、锌、铜。广东省农业科学院土壤肥料研究所对桂味荔枝叶片和枝条的分析结果表明，叶片的矿质元素含量排列顺序为氮>钙>钾>镁>磷>硼>锌，枝条的矿质营养排列顺序为氮>钾>钙>镁>磷>硼>锌；郑立基的研究结果显示，在不同生长期养分元素的排列顺序均保持这一规律。因此，在荔枝重剪或回缩的条件下（如妃子笑每年修剪量较大），必须补充氮、钾、镁元素，以促进树体营养恢复。

（2）花　序

花序的矿质营养含量均高于其他部位。广东省生态环境与土壤研究所研究结果，荔枝花序中的磷、钾含量均高于同时期的叶片，氮、磷、钾比例为1∶0.11∶0.56，开花所消耗养分顺序为氮>钾>钙>磷>镁，为了减少花序过度生长，减少营养消耗，防止花序过度生长对花性和坐果产生的不良影响，花期施肥必须与控花措施紧密结合。例如，妃子笑的花穗较长，消耗营养多，并且大量产生雄花，对坐果相当不利，花期氮、磷肥的施用必须谨慎，一是要防止混合花芽，二是要防止花穗过度生长。通常将施肥与花穗生长调控相结合，保证有花又有果。

开花需要较多氨基酸。澳大利亚的研究结果表明，荔枝花穗中，赖氨酸、精氨酸、蛋氨酸、天门氨酸是雌雄穗的主要营养成分，有利于开花坐果。开花期不良的气候条件会影响氨基酸向花穗的运转和合成，在花穗生长前期补充氨基酸和硼、钙元素有利于提高花的质量。荔枝有"惜花不惜子（果）"之说，即经常出现多花无果的现象，花期养分管理必须慎之又慎。

（3）根　系

据报道，荔枝根系的矿质养分含量最低，氮和钾的含量最高，铁和锌的含量高于其他器官。土壤 pH 值达到 7 以上时首先影响的是根系对铁和锌的吸收。另外，荔枝常会生成共生菌根，生成菌根后菌丝具有吸收养分的功能，从而增加根系对养分的吸收和利用。据报道，荔枝栽种 30 天后可观察到根系的菌根。增加有机肥的施用，可增加荔枝根系形成共生菌根的机会，提高荔枝对土壤养分和施肥的利用。

（4）果 实

根据有关研究测定，荔枝收获期果实养分含量顺序为钾>氮>钙≥镁>磷>锌>硼，表明在果实中钾、钙、镁营养元素起着重要的作用。

四、需肥特点

荔枝生长发育需 16 种必需的营养元素，从土壤中吸收最多的是氮、磷、钾。据报道，每生产 1 000 千克鲜荔枝果实，需从土壤中吸收氮（N）13.6~18.9 千克、磷（P_2O_5）3.18~4.94 千克、钾（K_2O）20.8~25.2 千克，其吸收比例约为 1：0.25：1.42，荔枝是喜钾果树。荔枝对养分的吸收有两个高峰期：一是 2—3 月抽发花穗和春梢期，对氮的吸收量很多，磷次之；二是 5—6 月果实迅速生长期，对氮的吸收达到最高峰，对钾的吸收也逐渐增加，如果养分供应不足，易造成落花落果。

五、营养诊断与缺素补救措施

1. 叶片分析诊断

（1）诊断部位

目前国内外对荔枝叶片诊断的采样部位有 3 种方法：一是，3~5 月龄秋梢顶部倒数第二复叶的第 2~3 对小 1 叶（时间为北半球 12 月），我国大陆多采用这种方法。二是秋梢成熟至花穗出现 1~2 周时花穗下面的叶片，以澳大利亚和我国台湾省较多采用。三是坐果后 8~10 周挂果枝的叶片，以南非和新西兰采用较多。

（2）荔枝叶片营养诊断标准

表 4-5、表 4-6 列出国内外荔枝叶片诊断的适宜参考值，可作为解析叶片分析结果时参使用。

表 4-5　荔枝叶片营养元素的适宜指标参考值　　　（单位:%）

品种	营养元素含量				
	N	P	K	Ca	Mg
糯米糍	1.50~1.80	0.13~0.18	0.70~1.20	–	–
淮枝	1.40~1.60	0.11~0.15	0.60~1.0	–	–
兰竹	1.50~2.20	0.12~0.18	0.70~1.40	0.30~0.80	0.18~0.38
大造	1.50~2.0	0.11~0.16	0.70~1.20	0.30~0.50	0.12~0.25
禾荔	1.60~2.30	0.12~0.18	0.80~1.40	0.50~1.35	0.20~0.40
桂味	1.56~1.92	0.12~0.16	0.87~1.26	0.36~0.68	0.18~0.28
三月红	1.91~2.28	0.20~0.26	1.08~1.37	–	–

表4-6　中国台湾和国外荔枝叶片诊断标准参考值

元素	地区	国家			
	中国台湾地区	新西兰	南非	以色列	澳大利亚
N（%）	1.60~1.90	1.5~2.0	1.30~1.40	1.50~1.70	1.50~1.80
P（%）	0.12~0.27	0.1~0.3	0.08~0.10	0.15~0.30	0.14~0.22
K（%）	–	0.7~1.4	1.00	0.70~0.80	0.70~1.10
Ca（%）	0.60~1.11	0.5~1.0	1.50~2.50	2.00~3.00	0.60~1.00
Mg（%）	0.30~0.50	0.25~0.60	0.40~0.70	0.35~0.45	0.30~0.50
Cl（mg/kg）	–	<0.1%	–	0.30~0.35	<0.25
Na（mg/kg）	–	–	–	300~500	<500
Mn（mg/kg）	100~250	40~400	50~200	40~80	100~250
Fe（mg/kg）	50~100	25~200	50~200	40~70	50~100
Zn（mg/kg）	15~30	15~25	15	12~16	15~30
B（mg/kg）	25~60	15~50	25~75	45~75	25~60
Cu（mg/kg）	10~25	5~20	10	–	10~25

2. 营养失调症状与补救措施

荔枝常见营养失调症状及矫正见表4-7。

表4-7　荔枝常见缺素症状及补救措施

营养失调类型	症状	补救措施
缺氮	老叶变黄，叶变薄，易早落，果少，花穗短而弱，严重时叶缘扭曲	及时施氮，喷施0.5%尿素，每7天喷一次，连续喷2~4次
氮过剩	叶色浓绿，叶片薄、大、软，枝梢徒长，易感染病虫害，花穗长，果实转色慢	环割，犁翻根群，注意平衡施用钾肥和钙肥，注意控梢，防病虫害
缺磷	老叶叶尖和叶缘干枯，显棕褐色，并向主脉发展，枝梢生长细弱，果汁少，酸度大	及时深施磷肥，并配施有机肥，叶面喷施1%的磷酸铵或磷酸二氢钾，每7~8天喷施一次
磷过剩	类似氮过剩症状，严重时会显示缺锌症状	环割，犁翻根群，注意平衡施用钾肥，注意控梢
缺钾	老叶叶片褐绿，叶尖有枯斑，并沿叶缘发展，叶片易脱落，坐果少，甜度低	及时施钾，叶面喷施0.5%~1%硫酸钾或磷酸二氢钾，每7~10天喷一次

（续表）

营养失调类型	症状	补救措施
缺钙	新叶片小，叶缘干枯，易折断，老叶较脆，枝梢顶端易枯死，根系发育不良，易折断，坐果少，果实贮藏性差	合理施用石灰，喷施 0.3% ~ 0.5%硝酸钙或螯合钙，每 7~8 天喷施一次，至缺素症状消失
缺镁	老叶片肉显淡黄色，叶脉仍显绿，显鱼骨状失绿，叶片易脱落	及时施用镁肥，喷施 0.5%硫酸镁或硝酸镁，每 7~10 天喷一次。注意钾、钙、镁的平衡施用
缺硫	老熟叶片片沿叶脉出现坏死，显褐灰色，叶片质脆，易脱落	加强施用有机肥料和含硫肥料，喷施 0.5%硫酸钾或硫酸镁，每 10 天左右喷施一次
缺锌	顶端幼芽易产生簇生小叶，叶片显青铜色，枝条下部叶片显叶脉间失绿，叶片小，果实小	喷施 0.25%硫酸锌或氨基酸螯合锌 1 000 倍水溶液，每 7~8 天喷施一次，一般连续喷施 2~3 次
缺硼	生长点坏死，幼梢节间变短，叶脉坏死或木栓化，叶片厚、质脆，花粉发育不良，坐果少	喷施 0.3%硼砂或硼酸水溶液，每 5~7 天喷施一次，至症状消失

值得注意的是，荔枝显示营养失调症状最终的原因并不一定是养分供应不足。如砧木与接穗不亲和极易产生类似缺素症的症状；土壤酸性强的情况下，荔枝根系易受铝毒害，导致地上部生长不良也易产生类似缺素症的表象；病毒、线虫、天牛侵蚀和不良气候条件会影响树体养分的运转，产生类似缺素症的现象。总之，缺素诊断必须结合气候、土壤条件、栽培措施、病虫害状况进行综合分析，找出"病"根，才能对"症"下药。

六、安全施肥技术

由于大多数荔枝种植在丘陵山地，土壤存在着旱、酸、瘠、黏（或沙）、水土流失等严重问题，在果树定植前需要进行土壤改良，促进土壤熟化，创造疏松肥沃、透水通风的土壤环境。为了使果树壮根茂叶，为夺取高产、稳产奠定物质基础，通常在定植果树前进行种植穴土壤改良，定植后再扩穴至全园改良。一般每个种植穴（1 米见方）施用腐熟有机肥 100~200 千克、复合微生物肥 1 千克、钙镁磷肥 2~3 千克、石灰粉 3.0~5.0 千克。将有机肥、生物肥和磷肥混匀后再与表土拌匀，施入定植穴。定植穴的上部表土与部分石灰混匀后回填，在回填土后种植果苗。回填土应高出植株基部 10~15 厘米，以保持新植果苗逐渐适应环境，使根系向肥沃部位伸展。幼年树扩穴改土次数一般每年 3~4 次，可在植株不同方向挖沟（深 0.5 米，长 0.5 米），每株每次施腐熟有机肥 30~50 千克、生物肥 1 千克、过磷酸钙 1~2 千克。按扩穴同样方法分层施用。果树挂果后每年扩穴一般在采果结束后和冬至前后两次，每年各在两个方向挖环沟，方法与幼龄树同。

1. 幼年树施肥

采用少量多次的方法，通常在每次梢萌动前施用，年施 4~6 次。第一年施用氮肥（尿素）0.1~0.15 千克、磷肥（过磷酸钙）0.05~0.1 千克，并在秋梢萌动前加施一次氯化钾 0.2~0.3 千克；第二、第三年施氮肥量增加 1~2 倍，施用钾肥次数增加 2~3 次。

2. 成年树施肥

成年树施肥一般每年 3~4 次。

攻梢肥。以施用速效肥料为主，每株施专用肥 2.5~3 千克或尿素 0.8~1.0 千克+磷肥 0.2~0.4 千克+氯化钾 0.3~0.5 千克，可分两次施用，一次在采果前 7~10 天，采果后迅速修剪。在第一次梢成熟时施第二次肥，施用肥料的深度以 20~30 厘米为佳，即施用时把肥料与土混匀或对水 50 倍后淋土，然后盖土。若要施用有机肥，最好在采果前 7~10 天与化肥一同施用，每株施花生麸 3 千克。另外，在秋梢老熟后，可结合清园施用石灰。有机肥的施用最好在温度较低且比较稳定时，如广州地区冬至。速效有机肥如花生麸、人畜尿最好不要在这个时期施，以免引发冬梢长出。建议以施用迟效有机肥，如草料、牛粪，每 100 千克有机物料加磷肥 1~1.5 千克、石灰 0.5 千克，加水 10 千克开沟施用。

花肥。在花芽分化（结果梢起红点时）期施用，每株施专用肥 2~3 千克或尿素 0.3~0.5 千克+磷肥 0.4~0.6 千克+钾肥 0.3~0.5 千克，撒施或穴施均可；另外，在花穗长至 10~15 厘米，每株施硼砂 50 克、硫酸镁 200 克、硫酸锌 80 克、磷肥 0.2~0.25 千克、钾肥 0.3~0.5 千克（施用方法同上）。

果肥。在谢花后 7~10 天和果实膨大期施用，重施磷、钾肥。第一次施用时要看叶色，若叶色淡绿、老叶浅黄时，施专用肥 1~2 千克或尿素 0.1 千克+磷肥 0.10~0.20 千克+钾肥 0.2~0.3 千克；当叶色浓绿时，不施氮肥，磷肥减半。第二次施肥要注意氮源的选择，每株施用硝酸钙 0.2~0.3 千克、磷肥 0.2~0.3 千克、氯化钾 0.3~0.5 千克（方法同上）。也可以结合施用有机速效肥料，如花生麸、粪、牛尿等。

叶面喷肥。在荔枝树周年生长期内均可喷施氨基酸复合微肥 600~800 倍稀释液，或结合追肥，根据需要加入水溶性化肥进行叶面喷施，每 7~10 天喷施一次。

水肥一体化施肥技术。近年来，荔枝采用水肥一体化施肥技术已经逐渐得到应用和果农的接受。由于采用水肥一体化施肥技术能及时提供适当的水分和养分，及时、定量满足荔枝营养生长，在短时间内对大面积荔枝园进行施肥灌溉，比常规方法施肥快 7~10 倍。连续几年的对比试验结果均表明，荔枝采用水肥一体化施肥技术，可显著地提高荔枝产量和品质，主要原因是增加了坐果率，果实增大，果实中大果的比例明显提高。

第三节 龙 眼

龙眼（*Dimocarpus longan* Lour.）是无患子科龙眼属植物。龙眼原产中国，是中国南部的特产名果。它是长寿果树，结果期长达100年以上，经济效益高；对红壤丘陵山地适应性强，栽培管理较易；果实营养丰富，甜味特浓，鲜干果与糖水龙眼罐头畅销国内外。中国的龙眼栽培面积和产量居世界龙眼栽培业的首位，在世界水果市场上与荔枝享有同等的优势地位。

龙眼果实营养价值高，自古视为滋补品，李时珍在《本草纲目》中云："食品以荔枝为贵，而资益则龙眼为良。"据分析：每100克鲜龙眼可食部分中，含水分81.4克、蛋白质1.2克、脂肪0.1克，碳水化合物16.2克，热量71千卡，粗纤维0.2克、灰分0.9克、钙13毫克、磷26毫克、尼克酸1.0毫克、抗坏血酸60毫克。果实含全糖12.38%～22.55%，还原糖3.85%～10.16%，总酸0.096%～0.109%，维生素C（43.12～163.7毫克）/100克果肉，鲜果能提供更多的糖和维生素C，对人体健康有裨益，深为广大人民所喜爱，特别是老年人，更视为珍贵营养果品。焙制的桂圆干为传统出口商品，有补心益脾、养血安神之功效。此外，还可加工制成糖水龙眼罐头、桂圆肉、龙眼膏、果酱、果酒、冷冻龙眼等多种食品。这些产品都深受国内外消费者的欢迎。

一、形态特征

1. 根

龙眼根系庞大，有垂直根和水平根。其分布因土壤条件、地下水位及管理措施而异。栽植在红壤丘陵山地的龙眼，由于土层深厚，土壤疏松，故垂直根入土较深，通常可达2～3米，有的甚至可穿入半风化层。据观察，在福建福州红壤丘陵地35年生"红核子"（实生树）垂直根可深达5.42米，水平根分布17.34米。栽种在平地者，若土层深厚入土也深，如四川泸州长江沿岸冲积沙壤土，60年生龙眼实生树，根系深达3.5米以下。若土层浅薄，地下水位高或有硬盘者，垂直根入土深度受到限制。龙眼水平根的扩展范围大多比树冠大1～3倍，但以树冠覆盖范围内的最为密集，约有80%根系（包括吸收根）分布在树冠扩展范围内。若土壤条件较好，大部分吸收根在10～100厘米土层中，而更多集中在40～50厘米以内。土层浅薄者，吸收根分布也浅，龙眼水平根的分枝能力远超过垂直根，且其生长状态（如分枝能力、细根尖削度）又与土壤性状有一定关系。若园土性状良好者，分布密，根径首尾差异小。

新根白色，后渐变黄白色，至粗根时则转为红褐色，皮孔粗密而明显。

龙眼除了普通吸收根外，还有菌根。菌根较吸收根肿大，且无根毛。幼嫩菌根色浅，透明，老的菌根或菌根基部则呈黄褐色。其菌根的形态与荔枝菌根相似，大多是总状分枝式，且呈念珠状，菌根皮层细胞较吸收根的大1.5～2倍，其皮层细胞内有菌丝存在。菌根的存在是龙眼得以适应丘陵山地红壤旱、酸、瘠薄的恶劣环境。

2. 茎

龙眼树干粗大，干周约为 1.0～1.5 米，大的可达 4 米以上。树干外皮粗糙，有不规则纵裂，外皮厚而具木栓质，灰褐色。其木材坚固，纹理细致，老树心髓呈淡红色，波浪状斑纹。主干的高低和树冠大小与繁殖方法、土壤状况、品种及树体管理有关。实生树主干和树冠均较高大；高压树主干较低，树冠也较开张。果园土层浅薄或地下水位高的，龙眼植株树冠较小。福建莆田龙眼多为高接换种树，且经常进行重度疏折花穗以及修剪，树冠也较小。

龙眼每年通常抽梢 3～4 次，是构成高大树冠的基础。成年植株树冠直径 6～10 米，树高 6～8 米。龙眼枝条顶端优势较强，新梢常从已充实枝条顶芽延生，故分枝较少。枝条粗而坚、脆，外皮褐色，幼枝色较浅，皮孔明显。随枝条年龄的增大外皮逐渐变粗且呈纵裂。

3. 叶

龙眼叶为偶数羽状复叶，少有奇数羽状复叶。小叶对生或互生。幼苗的第一、第二叶仅具一对小叶，第二、第三叶具有两对小叶，以后则增至 2～4 对或更多。成年植株 4 对小叶最多，3 对次之，6 对以上小叶者较为罕见。叶多属长椭圆形，全缘、革质，叶长 9.26～17.50 厘米，宽 3.33～5.80 厘米。叶面绿色，叶背淡黄绿，叶柄短，中脉显著突出；侧脉明显。嫩叶常为赤褐色。叶片寿命 1～3 年。

4. 花

龙眼花序为聚伞花序圆锥状排列的混合花序（花丛），每花丛的支轴一般十余枝，少者数枝，多者二十余。单花丛花数特多，大致为数百朵至二三千朵，最多达五千余朵。每一花丛由 3 朵花组成很多的小花穗而构成，小穗的 3 朵花，中央一朵先开，后开旁边两朵。花丛基部的小穗一般都比顶端先开。花蕾黄白色。龙眼花型主要有雄花、雌花两种。此外，尚有为数很少的两性花及各种变态花（包括中性花及多种畸形花）。

雄花：单一花丛中以雄花最多，约占总花数 80%。开放次数多，时间长。大部分花穗先开雄花，又以雄花告终。花呈浅黄白色，有花萼（5 深裂），花瓣（5 瓣），花盘粗大，雄蕊发达（7～10 枚，多为 7～8 枚），花丝长 0.6～0.8 厘米，黄白色，呈放射状散开。花药黄色，散发花粉时纵裂。雌蕊退化，仅留一个小突起；雄花一般在开放后 1～3 天即脱落或干枯。

雌花：外形与雄花相似，但雌蕊发达，深黄色，子房 2～3 室（多为 2 室），花柱合生，开放时柱头分叉，弯曲如月眉。子房周围有退化雄蕊 7～8 枚，花丝很短，花药不散发花粉。雌花开放时间短，通常集中开 1～2 次。

两性花：此种花为数极少，它具有正常的雌、雄蕊，花药能散发花粉，子房可发育膨大。根据花芽形态分化观察进一步证明，龙眼单性花也是由两性花简化来的。

所有花朵盛开时，花盘上的蜜腺分泌大量花蜜，不仅利于昆虫传粉，也是南方重要的蜜源树种。

5. 果

龙眼花属于子房上位花，正常的雌蕊子房两室，并蒂而生，经常是一室膨大，另一室萎缩，也有少数"并蒂果"。

果实按果皮构造来看，属不典型的坚果。果为核果状，扁圆形或圆球形。果实大小（横、纵径）为 1.5~3 厘米。单果重多为 10~15 克。果实外皮主色褐，因品种不同，又有黄褐、青褐、赤褐、红褐等之别。外皮上有明显度不同的龟状纹、细小的瘤状突及放射线。果皮薄，外表较光滑，外、中、内果皮难以分开。果皮剥开则为可食部的果肉，称假种皮，假种皮系由第三层珠被分化而成，这层珠被围绕珠柄而生，但在珠柄四周分化的先后并不一致，通常是在珠孔附近的珠柄表皮细胞先行分化，然后波及到珠柄的其他三周。假种皮的发育是从果实基部逐渐向果实顶部生长，最后包裹种子，于顶部合生而迅速肥大成果肉。其构造为薄壁组织，成熟时，含有大量汁液。果肉淡白、乳白或灰白色，肉厚约 0.2~0.7 厘米。依肉色不同又可分为透明、半透明或不透明。清甜，风味特殊，不像荔枝带有酸味。

6. 种 子

可食部假种皮包裹的是圆至扁圆形种子，种子外皮主色暗黑至红棕，圆滑而有光泽，横径 1.0~1.6 厘米，内有种仁，质坚脆，色淡黄褐，由两片肥大的子叶及带黄色的小胚组成。种脐淡黄白色。

龙眼除了具有正常发育的坚硬种子外，还有种子萎缩中空无子叶的焦核品种，以及不但子叶退化种皮也软化的白核品种。

二、生长环境条件

龙眼在亚热带地区的系统发育中，其生长发育与外界环境条件已成为有机统一的整体。它对丘陵红壤山地的适应性，如耐瘠、耐旱以及抗病虫能力均较突出，然而外界环境因素也不例外地对其生育有一定的影响。

1. 温 度

温度对龙眼的生育影响较大，是外界环境中影响程度较强的因子。总的看来，它喜温忌冻，年平均温度 20~22℃ 较为适宜，对低温相当敏感，这是限制龙眼地理分布范围不广的主要因素。综合各地的调查资料，年平均温度低于 17.5~18℃，最冷月均温在 10℃ 以下，冬季绝对低温低于 -5℃ 的地区，龙眼难以作为经济栽培。冬季需有一段相对低温（最冷月均温 12℃ 左右），才有利于花芽分化，龙眼花芽分化期和抽穗期，气温不宜过高，通常在 10~14℃ 为宜。如此时气温较高（3月上中旬急剧上升到18~20℃）则不利于花穗和花蕾的正常发育，并因此转变为发育枝或花芽、叶芽并发，此即"冲梢"现象。如福建泉州地区，1982 年 3 月 12—24 日，连续 13 天高温（最高达 19.7℃），出现了普遍的"冲梢"现象。"冲梢"严重影响当年产量，常成为"小年"，因此冬末春初的气温对当年龙眼产量关系密切。开花期则需较高温度，在 20~27℃，气温太低对开花与着果均属有害。倘气温升到 22~25℃，着果率明显增加。龙眼果实成熟期，正值夏秋高温季节，有利于品质提高。

龙眼耐寒力较差，气温降至 0℃，幼苗受冻，-0.5℃ 至 -1℃，大树则表现出程度不同的冻害，轻者枝叶枯干，重者整株地上部死亡。倘若低温再伴之长时间的干旱，即使温度仅在0℃附近，也将造成严重的冻害。

我国南部龙眼冻害多出现在最冷的1月。如1955年1月平均气温福州8.8℃，龙溪11.3℃，1月12日气温最低，福州为-4℃，龙溪为-2℃，且全区连续数日重霜，致使龙眼冻害相当严重，福州地区龙眼受冻害的数量达80%以上，有的果园达100%；冻害程度轻重不一，轻者仅树冠外围叶片受冻害，重者主干部位冻坏。由于龙眼成年树干包裹一层厚的木栓层，增加了抗寒力，除非受严重冻害，一般成年树干是罕受冻害的。

霜冻程度也因地理环境（如坡位、坡向、附近有无大水体等）不同而有差异。一般种植在山坡上的比平地、低地受冻程度轻；北向、东北向冻害较南向、西南向严重；附近有大水体的果园冻害较轻，例如，福建闽侯建华近闽江，莆田华亭近木兰溪，以及四川的龙眼大多在江河两岸，龙眼冻害程度比远离江河沿岸的平地为轻。

从植株本身而言，幼年树耐低温能力差，受冻害比成年树严重；树势强壮，树冠厚密，冻害较轻，受冻害后恢复较快；品种之间也有所差异，如油潭本比乌龙岭稍耐寒。

2. 水　分

龙眼在亚热带果树中是属比较耐旱的树种。虽然我国龙眼产区年降雨量在1 000~1 600毫米，从年降雨总量来看，是足够龙眼生长所需的，但因年雨量分布不均，加上丘陵坡地水土流失比较严重，如遇长期干旱季节常有缺水现象，特别是在果实发育期间，影响较为显著。若此期水分缺乏，对果实增大有一定影响，应注意果实生育期土壤水分的保持和供应，才有利于稳定高产，如旱后骤雨，又易导致裂果。采果之后，果园土壤也应有一定水分，才能使秋梢正常抽生。晚秋至冬季，所需水分明显较少，这样可以抑制营养生长，积累足够的营养物质，以促使翌年良好的花芽分化。开花期间及果实成熟期，不宜多雨，否则会导致烂花或授粉受精不良而减少着果，以及导致果熟期增加落果并降低果实品质。根系生长旺期（6—8月），必须保持足够水分，以利根系迅速生长；然而，在春夏多雨季节，则应防止果园积水。龙眼果园长期积水，将引致根系腐烂，树势衰退，甚至大树全株死亡。

3. 风

华南沿海地区夏秋季节常有台风登陆。此时正值果实成熟期，常致果实大量脱落，此外，强台风袭击时常使枝条折断，树冠毁坏，甚至成年大树连根拔起。四川产区在龙眼花期，有时会遇西北焚风，气候特别干燥，夹有大量黄沙微尘，雌蕊柱头沾染沙泥且干燥凋萎，着果率大为下降。因此，选择果园位置，设置防风林，品种选育，矮化树形以及采取其他预防措施，显得十分重要。

4. 土　壤

龙眼对土壤的适应性颇强，除部分地区种在平地或冲积地外，大多分布在低缓丘陵地，也有在海拔数百米的山地种植。从福建龙眼主产区的大体情况来看，主要龙眼区都在低缓丘陵的红壤和砖红壤间的过渡性土壤，此类土壤具有深度富铝化特征，由于常年累月的风雨侵袭，植被破坏和酸性岩系的影响，土壤侵蚀严重。因此，土壤表现出相当显著的酸、旱、瘠的特征，但龙眼对此类土壤有广泛的适应性，只需具备较为深厚的土层（1~2 米以上），注意果园土壤的改良熟化，在正常管理下，龙眼植株一般都能获得一定的产量，且果实品质良好。因此，充分挖掘龙眼生产之潜力，则可进一步发挥亚热带红壤丘陵山地的优势。

研究表明，凡产量级为 100~150 千克/株的丰产园，毫无例外属于"软墒园"，即这种园地土壤结构特征及土壤基本性质均属良好；而 20~55 千克/株的低产园大多为"硬墒园"。它不同程度表现为红壤的结构特征，尤其是 20 厘米以下的土层更为突出。不同产量类型龙眼园的土壤性质有许多显著的差异，其中比较明显的差异表现在 0~20 厘米土层中。凡是高产园地，土壤熟化特征主要反映在其土层松软湿润，土壤水稳性团聚体数量较高（20%~42%），有机质含量超过 1%，全氮量 0.07%、C/N 变幅在 7~11 间，土壤有机质转化具有平稳特点，有效磷 25 毫克/千克以上，每 100 克土壤水解酸度在 2~3 毫克当量以下，其他性质也有一定变化，但并不是显著稳定的。同时，高产园比低产园的树势、枝梢发育、产量及品质亦较良好。

总之，龙眼园土壤肥力的差异，受着生态环境及果园土壤管理措施的影响，从人为因素来看，必须实行合理的农业总体措施，包括水土保持、合理布局及正确的土壤管理，才能使龙眼园土壤趋向熟化，并保持相对稳定的熟化水平，以满足龙眼植株的高产稳产和保持良好的果实品质。

此外，坡度、坡位及坡向等因素与土壤、气候条件也是相关的。果农在长期的生产实践中积累了宝贵的经验，诸如选择坡度几度到十几度的缓坡辟为龙眼园，25 度以上的陡坡地，只有在条件限制之下才选用，并且都修筑完整的梯田，多数龙眼园布局在山地的中下坡段，为了防止霜冻寒害、风灾等，通常以东南、西南或南向坡地作为龙眼的宜园地，西向或北向因易遭冻害，不甚合宜，而东北向则易受台风袭击。

三、营养特性

龙眼树是典型的亚热带多年生常绿乔木，在正常栽培管理条件下，龙眼的经济寿命可长达数十年。龙眼实生苗种植后需 7~10 年才开始结果，但现代栽培一般都采用嫁接苗或圈枝苗种植，一般 3 年后开始结果，6~7 年进入丰产期，且树形较矮，分枝低，树冠整齐，便于管理操作。目前龙眼树具有较广泛的适应能力，只需具备较深厚的土层，并在栽培中注意土壤改良熟化和平衡施肥，一般都能获得较好的产量和良好的果实品质。

龙眼树挂果期 3~5 个月，周年进行根系生长，多次抽发新梢，有利于树体营养物质积累。但是，气候的季节性变化影响到龙眼不同物候期对养分的需求，早结丰产、优质稳产，必须根据其生长规律和营养特点，合理地调控树体营养平衡，培育健壮的结果母枝，控梢促花，疏花疏果，保果壮果，提高果实品质。

龙眼树根系由粗壮庞大的垂直根和水平根组成。垂直根可入土 3 米以上，水平根是吸收根系，其分布约为树冠的 1.5~3 倍，分枝能力远强于垂直根。水平根一部分向新土层延伸，扩大根系分布范围；另一部分从土壤中吸收水分和矿质营养，并合成部分内源激素和其他生物活性物质。由于龙眼根系的菌根具有好气性，因此吸收根一般分布在

50 厘米以内。龙眼树的断根再生力强并拥有内生菌根，有利于对矿质营养和水分的吸收，可增强其抗逆性，尤其有利于对磷的吸收利用。龙眼树根系一年中呈周期性生长，与地上部枝梢生长交替进行；土温大于15℃时新根开始活动，高于33℃进入休眠状态，最适生长温度为23~28℃；一般具有春、夏、秋3个生长高峰期，成年树则在10月中下旬秋梢充实期又形成一个吸收根生长的小高峰，此期根系生长对花芽分化有一定促进作用。培育发达水平根是龙眼栽培的重要目标，必须通过发达的水平根系增强养分和水分的吸收能力，才能保持健壮的地上部生长。在根系生长高峰期内进行施肥，可显著增加养分的吸收，提高肥料利用率。

龙眼树的树枝分为营养枝和生殖枝（结果母枝）。树枝的生长一是加长二是增粗，还与其他植物一样存在顶端优势、垂直优势，主枝层状排列。龙眼每年抽3~4次梢，春梢和秋梢各1次，夏梢1~2次，冬梢很少发生，其中春梢长势较差，通常不能形成良好的结果母枝。夏梢是重要的枝梢，生长较为充实，分枝较多，是萌发秋梢的重要枝梢，也可成为来年的结果母枝。秋梢是最佳的翌年结果母枝，秋梢抽生老熟后，在冬初开始有一段停止生长时期，积累足够的养分，待来年早春进行花芽分化，之后抽生花穗并开花结果。充足的营养物质积累是促进秋梢发育形成结果母枝的重要基础条件，而营养物质的积累与营养生长关系密切，树体生长健壮、枝叶生长良好是前提，秋末冬初停止新梢抽生，秋梢老熟由消耗占优势转为积累占优势，为花芽分化、抽生花穗积累丰富的营养物质。因此，科学平衡施肥，培养强壮的秋梢作为来年结果母枝，是克服龙眼大小年结果现象，保证丰产、优质的有效措施。

叶是进行光合作用制造有机营养物质的主要器官，其生长从幼叶出现、展叶到面积不断增大、转绿老熟为止，全过程一般需要45~60天。

花芽生理分化一般出现在12月至翌年1月，此时要求枝叶等营养器官停止生长以促进物质的积累，一般相对干旱和适当低温较有利于花芽生理分化。龙眼花穗一般在2月上旬至3月下旬抽生，此后开始形态发育逐渐形成完全花穗。在此期间必须防止"冲梢"。龙眼开花期一般在4月中旬至5月下旬，依地区、品质、气候、树势、抽穗期等而异。单穗花期20天左右，全树花期30天以上，在同一果园内，同一母树雌花、雄花常交错并存，授粉机会较多。龙眼开花期间营养消耗很大，据测试，花器含氮7.4~13.72 克/千克、磷1.69~4.82 克/千克、钾17.38~26.52 克/千克。

龙眼受精后半个月内有一次落果高峰期，主要由于授粉受精不良出现生理落果。生理落果以开花授粉后3~20天（5月中旬至6月上旬）最多，占总落果数的40%~70%，此期落果与花器发育不良和授粉受精不良有关，花器发育和授粉受精又与气候因素关系密切。6月中旬至7月中旬会出现第二期生理落果，这期落果主要因肥水不足、营养不良引起，会严重影响产量。因此，6月中旬以后果实发育后，肥水的充足供应对提高产量有密切关系。

四、需肥特点

龙眼正常生长发育需要16种必需的营养元素，从土壤中吸收最多的是氮、磷、钾。

据报道，由于龙眼的栽培条件、土壤、气候、品种、产量、树龄、树势等不同，各地的施肥比例和施肥也不同，每生产 1 000 千克龙眼鲜果，需氮（N）4.01~4.8 千克、磷（P_2O_5）1.46~1.58 千克、钾（K_2O）7.54~8.96 千克。对氮、磷、钾的吸收比例为 1：（0.28~0.37）：（1.76~2.15）。

龙眼树生长期长，挂果期短，不同阶段对营养元素的需求量也不同。据研究，龙眼从 2 月开始吸收氮、磷、钾等养分，在 6—8 月出现第二次吸收高峰，11 月至翌年 1 月下降。氮、磷在 11 月，钾在 10 月中旬即基本停止吸收。果实对磷的吸收从 5 月开始增加，7 月达到吸收高峰，龙眼在周年中吸收养分最多的时期是 6—9 月。

据报道，龙眼每株全年施肥量氮（N）0.46~0.86 千克、磷（P_2O_5）0.15~0.20 千克、钾（K_2O）0.4~1 千克，氮、磷、钾的比例为 1：0.3：1.1~1.2）。另据报道，广西龙眼成年树一般每株每年施氮（N）0.8~1.4 千克、磷（P_2O_5）0.25~0.6 千克、钾（K_2O）0.7~1.2 千克；福建龙眼成年树每株每年施氮（N）0.83~1.64 千克、磷（P_2O_5）0.6~0.73 千尹（K_2O）0.94~1.47 千克。另据报道，每生产 100 千克龙眼鲜果，需吸收氮（N）1.3 千克、磷（P_2O_5）0.4 千克、钾（K_2O）1.1 千克。

五、营养诊断与缺素补救措施

1. 叶片分析

叶片营养分析的准确性和代表性，直接与取样和样品处理的方法、测定分析技术有密切关系。龙眼叶片的采样方法：12 月下旬至翌年 1 月下旬，在有代表性的 10~20 株上共采 80~100 片小叶进行分析。叶片采集必须在树冠中上部外围充分老熟的枝梢上，从顶部开始算起，取第二至第三片复叶的中部小叶。

叶片采样后应尽快到具备测试条件的有关部门用无离子水洗净，120℃杀酶 20 分钟，85℃烘干，最后将叶片磨碎。叶片样品的化学分析方法：氮、磷、钾分析的样品都是用硫酸—过氧化氢一次消化；氮用凯氏定氮法，磷用钒钼黄比色法，钾用火焰光度计测定。钙、镁、锌、铁、铜、锰等用硝酸—高氯酸消化，用原子分光光度计测定。硼用姜黄素比色法测定。氯用水浸提后，用硝酸银滴定法测定。

叶片营养元素含量适宜指标参考值：N 1.4%~1.9%、P 0.10%~0.18%、K 0.5%~0.9%、Ca 0.9%~2.0%、Mg 0.13%~0.30%、B 15~40 毫克/千克、Fe 30~100 毫克/千克、Mn 10~200 毫克/千克、Zn 10~40 毫克/千克、Cu 4~10 毫克/千克。

2. 土壤养分测试诊断

土壤养分测定诊断是指导龙眼科学施肥的重要手段，但同样存在局限性，主要是土壤养分含量不等于完全能被果树利用的养分量，也不能完全代表果树体内的营养状况。然而，通过土壤养分测试诊断与叶片营养分析诊断结合，可显著提高测土配方施肥的可靠性和准确性。土壤样品的采集方式需根据种植果园的地形而定。较为平坦的果园，一般土壤肥力较均匀，采用梅花点分布取点，每个样点在树冠滴水线以外的非施肥区挖土采集，采集深度 0~50 厘米，对于坡地果园，则按等高线树冠滴水线附近的非施肥区进行布点采样，按之字形分布采集土壤，采集完毕混合后采用四分法留取 1 千克左右土壤为供测定样本。

分析测试内容主要包括土壤有机质、氮（全氮和碱解氮）、磷（全磷和速效磷）、钾（缓效钾和速效钾—水溶性和交换性钾）、钙（全钙和交换性钙）、镁（全镁和交换性镁），以及微量元素铁、锰、锌、铜、硼、钼、氯的含量等。还应测定与土壤养分有效性有关的土壤性质，如土壤酸碱度和土壤理化性质等。

土壤营养元素适宜指标参考值：有机质 1.5%~2.0%、全氮>0.05%、水解氮 7~15 毫克/千克、速效磷 10~30 毫克/千克、速效钾 50~120 毫克/千克、代换性钙150~1 000 毫克/千克、代换性镁 40~100 毫克/千克、有效铁 20~60 毫克/千克、有效锌 2~8 毫克/千克、代换性锰 1.5~5 毫克/千克、易还原性锰 80~150 毫克/千克、有效铜 1.2~5.0 毫克/千克、水溶性硼 0.4~1.1 毫克/千克、有效钼 0.20~0.35 毫克/千克。

3. 营养失调症状与补救措施

龙眼营养失调症状及其常用救措施见表4-8。

表 4-8　龙眼营养失调症状及补救措施

营养失调类型	症状	补救措施
缺氮	老叶变黄，叶变薄，易早落，果实少，花穗短而弱，严重时叶缘扭曲	及时施氮，结合喷施 0.5% 尿素，每 7~8 天喷一次，共 3 次
氮过剩	叶色浓绿，叶片薄、大、软，枝梢徒长，易感染病虫害，花穗长，果实转色慢	环割，犁翻根群，注意平衡施用钾肥和钙肥，注意控梢，防病虫害
缺磷	老叶叶尖和叶缘干枯，显棕褐色，并向主脉发展，枝条梢生长细弱，果汁少，酸度大	及时深施磷肥，并配施有机肥，结合叶面喷施 1% 的磷酸铵或磷酸二氢钾，每 7~8 天喷施一次
磷过剩	类似过氮症状，严重时会显示缺上锌症状	环割，犁翻根群，注意平衡施用钾肥，注意控梢
缺钾	老叶叶片褐绿，叶尖有枯斑，并沿叶缘发展，叶片易脱落，坐果少，甜度低	及时施钾，并喷施 0.5% 磷酸二氢钾，每隔 10 天喷一次，连续喷施 3~4 次
缺钙	新叶片小，叶缘干枯，易折断，老叶较脆，枝梢顶端易枯死，根系发育不良，易折断，坐果少，果实贮藏性差	合理施用石灰，结合喷施 0.5% 硝酸钙或螯合钙 1 000 倍水溶液，每 7~10 天喷施一次，至症状消失
缺镁	老叶叶肉显淡黄色，叶脉仍显绿，显"鱼骨状失绿"，叶片易脱落	及时施用镁肥，结合喷施 0.5% 硫酸镁或硝酸镁，注意钾、钙、镁的平衡施用
缺硫	老熟叶片沿叶脉出现坏死，显褐色，叶片质脆，易脱落	加强施用有机肥料和含硫肥料，结合喷施 0.5% 硫酸钾或硫酸镁

（续表）

营养失调类型	症状	补救措施
缺锌	顶端幼芽易产生簇生小叶，叶片1显青铜色，枝条下部叶片显片显叶脉间失绿，叶片小，果实小	喷施0.25%硫酸锌或螯合锌1 000倍水溶液，每7~8天喷施1次，连续喷施2~3次
缺硼	生长点坏死，幼梢节间变短，叶脉坏死或木栓化，叶片厚、质脆，花粉发育不良，坐果少	喷施0.3%硼砂或硼酸水溶液，每7~8天喷一次，一般喷施2~3次

值得注意的是，龙眼显示以上营养失调症状最终原因并不一定是养分供应不足。如砧木与接穗不亲和极易产生类似缺素症状；土壤酸性强作物根系易受铝毒害，导致地上部生长不良也易产生类似缺素症状；病毒、线虫、天牛侵蚀和不良气候条件会影响树体养分的运转而产生类似缺素症状。总之，缺素诊断必须结气候、土壤条件、栽培措施、病虫害状况进行综合分析，找出"病"根，才能对"症"下药。

六、安全施肥技术

1. 幼年树施肥

幼苗定植肥：定植时施优质有机肥每株20~50千克、龙眼树专用肥1~2千克（或生石灰1千克、钙镁磷肥2千克），将肥料与表土混匀后分层施入定植穴中。

定植1个月后施肥：每株用30%的腐熟人粪尿淋在根际部位，以后每隔2~3个月施肥一次，全年施肥4~6次。1~2龄幼树，栽植前一周每株施龙眼专用肥0.15~0.2千克或45%氮磷钾复合肥0.15~0.2千克，促进新梢生长和展叶。在新梢伸长基本停止、叶色由红转淡绿时，每株施腐熟清粪水加专用肥0.2~0.3千克，促进枝梢叶片转绿，提高光合作用。幼树施肥应先稀后浓，随着树龄增加逐渐提高浓度和施肥量，一般从第二年起，施肥量在前一年的基础上增加40%~60%。

定植2年后施肥：为促进幼龄树迅速生长，需扩穴施肥，每株分层施入腐熟有机肥或生物有机肥30~40千克、生石灰1~1.5千克、龙眼专用肥1~2千克（或磷酸二铵1~2千克），施后用土覆盖。追肥每年4~5次，每次每株施优质有机肥或生物有机肥10~20千克、专用肥0.5~1.5千克（或40%氮磷钾复合肥0.3~0.6千克）。

定植4年后施肥：龙眼树冠已形成，开始开花结果，在春梢萌动时每株施优质有机肥或生物有机肥30~40千克、专用肥2~3千克。花期、幼果期和攻梢期叶面喷施0.2%~0.4%磷酸二氢钾1~2次，为顺利进入结果期奠定基础。

2. 青壮年树施肥

采前肥：采果前10~15天在树冠滴水线范围内淋施腐熟优质水肥一次，每株淋施含饼肥3千克（或腐熟鸡粪20~25千克）、专用肥2~3千克、40%氮磷钾复合肥1.5~2

千克、尿素 0.5~1 千克、硼砂 30~50 克。

攻梢肥：在秋梢抽生时，对新梢萌芽淋施专用肥 0.5 千克、素 0.5 千克；在新梢转绿时淋施专用肥 0.5~1 千克。最后一次梢抽出后，不能再施氮肥，可施专用肥 2 千克或磷、钾肥各 1 千克。

根外追肥：在新梢开始转绿时，可喷施氨基酸复合微肥，并在稀释的肥液中加入 0.2%~0.4% 磷酸二氢钾，每 7 天左右喷一次，喷施 2 次为好。

3. 成年结果树施肥

定植 20 年后进入正常开花结果的成年树，采用集中与补挖相结合的施肥方法。

花前肥：在 3 月上旬开花前施用。每株施腐熟猪牛粪 15 千克、饼粕 1 千克、龙眼专用肥 1~1.5 千克（或尿素 0.3~0.4 千克，钙、镁、磷、钾肥各 0.3 千克）。

保果促梢肥：在 5 月中旬至 6 月上旬施用。每株施专用肥 3~5 千克（或尿素 0.6 千克、过磷酸钙 2 千克、钙镁磷肥 1~2 千克、氯化钾 2 千克），可采用环状沟、放射沟、月形沟等方式，将肥料与表土混匀后施入沟内后覆土。

采果肥：在采果前 7~10 天或采果后立即施肥。每株可施专用肥 1.4~1.6 千克、液体优质有机肥 100~200 千克（或尿素 1.4~1.6 千克），结合浇水效果更好。

根外追肥：龙眼整个生育期尤其是坐果后到采果前 20 天，可喷施氨基酸复合微肥 600~800 倍稀释液，并在稀释的肥液中加入 0.3%~0.5% 的尿素、0.2%~0.4% 磷酸二氢钾，对增强树势、提高产量和品质有很好的效果，也可适时适量喷施含微量元素的化肥。

第四节 芒 果

芒果（*Mangifera indica* Linn.）是漆树科芒果属植物。芒果为世界上最重要的热带水果之一，原产于亚洲东南部的热带地区，北自印度东部、中经缅甸、南至马来西亚，已有 4 000 多年的栽培历史。我国芒果相传是公元 632—645 年间唐玄奘到西域取经时从印度引入，距今已有 1 300 多年的栽培历史。我国为世界芒果主要生产国之一，主要分布于热区的海南（三亚、乐东、陵水、昌江、东方等地）、广东（雷州、徐闻、湛江、茂名、珠江三角洲）、广西（右江区、田东、田阳、凌云等地）、云南（临沧、思茅、玉溪、华坪、红河等地）、四川（攀枝花市、安宁、会东、会理等地）、福建（安溪、漳州、云霄等地）和台湾南部。

芒果肉质细滑多汁、香甜浓郁、营养价值高，果实含有氨基酸、糖、脂肪酸、矿质元素、有机酸、蛋白质、维生素。成熟芒果含维生素 C 较少，每 100 克果肉 57~137 毫克，但含有较多的维生素 A 和维生素 B_1，维生素 B_2，含胡萝卜素 3.8~5.7 毫克。果实含糖量一般为 15%~20%，高者达 20% 以上，低者 10%~11%。蛋白质含量 0.5%~0.9%。芒果除鲜食外，还可加工成果汁、蜜饯、凉果、果酱、糖水果片及酒精或醋等。花可作药用，嫩叶可作饮料和染料。种子可提取淀粉，果皮提炼漆树酸，树皮用于制革。树干木质坚实，可用于造船。芒果为常绿树种，树形美观，很具观赏价值，是我国热带亚热带地区常见的美化绿化树种。

一、形态特征

芒果为常绿乔木，高达8~20米，主干明显，树皮较厚而粗糙，分枝粗壮。

1. 根

芒果具深根性，主根粗大，入土较深。侧根生长缓慢、数量少、稀疏细长，分布具明显的层次，每隔10~20厘米分生一轮，苗期和幼树期分布常小于冠径，随树龄增长，成年树根系的水平扩展超过冠径。

芒果为菌根果树，吸收根系与某种真菌（菌根菌）形成共生体，共生两者呈互惠互利关系，因而芒果较耐旱、耐瘠。疏松肥沃的土壤才利于菌根生长，生产上芒果园应重视深翻压青、多施有机肥，改良土壤。

只要在土壤温度与湿度适宜情况下，芒果根系可周年进行生长。芒果根系在年周期中存在生长高峰。一般每年有两次生长高峰，与地上部生长高峰交替出现，在采果后秋梢前和秋梢停长后会出现根系生长高峰。

2. 枝 梢

芒果为多年生常绿乔木，实生树干性明显，嫁接树干性依品种而异，可分为直立型、开张型和中间型品种三类。芽具有早熟性，一年可多次抽梢。在海南幼树每年可抽梢4~7次或更多。成年树每年可抽2~4次梢。种植后3~4年可开花结果。寿命长，实生树的寿命可长达数百年至上千年。

按枝梢抽生季节，可把芒果枝梢分为春梢（2—4月抽生），夏梢（5—7月抽生），秋梢（8—10月抽生），冬梢（11月至翌年1月抽生）。按枝梢性质不同可将芒果枝梢分为：营养枝、结果母枝和结果枝。营养枝是指只抽生枝叶的枝条；芒果为混合花芽，直接抽花穗的枝条为结果母枝。而结果枝指开花结果的枝条，其实花穗就是结果枝。芒果结果母枝以一年生末级枝梢为主。春、夏、秋、早冬梢可发育成为结果母枝，但一般情况下，各地以秋梢、夏秋梢为主要结果母枝，多数地区以采果后抽生的秋梢为主要结果母枝，海南等产区常进行产期调节，提早花芽分化与抽穗，采果后夏梢往往成为主要结果母枝。抽生过晚、养分积累不足、过旺的枝梢难以成为结果母枝。有些枝条结果以后不抽新梢，次年也可抽花穗，成为连续多年抽花结果的结果母枝。生产应通过管理促进适时抽生的健壮充实末级枝梢可成为结果母枝。

3. 叶

芒果单叶互生，椭圆披针形、卵状披针形或宽椭圆披针形，叶长12~45厘米，叶宽3~13厘米，全缘，革质，富光泽，叶面平直、波浪状或有扭曲，中脉粗壮，基部叶片较疏，顶部叶片较密呈假轮状排列；嫩叶淡紫色、紫色、紫红色、淡绿色或古铜色等；老叶黄绿色、青绿色、深绿色、墨绿色或蟹绿色等。

4. 花

芒果花芽分化时期与品种、地区、气候、栽培管理等有关。多数地区芒果在秋末冬

（10 月至翌年 2 月）初开始花芽分化，一般在开花前一个月花芽分化，从分化到第一朵花开放历时 20~30 天。从花芽分化到开花是一个连续过程，中间无休眠期。早熟品种分化期较早些，晚熟品种则分化期稍晚。不同年份分化时期早晚也有差异。

适当低温干旱及充足光照利于芒果花芽分化。冬季晴朗、温度较高、土壤湿润、分化提前；过分干旱或低温阴雨、分化推迟，分化进程慢。在花芽形成过程中，如气温较低时花序发育缓慢，雄花多；相反气温升高时，花序发育时间缩短，两性花比率提高，提早开花。生产应用植物生长调节剂促进芒果花芽分化，如常用多效唑、乙烯利等控制枝梢生长，促进花芽分化。

开花习性：果花序（花穗）抽生时期有所差异，海南多在 12 月至翌年 3 月抽生，广西等大陆地区多在 2 月至 4 月下旬。在海南西南部地区经化学催花的可提前到 9 月左右抽生花穗，实现反季节芒果生产。芒果为圆锥花序，由顶芽抽生的为顶生圆锥花序，侧芽抽生的为侧生圆锥花序。芒果花序有纯花序（不带叶结果枝）、带叶花序（带叶结果枝）之分，后者根据带叶情况不同又可分为混合花序（花序上有的一次分枝基部带有叶片）、转换花序（花序先叶后转花或先花后转叶），不同品种花梗颜色各异。

圆锥花序顶生或腋生，长 15~45 厘米不等，花序总轴上分生 2~3 次分枝，每花序着生小花 100~3 000 朵。花小，花径 2~14 毫米。花瓣、花萼、雄蕊均 5 枚，但雄蕊只有一枚发育，其余退化，花粉长球形，子房上位，柱头二裂。花序上有雄花、两性花两种小花，两性花占花数的 5%~6%。

摘除花序或抽穗期遇低温阴雨导致花序干枯后，一般经过 20~30 天又可重新抽生花穗。这种同一枝梢上多次分化花芽、抽生花穗的能力称花穗（序）再生能力。花穗再生能力因不同品种而异，如秋芒、紫花芒、粤西 1 号、桂香芒等能力较强，可多次抽穗开花。花穗再生能力强为品种适应不良气候条件较强，较为高产稳产的标志。花穗再生能力与原抽生花序生育期及再生花序抽生前气候有关，原生花序去除后，温度低易抽，否则难以再抽生花穗。

芒果为虫媒花植物，传粉媒介以蝇类传粉为主，蜂、蚁、蝶等也能传粉。

5. 果　实

两性花受精后子房迅速转绿并开始膨大。幼果阶段会发生生理落果，一般有 2 次生理落果高峰，第一次于谢花后 2 周，此时幼果黄豆大小，主要原因为授粉受精不良造成，未受精的胚发育不良，幼果容易脱落；第二次于谢花后 4~7 周（1.5~2 个月），此时幼果横径 2~3 厘米，主要为水、养分不足和不良气候及病虫害等引起。其中果与果之间、果与枝梢间均会发生水、养分竞争，当幼果竞争处于劣势情况下易发生落果。当水、养分不足、遇干热风天气或病虫为害会加剧此次生理落果。

芒果果实生长曲线呈"S"形，前期生长较慢，中期生长快，后期生长又减慢。从开花稔实到果实成熟因品种、地区不同而异，果实发育期早中熟品种 85~120 天；晚熟品种 120~150 天。海南于 4—6 月果实成熟，采用催花技术的可提早到 2—3 月成熟；大陆同品种比海南一般晚 1~2 个月成熟，广东、广西 4—8 月、金沙江干热河谷地区收获期最晚，8—10 月成熟。同一品种在不同纬度成熟期不同，如海南南部比北部早熟

10~20天，比广西南宁早30~40天。

芒果是浆果状核果，果皮黄色、绿色或红色，果形有象牙形、卵形、椭圆形、斜卵形、球形等，单果重50~2 000克。果皮薄，中果皮（即果肉）富含淀粉，熟后由硬转为柔软，果肉微黄至橙红，具浓香，部分品种具纤维。核较大而扁平，木质，核表面附着长短不一的纤维。种仁1枚，单胚或多胚。近年海南等地台农1号、红金龙芒、白象牙芒等品种败育果（无籽果）比例较大，有时甚至占整株树结果量的80%~90%以上。败育果可以发育成熟，风味与正常果相当，但果实无籽，其种核因无种子变得十分扁薄，果实可食率高于正常果。

二、生长环境条件

1. 温　度

芒果为热带果树，分布于热带亚热地区，温度为芒果分布的限制因子。最适生长温度为25~30℃，<20℃生长缓慢，<10℃停止生长，<3℃幼苗受害，降至0℃时严重受害，-2℃以下时花序、叶片、枝条都会冻死，-5℃幼树主干也会冷死。温度过高会影响生长，当气温高于37℃并伴随干热风时，果实向阳面易发生灼伤现象。果实受灼伤的部位果皮发黄（采后不耐贮藏），或凹陷腐烂导致果实脱落。我国年均气温21℃以上，最冷月温12℃，绝对最低温>0℃，基本无霜日的地区适宜发展芒果生产。

2. 水　分

芒果为深根性、菌根果树，耐旱性较强，但花期、生理落果期、果实膨大期对缺水较为敏感，为"水分临界期"，这些时期如果遇到严重干旱，会导致减产，落花落果、果实生长减慢，果实变小。因而这些时期应视为重点灌水时期。采果后的枝梢生长期对水分需要量也较大。我国芒果主要产区年雨量一般为700毫米以上。芒果花果期要求较干燥的天气条件，这样的天气才利于花穗生长、开花授粉受精、坐果和果实生长发育。花果期尤其是花期（抽穗、扬花）忌低温阴雨（尤其是连续低温阴雨）或多雾天气。如遇低温阴雨或多雾天气，不利于正常的花穗生长发育、盛花和小果生长发育，甚至导致失收。在果实膨大期，如雨水过多、果实外观变差，皮色发育不良，果皮粗糙，红芒类的果色不够鲜艳；病害尤其炭疽病严重，采果后果皮转色不良。冬春阴雨伴随低温为我国芒果发展的主要障碍。花果期有3~4个月的连续干旱少雨天气，对开花结果较理想，是确保丰产优质的关键所在。

3. 光　照

芒果为阳性树种，喜充足光照。在充足的光照情况下，结果多，果实外观与内在品质均好。生产上应注意适当密植与修剪，切忌果园封行郁闭，要求通风透光良好，否则病害多、虫害多、果实外观差，产量与质量均下降。唯芒果育苗期特别是催芽与移苗期，需要一定的荫蔽条件，否则易发生幼苗灼伤现象。

4. 土　壤

芒果对土壤的要求不太严格。一般土壤都适合芒果生长，但以中性至微酸性

（pH 值 5.5~7.0），土层深厚地下水位低，排水良好的沙土壤为好。土壤黏重，底盘硬、土层浅，碱性过大，或排水不良，地下水位高的地方均不利于芒果的正常生长与发育。

5. 风

芒果需较静风环境，常风大、干热风、台风（含热带风暴）均不利于芒果和正常生长与发育。常风大的地区，易擦伤果实，也加剧落果，树体生长慢，易早衰。干热风易加剧生理落果、易发生果实、幼苗及树皮灼伤现象。沿海地区易受台风影响。台风易造成风害，导致树斜、倒、断枝、裂枝或吹伤叶片、扭伤枝条等，或刮伤刮落果实。台风过后，由于叶片受伤，易发生严重细菌性黑斑病，如防治不力易发生不正常落叶现象，树势减弱。易发生风害地区应加强营造防护林，加强护果措施，调节花期，以减少风害。

综上所述，发展芒果最适宜的生态指标是年均温 21℃以上，最冷月 >12℃，基本无霜；年雨量适中（干旱地区灌水条件），花果期 >18℃，有 3 个月干旱、无低温阴雨天气；阳光充足；土层深厚、肥沃、微酸性或中性，排水良好，地下水位低；较静风环境。

三、营养特性

芒果是多年生木本果树，每个结果周期一般为一年，在一年中多次萌芽，多次抽梢，进入结果期较早。芒果生长发育需 16 种必需的营养元素，从土壤中吸收氮、磷、钾、钙、镁的量较大。据报道，每生产 1 000 千克鲜果需氮（N）1.735 千克、磷（P_2O_5）0.231 千克、钾（K_2O）1.974 千克、钙（CaO）0.252 千克、镁（MgO）0.228 千克，吸收量最多的是钾，氮次之，其吸收比例为 1∶0.13∶1.14∶0.15∶0.13。果实带走的养分因土壤、品种、栽培管理措施不同而有一定差异。

四、需肥特点

芒果树不同生育期叶片和果实对各种养分的吸收量也不相同。芒果采果后，植株以营养生长为主，大量吸收养分，积累营养物质，迅速恢复树势。

果实生长发育及养分变化规律可分为三个阶段：第一阶段，开花稔实至坐果 20~25 天，为果实缓慢生长期，氮、磷、钾、钙、镁的吸收量分别占养分总吸收量的 25%、14%、1%、15%、14%。第二阶段，坐果后 20~60 天，为果实迅速生长期，对氮、磷、钾、钙、镁的吸收量分别占养分总吸收量的 68%、66%、63%、85%、65%，果实迅速膨大。第三阶段，果实又进入缓慢生长期，果实对氮、磷、钾、钙、镁的吸收量分别占养分总吸收量的 7%、20%、36%、0%、21%。

由此可见，果实生长前期应补充氮和钙，后期应适当补充钾素，对磷和镁的需求量较平稳。

五、营养诊断与缺素补救措施

1. 缺氮

果树缺氮后植株矮小，枝软叶黄，叶片黄化，顶部嫩叶变小、失绿、无光泽，严重时叶尖和叶缘出现坏死斑点。成年树缺氮会提早开花，但花朵少，坐果率低，果实小。病因：管理粗放的果园水肥等管理不当、土壤瘠薄、缺肥和杂草多易发生缺氮症。根据芒果树需肥要求，在年生长期内适量追施氮肥，沙质土果园一般年施氮量以每株 300～500 克为宜，黏质土果园以每株 500～700 克为宜。

2. 缺磷

缺磷后植株生长矮小纤细，下部老叶的叶脉间先出现坏死褐色斑点或花青素沉积斑块，叶变黄。最后变为紫褐色干枯脱落，顶部抽生出的嫩叶小且硬，两边叶缘向上卷，植株生长缓慢。严重缺磷时，树体生长迟缓，分枝少，叶小，花芽分化不良，果实成熟晚，产量下降。病因：施肥不合理，在疏松的沙壤或施入有机质多的土壤会出现缺磷。酸性或含钙量多的土壤，土壤中磷素被固定成磷酸钙或磷酸铁铝，不能被果树吸收。缺磷时可喷施 0.2%～0.6%磷酸二氢钾，每 7～10 天喷一次，要想从根本上解决这个问题，必须从土壤中增加磷肥，结果树施磷量一般以每株 150 克五氧化二磷为宜。

3. 缺钾

缺钾首先从下部老叶开始表现症状，老叶的叶缘先出现黄斑，叶片逐渐变黄，发病后期导致叶片坏死干枯。严重时顶部嫩叶变小。叶片伸展后叶缘出现水渍状坏死或不规则黄色斑点，整叶变黄。缺钾的另一种表现是"叶焦病"，常在 8 龄内的树发生，结果树发生较少。病因：细砂土、酸性土及有机质少的土壤，或者在轻度缺钾土壤中氮肥过多，也易表现缺钾症。沙质土施石灰过多，可降低钾的可给性。施肥不合理也是造成缺钾的主要原因。缺钾时可先将病叶剪除，喷铜制剂进行防治。重点是改善果树根际环境，翻耕后增施有机肥、生物钾肥和硫酸钾。每亩施硫酸钾或氯化钾 30～40 千克，黏质土芒果园每株施氯化钾或硫酸钾 600～700 克。在发生缺钾症状时，喷 0.5%～1%硫酸钾水溶液，每 7～10 天喷施一次，至症状消失。

4. 缺钙

缺钙时叶片呈黄绿色，且顶部叶片先黄化。严重时，老叶沿叶缘部分带有褐色伤状，且叶片卷曲；顶芽变现干枯，花朵萎缩。病因：土壤酸度较高时，钙易流失；如果氮、钾、镁较多，也容易发生缺钙症。缺钙症出现在酸性土壤上施石灰，喷施 2%硝酸钙或氯化钙，或进行灌根，作为补救措施。

5. 缺镁

缺镁典型症状是新叶表现不明显，老叶从叶缘开始黄化，中脉缺绿。病因：酸性土壤或沙质土壤中镁易流失，或当钾、磷含量过多时都会发生缺镁症。缺镁时喷施 0.1%硫酸镁，每 7～10 天喷施一次，至症状解除。

6. 缺　锌

成熟叶片的叶尖出现不规则棕色斑点，随着斑点扩大最后合并成大的斑块，形成整片坏死。幼叶向下反卷，叶片成熟后变厚而脆，叶小且皱，最后主枝节间缩短，有大量带有小而变形叶片的侧枝发生。病因：土壤呈碱性时，有效锌减少，易表现缺锌症；大量施用磷肥可诱发缺锌症；淋溶强烈的酸性土锌含量较低，施用石灰时极易出现缺锌现象。缺锌的补救方法是将硫酸锌与有机肥一同混合作肥料施用，快速急救可用硫酸锌叶面喷施，每 7~10 天喷施一次。

7. 缺　锰

老叶的症状不明显，新叶则叶肉变黄，叶脉仍为绿色，整张叶片形成网状，侧脉仍然保持绿色，这是区别于其他缺素症状的主要征象。病因：土壤为碱性时，使锰呈不溶解状态，常可使芒果表现缺锰。土壤为强酸性时，常由于锰含量过多而造成果树中毒。春季干旱，易发生缺锰。碱性大（pH 值大于 7.2）的土壤也容易出现缺锰。缺锰时应注意改良土壤，增加土壤中有机质含量和调节土壤碱度。

8. 缺　铁

缺铁时幼叶缺绿呈黄绿色，生长缓慢，幼叶逐渐黄化脱落，新梢生长受阻。病因：铁对果树的呼吸起重要作用。土壤中铁的含量一般比较丰富，但在盐碱性重的土壤中，大量可溶性二价铁被转化为不溶性三价铁盐而沉淀，不能被利用。缺铁时喷施 0.2% 硫酸亚铁或 1 000 倍氨基酸螯合铁液，每 7~8 天喷一次。

9. 缺　硫

表现叶肉深绿，叶缘干枯，新叶未成熟就先脱落。病因：芒果园土壤供硫不足，有机肥料施用量少，含硫肥料施用量不足。

10. 缺　硼

成熟叶片略为黄化而变小，黄化部分渐渐变为深棕色坏死；幼叶叶缘的叶肉有棕色斑点出现，随着生长发育逐渐枯萎凋谢；主枝生长点坏死，大量抽生侧枝，侧枝生长点也会逐渐坏死，生长完全受阻。花器的花粉管不能伸长，影响受精，坐果率低。幼果果实变畸形，果肉部分木栓化，呈褐黑色，出现裂果现象，严重时成熟后果肉硬化，出现水渍状斑点，有些果肉呈海绵状，并有中空现象，但外观并无任何迹象。病因：土壤瘠薄的山地、河滩沙地及砂砾地果园，硼易流失。早春干旱和钾、氮过多时，都能造成缺硼症。石灰质较多时，土壤中的硼易被固定。缺硼时喷施 0.2%~0.3% 硼酸或硼砂水溶液，每 7~10 天喷施一次，一般需喷 3~4 次。

六、安全施肥技术

根据芒果生长发育需肥特点，综合有关研究成果，芒果施肥的氮、磷、钾比例为 1∶0.2∶（1.2~1.8）较为适宜。热带地区土壤中钙、镁含量低，常按氮、磷、钾、钙、镁为 1∶0.2∶1∶0.9∶0.2 的比例计算钙、镁用量。

1. 幼树施肥

定植当年，于第一次新梢老熟后开始施肥，以后每 2 个月施肥 1 次，每次每株施尿素 25 克，雨季干施，旱季水施。定植后第二年和第三年每次新梢萌发时施追肥一次，每次每株施 NPK（15：15：15）复合肥 200~300 克或尿素 100~150 克+钾肥 50~100 克。

2. 结果树施肥

根据芒果树的需肥特点，对结果树一般选择 4 次施肥：第一次在采果前后，每株施腐熟有机肥 15~20 千克+芒果专用肥 1~3 千克，在树冠滴水线内侧挖环状沟浅施，如遇干旱天气，施肥后要灌水。第二次在芒果花芽分化期施催花肥，一般在 10—11 月，株施腐熟有机肥 15~20 千克+芒果树专用肥 1~2 千克或石灰 1 千克、复混肥 0.5~1 千克、生物有机肥 5~8 千克、硫酸钾 0.5~1 千克，环状沟施，以促进花芽分化，保证花的发育。第三次施壮花肥，一般 1—3 月是花蕾发育与开花期，株施芒果树专用肥 0.2~0.25 千克或尿素 0.1~0.15 千克、硫酸钾 0.2 千克。在盛花期前及盛花期内，各喷 500 倍硼酸一次，可提高树体营养水平，促进花穗和小花发育，提高两性花比率，健壮花质，增强抵抗低温阴雨等不良天气的能力，提高坐果率。第四次施壮果肥，在 4—5 月株施生物有机肥 3~5 千克+芒果树专用肥 0.5~0.8 千克，促进果实迅速增长，协调枝梢与果实养分分配的矛盾。根据树势状况，必要时喷施氨基酸复合微肥，并在稀释的肥液中加入 0.2%~0.4%的磷酸二氢钾，对增强树势、提高产量和品质效果明显。也可适时适量喷施各种化肥（含微量元素肥料）和黄腐酸等营养物质。

第五节 菠 萝

菠萝（*Ananas Comosus*（L）. Merr）是凤梨科凤梨属植物，菠萝也是我国热带和南亚热带四大名果之一，栽培面积、产量以及产值在热带水果中均排在第 5 位。菠萝果实品质优良，风味独特，营养丰富，果肉中含有大量的果糖、葡萄糖、维生素 B、维生素 C、柠檬酸和蛋白酶等物质，菠萝具有补脾胃、益气血、祛湿等药用功效。果实除了可鲜食外，还是制作罐头的好原料。菠萝中含有的蛋白酶在医药、酿造、纺织、制革上都有一定用途。

一、形态特征

1. 根

菠萝的根属须根系，实生苗的根系由种子胚根发育而成，无性繁殖芽苗的根系由茎节上的根点直接发生，根点萌发成气生根及地下根，气生根接触土壤后即成地下根。地下根可分为三种，粗根和支根是一、二级永久性根，主要起输导和支持作用；细根是吸收根，密生根毛，吸收能力强，生长旺盛形成庞大的根系。菠萝根群好气浅生，如积水、通气不良或栽植过深，都引致生长衰弱。地下根共生着菌根，菌丝体能在土壤含水量低于凋萎系数时从土壤中吸收薄膜水，从而增强耐旱性，同时菌根还能分解土壤的腐殖质，供养分给植株。根系分布浅，多在表土下 40 厘米左右，90%集中 10~25 厘米土层中，水平分布约 1 米，以距植株 40 厘米范围内最多。

2. 茎

菠萝的茎是近纺锤形的黄白色肉质圆柱体，长 20~25 厘米、直径 2~6 厘米。分地上茎与地下茎两部分，地上茎顶部中央生长点营养生长阶段分生叶片，发育阶段分化花芽、形成花序。花序抽出时，茎伸长显著增快，近顶部的节间也逐渐伸长。成长的茎，每个叶腋有一个休眠芽和许多根点。定植时，茎的下半部埋于土中，长出地下根后成为地下茎，一般被气生根和粗根缠绕。发育期茎上的休眠芽相继萌发成裔芽和吸芽，由于吸芽着生部位逐年上升，气生根不易伸入土中而造成植株早衰，因此培土是菠萝田间管理中重要的措施。

3. 叶

叶片是植株生长最旺盛的器官。革质、剑形，叶面深绿或淡绿色，有紫色彩带；叶缘有刺或无刺；叶面中间呈凹槽状，有利于积聚雨露于基部，成熟叶长 45~100 厘米或更长，宽 5~7 厘米，厚 0.2~0.25 厘米。叶片具旱生型植物结构，表皮组织外多蜡质，上表皮组织下面是由数层短圆柱到长圆柱形的大型薄壁细胞构成的贮水组织，叶背银灰色，被一层蜡质毛状物，并有较密的气孔（每平方毫米 70~90 个），气孔上也密生蜡质毛状物，有阻隔水分蒸腾的作用，同时气孔夜间才开张，使菠萝蒸腾系数远远低于其他作物，因此，菠萝有很强的抗旱力。叶片内部有较发达的通气组织，可贮存大量空气和二氧化碳，有利于光合作用和呼吸作用。叶片生长随气候而变化，华南亚热带地区年平均每月抽叶 4 片，植株的绿叶数、总叶面积与果实重量有密切关系，具 40 张叶片就能开始花芽分化，叶面积达 0.8~1 平方米时（30~40 片叶）一般可产果 1 千克，每增加三片叶，果重增加 20~30 克。

4. 花

植株从营养生长转入生殖生长后，在茎顶端形成花序，现蕾、开花、结果。

头状花穗，由肉质中轴周围的 60~200 朵小花聚合而成；小花为完全花，雄蕊 6 枚、雌蕊 1 枚、柱头三裂，子房下位、三室，小花外有一红色苞片。开花时基部小花先开，逐渐向上，整个花序开放需 25~30 天。小花数的多少与果实大小密切相关，营养充足、植株健壮小花数多，从而提高果实产量。菠萝花芽分化正造花在 11—12 月，其他时间为二造、三造，用抑制营养生长的药物能诱导花芽分化，除 11 月至翌年 2 月外，几乎周年都可进行诱导，但越接近自然分化期诱导越容易，植株越大诱导成花后的小花数越多，结果越大。

5. 果　实

聚合肉质复果由肥厚的花序中轴和聚生周围小花的不发育子房、花被、苞片基部融合发育而成。从花序抽生到果实成熟需 120~180 天。果实以卡因种最大、皇后种较小，果形有圆筒形、圆锥形、圆柱形等，果肉因品种不同而有深黄、黄、淡黄、淡黄白等色，果肉脆嫩、纤维多少、果汁多少、香味浓淡等性状与加工、鲜食、耐贮的关系甚大。2—3月抽蕾、6—8月成熟为正造果，约占全年62%；4—5月抽蕾、9—10月采收为二造果，约占全年的25%；6—7月抽蕾，11—12月采收为三造果，占全年13%。抽花迟于7月则成熟要迟至翌年1—2月。

菠萝自交不孕，通常无种子，采用不同类型的品种人工授粉杂交可以获得种子，较原始的品种或不同种品种混栽偶而也有，人工杂交一个果最多可产种子近千粒。种子尖卵形、深褐色。

6. 芽

依着生部位不同而有顶芽、托芽、吸芽、蘖芽四种。①顶芽（冠芽）：着生果顶，一般为单芽，也有双芽或多芽。②托芽（裔芽）：着生果柄的叶腋里，一般3~5个，多的达30余个。③吸芽（腋芽）：着生于地上茎的叶腋里，一般在母株抽蕾后抽生，形成次年的结果母株。卡因类吸芽少，皇后类吸芽多。④蘖芽（地下芽、块茎芽）：由地下茎抽生。

二、生长环境条件

菠萝原产于中美洲热带、亚热带高温、少雨的半荒漠地区，故在系统发育中形成了喜高温、耐干旱的生态习性。影响菠萝的环境因子主要有以下几个方面：

1. 温 度

一般在年平均气温19℃以上，极端低温多年平均在0℃以上的地区都能生长。最适月均温为25~28℃，当月均温下降到12~15℃时，生长转慢；气温在10℃以下时，植株基本停止生长。对短期的低温（2~3℃）有一定的抵抗力，极端低温在0℃以下时将产生寒害，其程度随品种、植地环境、低温持续期、株龄和栽培管理水平的不同而异。

2. 水 分

菠萝是热带旱生、肉质植物，能耐长期干旱。适生的年降雨量为800~2 000毫米，最适为1 200 ~ 1 500毫米。全年中有明显旱季，又不时下阵骤雨的天气，对菠萝叶片生长有良好的影响。但年雨量过多，雨季太集中，或排水不良时，则不但影响其根系生长及养分吸收，且易感染斑马纹病。若年降雨量过少或干旱时间太长，也会阻碍植株生长，花期延迟。此外，阴雨天气过长也会加重寒害，诱发炭疽病。

3. 光 照

菠萝是阳性植物，需要充足的光照，才能正常生长发育。在充足阳光下，植株长势健壮，叶片质地坚硬，抗性强；反之阳光不足，长叶数少，叶片窄而薄，纤维拉力差，抗性弱。

4. 土 壤

菠萝对土壤要求不严。在原产地的褐红壤土和我国热带地区的铁质砖红壤，第四纪土风化的红壤，花岗岩、片麻岩风化的杂沙赤红壤及紫色砂岩风化的红壤区，均能良好生长。但在土壤疏松、肥沃、含钙质多、排水良好的地区则更好。

5. 风

风可以促进菠萝田内部的空气流通，调节土壤湿度，减轻或防止幼龄苗斑马纹病的侵染。同时增进土壤中气体的交换，促进根系的吸收。强风对菠萝影响不大，而台风可使叶片摩擦损伤或折断，甚至连根拔起。而且由台风雨引起大幅度降温，造成因温差大而发生的黄病，大量降雨还会引起斑马纹病的发生与蔓延。因此，设置防护林，对易受台风侵袭的地区很有必要。

6. 地　势

菠萝对地形的适应性较广。菠萝在坦桑尼亚低纬度低海拔及在肯尼亚提卡低纬度高海拔地区均能生长。在我国除海南省的琼海和万宁、广东省雷州、徐闻缓坡台地栽培外，在广西、福建省均在 5°~10° 的丘陵地栽培，均生长良好。

三、营养特性

1. 菠萝果实（果+芽）带走的养分量

根据菠萝目标产量制定施肥方案时，菠萝果实的养分带走量是首要考虑的指标，要根据品种的不同作出相应的调整。不同菠萝品种果实养分带走量稍有不同，根据中国热带农业科学院南亚热带作物研究所分析测定，每 1 000 千克果实带走的氮量 0.73~0.76 千克；带走的五氧化二磷量 0.099~0.111 千克；带走的钾量 1.63~1.71 千克。通常情况下，菠萝芽作为繁殖材料也会从土壤中带走养分，据中国热带农业科学院南亚热带作物研究所调查，每带走 1 000 千克果实中，果、芽带走的氮养分量 0.95~0.99 千克，带走的五氧化二磷量 0.13~0.14 千克，带走的钾量 1.99~2.09 千克。

2. 菠萝不同生长器官的养分元素含量

叶片：根据南亚热带作物研究所测定结果，巴厘和卡因品种的矿质营养元素含量从高到低的排列顺序为钾、氮、钙、硫、镁、磷、铁、锰、硼，不同品种叶片氮、磷、钾含量差异不大，钾含量是氮的 2.07~2.85 倍，所以在菠萝栽培中要加强钾肥的施用，以满足菠萝对钾的需求。嫩叶磷、钾含量略高于成熟叶，成熟叶氮、磷、钾含量高于老叶，说明随着叶片衰老，叶片氮、磷、钾养分会向新生器官转移。与芒果等其他热带果树相比，菠萝叶片钙含量不高，只有 0.4%~0.6%。

茎：菠萝茎是叶片着生的位置，是支撑器官，也是养分贮藏的器官。菠萝茎氮、磷含量与成熟叶片差异不大，钾含量大大低于成熟叶片。茎越大，产量越高，培育健壮的茎是取得高产的关键。

根系：菠萝根系氮、磷、钾含量不但远远低于叶片，而且低于其他器官，但铁含量则远远高于其他器官。

果柄：菠萝果柄氮、磷含量较低，与根系相差不大，但钾远高于根系，与叶片差不多。

果实：菠萝收获期果实的养分含量顺序为钾>氮>磷，磷含量与成熟叶片差异不大，氮、钾含量低于成熟叶片。

芽：菠萝芽的养分含量顺序为钾>氮>磷，且氮、磷、钾含量较高，特别是磷含量大大高于叶片，为了培育壮苗，应注意磷肥施用，特别是磷含量低的土壤。

3. 主要生长部位的养分动态变化叶片养分动态变化

巴厘、菠萝两个品种的叶片氮、磷、钾含量在菠萝快速生长期略有下降，在果实生长发育期显著下降，这表明果实生长发育消耗了叶片中的氮、磷、钾养分，为了促进果实生长发育，在果实生长发育期还应施入适量氮、磷、钾肥。

茎养分动态变化：在营养生长发育期，茎部氮、磷、钾养分含量有升有降，在快速生长期略有下降，在缓慢生长期略有回升；在果实生长期，茎氮、磷、钾养分含量逐步下降。

根系养分动态变化：在营养生长发育期，根系氮、磷、钾含量有升有降，前期略高，后期略有降低，在生殖生长期，根系氮、磷、钾养分略有下降。

果实养分动态变化：果实氮、磷、钾养分含量随着果实生长而下降。

4. 菠萝产量与营养的关系

菠萝产量主要与种植密度、单株果重有关，一般情况下，随着种植密度增加，其产量增加，但平均单果重下降，菠萝与植株养分存在一定正相关，即适宜养分是取得高产的必要前提。

5. 菠萝裂果与营养的关系

菠萝裂果在许多品种上都有发生，但有些品种特别明显。菠萝裂果与水分密切相关，干旱后突然降雨，极易造成裂果，所以在干旱时应适当进行灌溉。菠萝裂果也与果实养分有一定的关系，特别是硼、钙元素缺乏易造成裂果，另外，氮含量过高也易造成裂果。

6. 菠萝黑心病与营养的关系

菠萝黑心病是一种多因素引起的果肉变褐、变黑生理性病害。造成菠萝黑心病原因有许多，如病毒、果实发育期低温，也与果实养分含量、各元素比例有很大关系。如果实生长发育期过量施用氮肥，造成果实膨大过快，果实氮含量过高，极易出现黑心病。另外，施用氯化钾增加果酸和维生素 C 含量，可减轻黑心病危害。在果实生长发育期要减少植物生长激素施用次数，少施氮肥，以防黑心病发生。

四、需肥特点

菠萝从定植至收获第一造果，一般需 15~18 个月。在各生育期所需养分均不相同，应按其需肥特点施肥。菠萝正常生长需要 16 种必需的营养元素，以从土壤中吸收的氮、磷、钾、钙、镁较多。菠萝对氮、磷、钾三要素的要求，在营养生长期比例为 17：1：16，进入开花期为 7：10：23。据报道，每生产 1 000 千克菠萝果实，需氮（N）3.75~8.76 千克、磷（P_2O_5）1.07~1.89 千克、钾（K_2O）7.36~17.2 千克、钙（CaO）2.22 千克、镁（MgO）0.78 千克，其吸收比例为 1：（0.21~0.29）：1.96：0.59：0.21。由此可知，菠萝土壤中吸收钾最多，氮次之，最后是钙、磷、镁。菠萝从定植到收果的整个生长过程对氮、磷、钾的吸收有 3 个高峰期。10~20 叶期为第一高峰期，27~45 叶期为第二高峰期，第三高峰期在现红至小果期。在施肥措施上，第一年重施氮，其次是磷和钾，第二年在催花前，特别在小果膨大期追施足够的钾，其次是氮和磷。菠萝在果实膨大期对钙、镁养分吸收量达到最高值。据报道，广西菠萝用肥氮、磷、钾的平均比例为 1∶0.62∶0.9；广东省的平均比例为 1∶0.23∶0.5。

五、营养诊断与缺素补救措施

1. 叶片分析诊断

目前国内对菠萝叶片诊断的采样部位多是从刚成熟叶的白色基部采样，分析结果按比对指标判断。其营养元素的适宜参考指标大致为：N（%）1.12~1.90，P（%）0.13~0.31，K（%）2.04~4.08，Ca（%）0.30~0.50，Mg（%）0.18~0.30。

2. 缺素症状及补救措施

菠萝营养失调症状有缺氮、氮过剩、缺磷、磷过剩、缺钾、缺钙、缺镁、缺铁、锰过剩和缺硼等，微量元素缺乏报道极少。现将菠萝缺素症状列举见表 4-9。

表 4-9　菠萝常见营养失调症状及补救措施

营养失调类型	症状	补救措施
缺氮	总体失绿，黄化，叶尖坏死，特别是老叶	及时追施氮肥，喷施 2.0%~3.0%尿素或硫酸铵，每 7 天喷一次，连续喷施 2~4 次
氮过剩	叶色浓绿，叶片薄、大、软，果实易得黑心病，果实不耐贮存	平衡施肥，特别加强钾、钙肥施用，喷施氨基酸复合微肥 800~1 000 倍稀释液，每 7 天喷一次
缺磷	叶色变褐，特别是老叶更为明显。老叶叶尖和叶缘干枯，显棕褐色，并向主脉发展，枝梢生长细弱，果实汁少、酸度大	及时深施磷肥，并配施有机肥，叶面喷施 2.0%~3.0%的磷酸铵或磷酸二氢钾，每 7~10 天喷施一次，连续喷施 2~3 次
磷过剩	类似氮过剩症状，严重时会显示缺钙、缺锌症状	近两年内不再施用磷肥，加施钙、锌肥，增施其他肥料
缺钾	植株矮小	及时施钾，喷施 3 次 2.0%~3.0%氯化钾或硫酸钾，每隔 10 天喷一次，至消除症状
缺钙	很少出现缺钙可视症状	酸性过强、可交换性钙含量较低时，可合理施用石灰，缺钙时喷施 0.5%硝酸钙，每 7 天喷一次
缺镁	老叶显淡黄色，叶脉仍显绿。	喷施 1.5%~2.0%硫酸镁或硝酸镁，每 7~10 天喷施一次，至症状消失

（续表）

营养失调类型	症状	补救措施
缺铁	植株中上部叶变黄失绿，严重时整株叶片失绿黄化，但叶片仍然有绿色条纹	施用有机肥料，叶面喷施 1.0% ~ 1.5%硫酸亚铁或氨基酸螯合铁 1 000 倍水溶液，每 7~8 天喷一次
锰过剩	幼嫩叶黄化，叶片不均匀失绿，呈黄绿相间云团状，随时间推移，失绿随叶位下移，后期整株黄化，基部叶片干枯，菠萝植株矮小，叶片少而薄，果小，严重时不能抽蕾	深耕，客土，喷施 1.0% ~ 2.0%硫酸亚铁，每 5 ~ 7 天喷施一次，至解除症状
缺硼	畸形，皮厚小果，小果之间爆裂，充斥着果皮分泌物，顶苗少或没有，托芽多，叶末端干枯	喷施 0.3% ~ 1.0%硼砂，每 7~8 天喷施一次，一般需连续喷施 2~3 次

必须注意的是，菠萝黄化失绿除了可能是缺氮、缺铁外，土壤中可交换性锰含量过高也易造成菠萝失绿黄化；菠萝粉蚧、线虫等为害根系后也会引起菠萝失绿黄化，所以菠萝失绿黄化诊断必须结合气候、土壤条件、栽培措施、病虫害状况进行综合分析，找出"病"根，才能对"症"下药。

六、安全施肥技术

1. 基　肥

基肥以有机肥为主，无机肥为辅，在定植前施用。一般每亩施腐熟优质有机肥 2 000~3 500 千克、饼肥 50~100 千克、生物有机肥 30~50 千克、骨粉 50~100 千克、过磷酸钙 20 千克、菠萝专用肥 20~30 千克，也可施硫酸铵 5~10 千克、过磷酸钙15~20 千克、硫酸钾 10~15 千克、硫酸镁 20 千克代替专用肥。

在定植前按行距挖宽 50 厘米、深 30 厘米的种栽沟，将肥料混匀后施入种栽沟内，盖一层薄土，避免肥料对根系造成伤害。

2. 追　肥

菠萝营养生长期长，占整个生育期的 60%以上，是形成产量的关键时期，应适时追肥。

壮苗肥：在营养生长期的 3—5 月亩追施菠萝专用肥 25~30 千克或尿素 20 千克+氯化钾 10 千克；7—9 月亩追施菠萝专用肥 25~30 千克或尿素 10 千克+氯化钾 15 千克。视植株长势情况，结合喷施氨基酸复合微肥 2~3 次，对增强植株抗逆能力效果明显。

促花壮蕾肥：在花芽分化前期至花蕾抽发前期，即 10 月至翌年 2 月，亩施菠萝专用肥 30~40 千克或生物有机肥 40 千克+氯化钾 15 千克代替专用肥。

壮果催芽肥：菠萝植株谢花后，进入果实膨大期，亩施菠萝专用肥 25~30 千克或生物有机肥 30~40 千克，结合喷施氨基酸复合微肥，每 8~15 天一次。

壮芽肥：菠萝果实采收前后与下一次基肥一起施用，亩施菠萝专用肥 25~30 千克或生物有机肥 60~80 千克+氯化钾 15 千克，穴施于离根基部 15 厘米左右处，施后浇水。

根外追肥　在菠萝周年生长期内，均可喷施具有多功能的氨基酸复合微肥，对增强长势、提高抗逆能力、提高产量、改善品质效果显著。

第六节　火龙果

火龙果（*Hylocereus undulatus* Britt）大部分是仙人掌科量天尺属植物，又称红龙果、龙珠果、仙蜜果、玉龙果。火龙果为热带、亚热带水果，喜光耐阴、耐热耐旱、喜肥耐瘠。火龙果营养丰富、功能独特，它含有一般植物少有的植物性白蛋白以及花青素，丰富的维生素和水溶性膳食纤维。火龙果属于凉性水果，在自然状态下，果实于夏秋成熟，味甜，多汁。火龙果不仅味道香甜，还具有很高的营养价值，每 100 克火龙果果肉中，含水分 83.75 克、灰分 0.34 克、粗脂肪 0.17 克、粗蛋白 0.62 克、粗纤维 1.21 克、碳水化合物 13.91 克、热量 59.65 千卡、膳食纤维 1.62 克、维生素 C 5.22 毫克、果糖 2.83 克、葡萄糖 7.83 克、钙 6.3~8.8 毫克、磷 30.2~36.1 毫克、铁 0.55~0.65 毫克和大量花青素（红肉果品种最丰）、水溶性膳食蛋白、植物蛋白等。

火龙果性甘平，富含大量果肉纤维，果核内（黑色芝麻之种子）更含有丰富的钙、磷、铁等矿物质及各种酶、白蛋白、纤维质及高浓度天然色素花青素（尤以红肉为最），花、茎及嫩芽更有如其近亲（芦荟）之各种功效。值得注意的是火龙果的果肉几乎不含果糖和蔗糖，糖分以葡萄糖为主，这种天然葡萄糖，容易吸收，适合运动后食用。在吃火龙果时，可以用小刀刮下内层的紫色果皮—它们可以生吃，也可以凉拌或者像霸王花一样放入汤里。

一、形态特征

火龙果为多年生攀援性的多肉植物。火龙果因为外表像一团愤怒的红色火球而得名。里面的果肉就像是香甜的奶油，但又布满了黑色的小籽。质地温和，口味清香。

1. 根

火龙果植株无主根，侧根大量分布在浅表土层，同时有很多气生根，可攀援生长。

2. 茎

量天尺属的火龙果是一种枝条具有攀援根的肉质灌木，枝条颜色多为深绿色或者墨绿色，粗壮，一般长 3~15 米，一般粗为 3~8 厘米，分支较多，枝条多为三棱形，边缘波浪状，茎节处生长攀援根，可攀附其他植物上生长。每段茎节凹陷处具小刺，刺座沿着枝条边缘生长，每个刺座通常有 1~3 根刺，刺的形状主要为锥形或是针形，长度在

2~10毫米，一般为灰褐色或黑色。由于长期生长于热带沙漠地区，其叶片已退化，光合作用功能由茎干承担。茎的内部是大量饱含黏稠液体的薄壁细胞，有利于在雨季吸收尽可能多的水分。

3. 芽

火龙果芽内有数量较多的复芽和混合芽原基，可以抽生为叶芽、花芽。花芽发育前期，在适宜的温度条件下，可以向叶芽转化。而旺盛生长的枝条顶端组织，也可以在适当的条件下抽生花芽。

4. 花

量天尺属的花呈漏斗状，一般花长25~30厘米，直径为15~25厘米，故又有霸王花之称。量天尺的开花时间从夜间至第二天清晨，在托及花托筒长有绿色或是黄绿色的苞片，苞片形状多为卵状披针形，萼状花被片通常为黄绿色，先端渐尖，通常反卷；瓣状花被片白色，长圆倒披针形，先端急尖；花丝淡黄色，一般长5厘米，花药呈淡黄色，一般长为4~5厘米；花柱为黄白色，长度一般在17~20厘米，直径为5~7厘米；柱头呈线形，长度在3毫米左右，先端长渐尖。雌蕊柱头裂片多达24枚。

5. 果 实

量天尺属果实为红色浆果，呈长圆形或卵圆形，外观为红色或黄色，肉质，具有绿色卵状而顶端急尖的鳞片，果长10~12厘米，果皮厚，有蜡质。果肉为白色、红色或黄色，有近万粒具香味的芝麻状种子，故称为芝麻果。

二、生长环境条件

1. 温 度

火龙果适于生长在热带气候区域，火龙果能耐0℃低温和40℃高温，但温度低于10℃或者高于38℃就会停止生长，生长的最适温度为25~35℃。

2. 光 照

火龙果由于其喜热喜光的生活习性，因此较适于在我国南方种植。在温暖湿润、光线充足的环境下生长迅速。

3. 水 分

春夏季露地栽培时应多浇水，使其根系保持旺盛生长状态，在阴雨连绵天气应及时排水，以免感染病菌造成茎肉腐烂。

4. 土 壤

火龙果可适应多种土壤，但以含腐殖质多，保水保肥的中性土壤和弱酸性土壤为好。其茎贴在岩石上亦可生长，植株抗风力极强，只要支架牢固可抗台风。

三、需肥特点

火龙果较耐热、耐水，喜温暖潮湿、富含有机质的沙质土。

火龙果需肥量较大，种植前一定要施足基肥，果苗生长后，每月施肥2~3次，氮、磷、钾配合，根据果树的不同生育期，改变氮磷钾的比例及增减肥量；适当补施微量元素；每年再增施有机肥1~2次。充足的水肥条件是火龙果获得高产稳产的关键所在。火龙果需要氮、磷、钾的比例一般为1：0.7：1.3，可见火龙果是喜钾果树。火龙果同其他仙人掌类植物一样，生长量比常规果树要小，所以施肥要以充足、少量、多次为原则。

火龙果茎上架后又往下弯垂1米左右，即开始开花。开花结果期每个时段都需要充足的水肥才能满足火龙果的要求。有高投入才能高产出。火龙果长得好不好，最重要的是看它的三棱茎长饱满，才有充足的养分供给花果生长。如果三棱茎扁平，即使能开花，果实也小，商用率低。火龙果花期持续时间长，营养消耗较大，对肥料的需求量较大，特别是进入盛产期，更应加强肥水管理。

由于火龙果采收期长，要重施有机质肥料，氮磷钾复合肥要均衡长期施用。完全施用猪、鸡粪含氮量过高的肥料，使枝条较肥厚，深绿色且很脆，大风时易折断，所结果实较大且重，品质不佳，甜度低，甚至还有酸味或咸味。因此，开花结果期间要增施钾肥、镁肥和骨粉，以促进果实糖分积累，提高品质。

四、营养诊断与缺素补救措施

1. 缺　氮
火龙果植株缺氮，生长不良，蔓茎黄瘦，根系不发达，植株生长缓慢，甚至停止生长，出现落花、落果现象，果实品质下降。

2. 缺　磷
火龙果植株缺磷时，花芽分化质量差、果实小、品质差。

3. 缺　钾
火龙果植株缺钾，会出现新梢长势不好，抗逆性下降，果实变小，质量差。

4. 缺　钙
植株缺钙会影响火龙果抗病虫害的能力，对新生长点、根尖端点也会产生影响。

5. 缺　镁
火龙果植株缺镁，蔓茎变黄，果实小，甜度差，品质下降。同时会阻止氮和磷的吸收。

6. 缺　硫
火龙果植株缺硫，会影响同化作用，蔓茎易凋萎，抗逆性差，果实小，质量差。

防治措施：火龙果施肥以有机肥为主，配以少量化肥。另外，还要根据需要追施氮肥和磷酸二氢钾，缺素时还要适量添加微量元素肥。每年7、10月及翌年3月施肥3次，各施牛粪堆肥1.2千克/株和专用肥200克或复合肥200克/株。

叶面肥喷施营养成分应以中微量营养元素补充为主，同时与大量营养元素相结合的原则，在结果前期以供应镁、硼、氮为主，结果中后期要更加注意钾、氮、镁、钙、铁和硼陆续补充施用。

五、安全施肥技术

火龙果一年四季均可定植，但以3—11月最好。定植前，每亩施充分腐熟的有机肥2 000千克和专用复混肥50千克。土壤深翻30厘米，耙平，起垄后定植。每穴植入1株苗木，用表土覆盖即可。定植后不要立即浇水，3~5天后再浇水，否则易腐烂死苗。

幼树（1~2年生）以施氮肥为主，薄施勤施，促进树体生长。成龄树（3年生以上）以施磷、钾肥为主，控制氮肥的施用量。

施肥应在春季新梢萌发期和果实膨大期进行，每株施牛粪堆肥1.2千克和专用复混肥200克。

火龙果的根系主要分布在表土层，施肥应采用撒施法，忌开沟深施，以免伤根。此外，每批幼果形成后，根外喷施氨基酸复合微肥600~800倍水溶液，加入0.3%硫酸镁+0.2%硼砂+0.3%磷酸二氢钾，以提高果实品质。

六、安全施肥技术

定植当年以施氮肥为主，磷肥为辅，适当增施钾肥。于定植苗发芽后，追施一次稀薄人粪尿，每株施1千克左右，以后每隔20天左右追施一次加有0.4%专用肥的人粪尿，一年追施6~8次，以促进幼树生长。进入结果期，每年每株施有机肥10千克+专用复混肥1千克+尿素0.5千克；初春植株开始恢复生长，追施一次专用复混肥，每株施0.5千克；结果期以施有机液肥为主，用饼肥与细米糠各50%，再加入生物菌剂，充分发酵腐熟后稀释成有机液肥施用，根据开花结果的批次分批分次施入，重点是花蕾生长期和幼果膨大期，每次每株施1~2千克。经常喷施氨基酸复合微肥600~800倍液，加入0.3%尿素或0.5%磷酸二氢钾，以提高果实品质。

火龙果植株的根系对土壤含盐量高度敏感，施肥浓度应宁淡勿浓，薄肥勤施。肥料应以多钾、磷，少氮成分的肥料为主，宜多施用农家肥。北方的土壤大多为碱性，施入腐熟的鸡粪，可缓和其碱性。豆饼、花生饼等腐熟后施用效果较好，不但可促使果实丰产，还能提高果实品质。根据植株生长和结果需要，也可施用一定数量的化肥，如复合肥、钾、磷肥等，还应特别注意在挂果期施用富含多种微量元素的肥料。施用化肥应掌握少量多次的原则，最好混入农家肥中施用。一年一般施用4次，分别施催梢肥、促花肥、壮果肥和复壮肥，成龄植株每年施肥量农家肥不得低于5千克，产量高的每个月必须追加壮果肥。如果植株表现缺氮，老熟过快，表现生长量不够，可以每次施肥中添加适量氮肥。同时，针对不同区域土壤不同时期可能出现的营养元素和微量元素缺乏，结合农家肥适时添加。

施肥时间最好选择在晴天的清晨或傍晚进行，施肥方法以土壤浅施、液体肥淋施、有机肥表施为好，尽量避免伤及根系。根外追肥也是火龙果常用的施肥方式，可在火龙果的关键需肥期施用，如生长前期可喷施氨基酸复合微肥600~800倍水溶液，配入

0.2%~0.3%尿素混合液，每7~8天喷施一次，连续喷施3~5次，促进枝条生长；后期可喷施氨基酸复合微肥600~800倍水溶液，配入0.3%磷酸二氢钾混合液，每7~8天喷施一次，连续3~4次，促进枝条成熟和果实发育。还可喷施硼、钙、锌、钼等微量元素，补充植株微量元素的不足。

第七节　椰　子

椰子（*Cocos nucifera* L.）是棕榈科椰子属植物，只有一个种，即椰子（Purseglove J. W. 1972）。椰子是多年生常绿乔木，经济寿命40~80年，自然寿命可达100多年。广泛分布于世界上近100个热带国家和地区。椰子综合利用经济效益高，在热带国家和地区的经济中起着重要作用，享有"宝树"和"生命树"的美誉。在我国，椰子主要在海南种植，云南、广东、我国台湾、广西、福建也有少量栽培。目前，海南椰子系列产品主要有三大类。一类是食品加工系列，产品主要有椰子粉、椰奶咖啡、椰汁奶茶、椰子汁、椰子片、椰子糖、椰奶糕、椰纤果、椰青等系列产品；二类是非食品加工系列，主要是小作坊生产，产品主要有椰衣栽培基质、椰垫、门垫、花篮、椰衣纤维网、非食用椰子油、椰壳碳及活性炭等；三类是手工艺品系列，产品主要有家具、餐具、装饰品等。

椰子主产品是椰肉（椰果的固体胚乳），含有丰富的营养。新鲜的椰肉含脂肪约33%，蛋白质约4%，可以生食，许多热带岛国农民以此为食。椰果主要以制成椰干，它是目前大宗的贸易商品。椰干可以加工成椰油、椰麸。椰油是一种工业用油，可以制高级香、洗涤剂、牙膏等的发泡剂，经精炼后可食用，可制人造奶油、黄油或作烹调油，椰油还是非常有前途的一种生物能源。椰麸营养丰富，供做饲料。目前，椰子用湿法加工生产也非常普遍，可以生产食品椰干、椰奶粉、椰子粉、无色椰子油、椰子汁、饮料等食品。

一、形态特性

椰子属单子叶植物，棕榈科，椰子属，椰子种，染色体2n=32。按照茎干的类型分主要有高种、矮种；按照果实的颜色分有绿椰、黄椰、橙椰、红椰等品种。椰子树干细长，具有环痕，树顶长有巨大的羽状复叶，形成优美的树冠，林相整齐美观，是热带地区典型的木本油料作物和食品能源作物，也是热带地区沿海生态防护林建设和园林绿化的重要树种。

1. 根

椰子没有主根，属于须根系，由不定根、营养根、呼吸根组成。从树干基部球状茎呈放射状长出的根称为"不定根"，也称初生根（主要根）。一般粗细不超过1厘米。由表皮、厚壁细胞组织、环状形成层、中柱和髓部组成。初生的根呈白色，由于其表皮上有色素存在，能随根龄的增长由浅而深，逐渐变为棕黄至黑色褐色。根龄愈老，颜色愈深，也愈木质化，环状形成层也随着增厚变硬，木质部向内发展。髓部收缩而破裂，成为中空坚韧的中柱，具有很强的固持力，能固定高大的树体，所以能够抗风，不易倒伏。50 龄椰树初生根 4 000 ~ 7 000 条。

从主要根生长出的侧根，称次生根，次生根上长出的根称为三生根，三生根上长出的根称四生根。这三种根的数量很大，每个根端都有乳白色的吸收区，总称为"营养根"。营养根分布在 10~50 厘米土层中，组成庞大的根系。

椰子的不定根及少数侧根可长出圆锥形白色小突起，称为"呼吸根"。根尖由根冠保护着，为活跃生长区，根尖后面一般为吸收区。没有根毛，表皮由一层薄壁细胞组成，随着根龄，增加逐渐变厚，表皮脱落，外皮层硬化，形成不渗透的细胞层。

2. 茎

椰子茎干直立，呈圆柱状，高种椰子植后 5 年、矮种植后 3 年茎露出地面。茎的外围密布着坚韧的木质纤维和维管束，向内木质化组织渐少而海绵组织渐增。树龄越大，木质纤维颜色越深，由黄白色渐至黑褐色，坚韧度也随之增强。所以，在滨海地带生长的椰子不易被台风折断。因椰子茎部组织无形成层，其茎干受到机械损伤后，就不能使伤痕恢复正常状态；且因其只有一个生长点，只能发育长大而不分枝，当生长点受到破坏后，椰子树就会死亡。然而偶尔也有个别椰子苗或椰子树当生长点受到破坏后，能长出 2~4 条分枝，但有分枝的植株，多属冠型细小，生长不良，结果不多，寿命不长。

椰子茎干的生长是依靠茎干顶端分生组织不断的生长实现的。这些细胞具有强烈的分生能力，由于它的分裂以及初生组织的伸长形成新的树干组织。高种椰子的茎在条件优越地区，早期生长速度较快，杂交种"马哇"（Mawa）"PB121"，生长速度更快。茎生长随树龄增加而增高，但增高数量逐渐下降，25 龄左右椰子年增高 50 厘米左右，40 龄以上茎年增高 10~15 厘米。树干一旦形成其粗细没有多大的变化，但树干在形成时受气候耕作和营养水平的影响而发生变化。椰树树干一段粗一段细就是这种影响的结果。这种已经形成的粗细不匀情况，在一生中是不能改变的。因此保持树干均匀必须加强管理。

3. 叶

椰子苗具船形单叶，称"联合叶"，生长 8~10 片后，逐渐成深裂羽状叶；成龄树有 30~40 片羽状叶，辐射状丛生树干顶端。

椰子叶片从茎端生长锥分化形成至自然死亡，要 5 年左右时间，可分为三个阶段，第一阶段为幼嫩阶段，历时 2 年左右，叶片只是简单地皱褶起来，长 10 厘米左右；第二阶段为快速伸长阶段，历时 4~8 个月，叶长从 10 厘米长至完全开展；第三阶段为成熟阶段，历时 24~30 个月。椰子每年平均抽叶 12 片左右，生长旺盛期可达 14 片叶，随树龄增加而减少。

4. 花

椰子花为佛焰花序（或肉穗花序）。初期由革质佛焰苞包被，有单层（正常）、二层和多层花，苞（不正常）之分，成熟时从顶部纵裂。雌雄花同序，花序由序柄、中轴和花枝组成。花单性，雄花三角筒状，成熟时花药纵裂，散出花粉随风飘传。花期15~23天。雌花球状较大，子房上位，柱头三裂，6枚花被宿存，果实成熟时成为果萼。

椰子树是雌雄同株同序异花植物。通常一个叶腋有一个花序，故它亦可视为一个变态腋芽。一株树每年抽12片叶，因而就有12个花序，但花序在发育过程中常有败育现象，所以叶片数常多于花序数。花序的分化在开花前三年就开始。在开花前二年就分化出花序的苞片，又过半年左右小穗就开始出现。

椰子花序和相应叶片是同时发育的，叶原基开始分化后4个月左右，可以初步看出花序原基，再过22个月花序长成几厘米长，开始分化雄花和雌花，大约再过一年佛焰花开裂，再过一年左右果实成熟。

5. 果　实

果实为植物中最大核果之一，圆形、椭圆形或三棱形，由外果皮、中果皮、内果皮、种皮、椰勾（固体胚乳）、椰子水（液体胚乳）组成。

外果皮　称果皮，革质，很薄，椰子果未成熟前表面光滑，因品种不同，有红、黄、绿、褐色。充分成熟时，果皮枯干、饱满、褐色，不成熟椰子果干后果皮发皱。

中果皮　又称椰衣，是果皮内一层很厚的皮层，质地松软，含有大量纤维，棕褐色，富有弹性，是椰果保护层，可加工成椰纤维。

内果皮　又称椰子硬壳，质地坚硬，不变形，充分成熟的椰子硬壳呈黑褐色，保护胚乳和胚。

种皮　椰子硬壳内椰肉上附着的一层薄皮，成熟时呈黑褐色，很难和椰肉分开。

椰肉　固体胚乳，又称椰肉，椰花授粉后6—7月开始形成，呈胶状体，味甜，含油量低。8—12月胚乳逐渐成熟，质地坚硬，呈白色，有椰子特殊香味。厚度0.5~1.5厘米，脂肪含量30%~35%，蛋白质4%，碳水化合物12%。高种椰子每个椰肉重250~700克，是椰子主要产品。

椰子水　为液体胚乳，存在椰子果腔中，椰肉未形成前（授粉后4~5个月）味酸涩，椰肉开始形成时（6—7月）含糖量最高，达5%~6%，味甜，椰子果发育7~8个月是生产椰青产品最佳时期，随后不断成熟，椰肉变厚，含油量增加，椰子水味变淡，矿物质增加。

胚　白色，圆柱状，约米粒大小，是椰子发芽和繁殖组织，在椰果蒂、椰壳的椰肉内。核果上有3个孔（又叫3个眼），其中只有1个孔胚发育完善，可长出芽用于育苗，其他两个孔退化，没有胚不发芽。

在海南文昌地区，6—10月是椰子开花旺盛期，占全年开花数约2/3，在这个时期开花有较高坐果率。从11月到来年4月份开花量较少，而且花的败育率极高，坐果率低，严重的几乎全部落果。椰果从自然授粉到成熟一般需11~12个月。在整年中如果某一阶段遇到自然灾害，如干旱、寒潮、台风等都会影响椰果发育。提早采果也会影响椰干质量。以12个月充分成熟的椰果椰干含量为100%计算，8个月时椰干含量仅为32.1%，9个月为55.7%，10个月为77.7%，11个月为94.1%。故提前采收椰果会降低椰干质量。

二、生长环境条件

1. 温　度

年平均气温 23℃ 以上的地区椰树才能正常开花结果。但椰子生长发育的最适宜温度为 26~27℃，最低月平均温度不低于 20℃，日温差不超过 5~7℃，在这样的温度条件下，植株生长繁茂，树形较大，产果期长，产量高，果实大，椰肉厚。椰树安全越冬温度为 8℃，但偶尔低温，短时间极端温度达 0℃，椰子也能忍受。

2. 光　照

椰子属于强光照作物，年日照时数 2 000 小时以上植株才能生长旺盛并获得高产。

3. 水　分

年降雨量 1 300~2 300 毫米，且分布均匀，无明显旱雨季之分，椰子才能正常生长发育。

空气湿度取决于降雨量、温度和日照，它直接影响椰子叶面蒸腾。对椰子最适宜的大气湿度为 85% 左右，不能低于 60%。

4. 土　壤

椰子对土壤要求不严，土壤 pH 值 5~8 都能适应，不论沙土、冲积土、壤土、黏土、泥炭土、珊瑚风化土、火山岩风化土都能种植椰子。但以土层深厚，质地疏松，土壤通透性和排水均良好，有机质含量比较肥沃的冲积土、砂壤、红壤和土壤 pH 值 6~8 最适宜。如果土壤瘦瘠、结构差，可采取挖大穴、深翻改土、增施有机肥和加强间作等土壤管理措施，改善种植条件，也能使椰子生长良好。

5. 风

椰子抗风力较强，在滨海地区 3~4 级的常风，有助于加强蒸腾作用，7~8 级的风力，对椰子生长发育和产量也影响不大。但 9~10 级或以上的强风对椰子生长及产果均有较大的影响。

6. 海拔高度

椰子主要分布在低海拔的滨海地带，以海拔 50 米以下最适宜椰子生长发育。海拔 300 米以下，椰子也能生长良好。海拔 300~500 米，只要气温适宜，雨水充沛，也能种植椰子，产量也不低。

三、营养特性

椰子树是一种极特殊的多年生作物，它的独特之处在于一经开始开花，不仅是一年到头结实，而且在平均 70 年之久的整个经济寿命中从不停止结实。每年都从土壤里吸取大量的养分用于生长和产果。这种连续的营养消耗终将耗尽土壤的营养贮备。因此，为保持椰子园的土壤肥力，必须采用相应的平衡施肥措施，这是椰子高产稳产的最重要手段之一。

四、需肥特点

椰子树正常生长发育需要 16 种必需营养元素，但以土壤中氮、磷、钾的吸收量最多。各椰子生产国对椰子的需肥特点几乎都做过研究，提出不少研究报告。吉尤斯研究认为，每亩椰子（10~11 株）产椰果 470 个左右，估计每年从土壤中吸收氮 6.13 千克、磷 2.73 千克、钾 9.13 千克，其比例为 1∶0.45∶1.49。印度学者研究认为，每亩 12 株椰子，每株产椰果 100 个，估计每年从土壤中吸收氮 10.5 千克、磷 1.87 千克、钾 19.2 千克，其比例为 1∶0.18∶1.83。椰子树需要全肥，以钾最多，氮、磷次之。椰树是嗜氯特性果树，应注意施用氯肥。

椰子在不同物候期对养分的吸收量不同。海南省 5—10 月气温高、降水量充沛，椰子生长量大，抽叶多，抽苞、裂苞数和雌花数量最多，对氮、磷、钾的吸收量最多。11—12 月随着温度逐渐下降，降水量减少，椰子生长量相对减少，需要的营养元素也逐渐减少。1—4 月气温低，降水量少，抽叶少，生长慢，吸收的氮、磷、钾数量也最少。

椰子施肥诊断常用叶片分析诊断临界指标法。

叶片采样方法。成龄椰树采第一片展开叶往下数第 14 片叶，幼龄椰树采冠层中部相对稳定的叶片。分别采取复叶中部的 3~5 对小叶（裂片），并根据需样量多少取中间 20~30 厘米作为样品分析。

营养临界指标。氮 1.8%~2.0%、磷 0.12%、钾 0.8%~1.0%、钙 0.5%、钠 0.2%~0.24%、镁 0.3%、氯 0.5%、硫 0.2%、铁 50 毫克/千克、锰 60 毫克/千克、铜 2 毫克/千克、锌 8.4~9.3 毫克/千克、硼 14 毫克/千克。

叶片分析结果某元素低于临界数值时，施肥会有效果。

五、营养诊断与缺素补救措施

1. 缺　氮

椰树缺氮表现为叶簇不同程度变黄，生长受抑制。随着症状加重，老叶完全变成金黄色，幼叶变成浅绿色，叶面失去光泽，花序大多发育不全，雌花减少。缺氮后期，茎干顶部变细，似笔尖状。树冠仅有少量短小的叶片。在这种情况下，不能长出花序，即使有花序也很少或无雌花，最终椰树变光秃。

补救措施：合理施肥，在发生缺氮症状时，土壤追施速效氮肥，施后浇水。直接的补救措施是叶面喷施 1%~2% 尿素水溶液，每 5~7 天喷施一次，至症状消除。也可树体注射尿素或其他水溶氮肥液体。

2. 缺　磷

生长减慢，叶子变小，严重缺磷时小叶发黄且硬化。一般情况下，椰树对磷的需求量相对较少，特别缺磷的现象很少见。补救措施：如发生缺磷症状，叶面喷施 1%~

1.5%过磷酸钙水浸液酸钙水浸液，每7天左右喷施一次，至缺素症状消失。也可土壤追施磷肥，然后浇水。

3. 缺 钾

缺钾初期症状为叶中脉两侧出现两条纵向锈色斑点，叶片轻微变黄，小叶尖端明显变黄。叶片变黄多集中在叶缘部位，变黄叶面很快坏死。早期特征是树冠心部的叶子变黄，到后期，较老的叶片也变黄干枯，在树干上可见枯死的悬垂叶片。通常缺钾的椰树生势差，树干细长，小叶变短，花序、坐果及每个果穗上的椰果数量都减少。轻度至中度缺钾的椰树对施钾肥的反应迅速，长期严重缺钾的椰树对施钾肥的反应迟钝，需要2~3年才显示出肥效。

补救措施：在发生缺钾症状时及时喷施1%~1.5%硫酸钾水溶液，每7~8天喷施一次，至症状消除。也可土壤追施钾肥，施入土壤后浇水。

4. 缺 钙

小叶变黄，小叶尖端有黄色至橙色环状坏死斑点，后蔓延至整片小叶。叶片逐渐干枯，心部的叶比老叶较早出现症状。

补救措施：改良土壤，加强水肥管理。合理施肥是预防缺钙的根本方法。一旦发生缺钙症状时，喷施0.2%~0.3%硝酸钙水溶液或氨基酸螯合钙1 000倍水溶液，每7天左右喷施一次，补钙效果较快。

5. 缺 镁

缺镁是椰树最常见的矿质营养缺乏症之一，多发生在幼龄椰树和幼苗上。通常表现为外轮叶子变黄。严重缺镁时，小叶变黄加剧，尖端坏死。叶面产生许多褐色斑渍，致使成熟叶片过早凋萎。

补救措施：在发生缺镁症状时，及时喷施1%~2%硫酸镁水溶液或氨基酸螯合镁800~1 000倍水溶液，每7~10天喷施一次，一般需喷施3~4次。如果土壤缺少有效镁时，应追施含镁肥料，

6. 缺 硫

幼叶和老叶都变橙黄色，小叶逐渐坏死，叶轴呈弓形和变弱。随叶龄增加而加剧褪绿和坏死。第二第一片叶可能变黄。在后期，树顶部的大多数叶片掉落，较老叶片严重坏死。椰果减产，果实小，椰肉厚度正常，干枯椰果的椰肉变柔韧，椰干常为褐色。

补救措施：追施硫黄粉或含硫肥料，结合防病虫害喷施45%石硫合剂150倍液，每亩50千克，也可结合追肥喷含硫化肥。

7. 缺微量元素

椰树微量元素缺乏症状很少被人注意，氯对于高等植物是一种微量元素，但却是椰树的主要养分之一。椰树缺氯的症状是叶片变黄，较老的叶子出现斑纹，叶外缘和小叶尖端干枯，与缺钾症状相似；此外，缺氯椰树果型较小。缺铁、缺锰症状是较幼龄的叶子褪绿；椰树缺硼仅在有限范围内发生，常流行于幼龄，特别是3~6龄椰树和苗圃幼苗，其症状是萌发出的叶子较短，小叶变形卷曲，退化，叶尖严重坏死，初期，心叶的两个末端小叶伸展受到抑制，小叶由于横向收缩而皱褶，比正常的叶片厚且易碎，当病

害发生时，叶片坏死，只剩枯黑的光秃叶柄，无小叶萌发，椰树逐渐死亡。

补救措施：在发生微量元素缺素症状时，可用氨基酸复合微肥 600 倍水溶液，加入 0.2%~0.5% 所缺元素进行叶面喷施，每 7~10 天喷施一次，至症状消除为止。

六、安全施肥技术

1. 苗圃施肥

苗圃施肥宜施足基肥，每亩施优质有机肥 1 300 ~ 1 500 千克和椰树专用肥 100~ 130 千克，或用氯化钾、过磷酸钙和硫酸镁的混合肥 130 千克代替专用肥。将肥料与土拌匀，施在定植穴中上层。追肥在 2 月龄施一次，用量为每株施椰树专用肥 50~60 克，或用硫酸铵 25 克、氯化钾 25 克、氯化钠 40 克代替专用肥。5 月龄再施一次，每株用量为椰树专用肥 80~100 克，或用硫酸铵 20 克、氯化钾 25 克、氯化钠 40 克代替专用肥。

2. 幼龄树施肥

幼龄椰子树处于营养生长为主的阶段，要在全肥基础上突出氮肥。施氮能促进营养生长和提早开花，缺氮明显抑制地上部分和根系的生长，植株矮，茎干细，叶片少，幼叶呈淡黄绿色，老叶显著变黄。磷肥也能显著提早椰树的开花时间。幼龄椰子生长前期对钾的需求量虽不大，但钾不足会导致主干细长、叶痕密集、生长缓慢。缺钾的椰树即使追施钾肥也难完全恢复，以致大大延长植株的非生长期。中等肥力的土壤，1~3 龄树每年每株施有机肥 20~30 千克，尿素 0.25~0.35 千克，过磷酸钙 0.25~0.5 千克，氯化钾 0.15~0.25 千克（草本灰 1.5~2.5 千克或火烧土 5~10 千克），鱼杂肥 0.5~1 千克，4~6 龄树年施有机肥 30~50 千克，尿素 0.35~0.5 千克，过磷酸钙 1 千克，氯化钾 0.35~0.5 千克。

幼龄树施肥应随树龄而不同，定植时，基肥一般每株用腐熟有机肥 25~30 千克和椰树专用肥 300~350 克或硫酸铵 150 克、氯化钾 200 克。6 月龄时再施椰树专用肥 400~450 克或硫酸铵 200 克、氯化钾 250 克。到一年龄树，施椰树专用肥 1 千克或硫酸铵 0.5 千克、氯化钾 0.5 千克。以后每年适当增加用量，若不用专用肥时，还需配施适量的过磷酸钙。5 年树龄以上的椰树，每株每次施椰树专用肥 2~3.5 千克或硫酸铵 1.5 千克、氯化钾 1 千克、过磷酸钙 0.5 千克。

3. 成龄树施肥

成龄树施肥应根据土壤类型，应用土壤和叶片营养分析方法，了解椰园土壤肥力水平与椰树的营养状况和需求，科学施肥。在滨海沙土要施用大量有机肥，砖红壤椰园宜施用 N、P、K 完全肥料，同时还要施用一定的有机肥，河流冲积土和有机质含量高的土壤，以施用矿质肥料为主，尤其 N、P 肥。中等肥力水平的成龄椰园每年施有机肥 30~40 千克。有用绿叶压青的，每株施 40~50 千克。如果施用化肥，宜在土壤水分充足时期施用，在干湿季节明显的地区施化肥宜在雨季进行，旱季则必须配合灌溉。但长期单纯施化肥对椰树生长和土壤性质都会产生不良影响，而且一旦中止施肥，椰树长势将受到严重抑制。因此要注意与有机肥配合施用。虾糠、鱼粉、渍鱼肥等含有丰富的植物养分，是椰树的良好肥料且速效。海藻富含钾、磷肥，每株每年施 25~50 千克，肥效显著。海母、海草、海泥等也可作为椰树的肥源。

成龄树每年每株施用椰树专用肥 2~3.5 千克或尿素 1.3 千克、重过磷酸钙 0.3 千克、氯化钾 3 千克。

施肥时间以椰树生长发育的物候期为依据。在海南，3—9 月椰子生长发育快，是理想的施肥期；比较肥沃的土壤每年只需施肥 1~2 次；土壤结构不良、保肥保水差的瘦瘠沙土，每年需施肥 3~4 次。速效肥或水肥应施在距树基 1~1.7 米处，深度以 15~20 厘米为宜。腐熟有机肥与化肥配施应在树冠 1/2~2/3 处，深度 20 厘米。施肥方法可采用撒施、放射沟施、侧沟施、环状沟施等，但通常多采用侧沟施或环状沟施肥。

第八节 柑 橘

柑橘（*Citrus reticulata* Blanco）是芸香科柑橘属植物，我国柑橘栽培历史悠久，长达 4 000 多年。柑橘、橙和柚统称为柑橘类果树，为多年生常绿果树，在北纬 16°~37°的大部分地区均匀栽培。我国柑橘品种资源丰富，素有世界柑橘资源宝库的殊荣。柑橘果实不仅营养丰富，而且色、香、味三绝，汁多爽口，柑橘（橙）汁与茶、咖啡齐名，被誉为世界三大饮料之一。柑橘果实含有丰富的营养物质，100 克的可食部分中，含糖 12 克，蛋白质 0.9 克，脂肪 0.1 克，维生素 C 16~116 毫克，核黄素 0.05 毫克，尼克酸 0.3 毫克，粗纤维 0.2 克，无机盐 0.4 克，钙 26 毫克，磷 15 毫克，铁 0.2 毫克，热量 230J，胡萝卜素（维生素 A 原）仅次于杏，比其他所有水果都高。柑橘果实还含多种维生素，除维生素 C 外，还有维生素 B_1、维生素 B_2 和维生素 P 等。柑橘还具有对人体健康长寿、防癌抗癌之功能。

一、营养特性

柑橘类果树为多年生常绿果树，生理活动周年不停。整个生长周期可分为幼龄树、成年树和老年树 3 个阶段。一年中又可分为抽梢期、花芽期、幼果期、果实成熟期。主要生长器官的生长特性如下：

根是吸收养分的主要器官，并有固定树体的作用。培养深、广、密的根群，是柑橘丰产的重要基础。根与树冠的生长发育有上下对称的现象，一般树冠高的根系较深，根系的分布广度、深度与品种、砧木、繁殖方法、土壤条件等有密切的关系，根在一年中有几次生长高峰，与枝梢生长高峰成相反消长。

柑橘树的芽是复芽，没有顶芽，只有侧芽生长在叶腋中，在营养充足时，可萌发 2~6 个芽，一年能发芽多次。芽的形成与枝条内部营养状况和外界环境条件有密切的关系，早春温度低，养分不足，春梢基部的芽不充实，往往成为隐芽；夏季高温多湿，营养生长旺盛，枝粗叶大，也往往形成不充实的芽。立秋前后，我国南方地区，气候温和，雨量适中，枝梢健壮，形成的芽也健壮充实。晚秋和冬季气温下降，气候干旱，所发的芽也不够充实，徒耗养分。

柑橘树一般有明显的主干，是根、冠养分输送的交通要道，粗大的主干可以形成丰产的树冠。柑橘的枝梢又分为花枝和营养枝，这两种枝梢往往转化交替生长，其比例失掉平衡就会出现大小年结果现象。根据生长时期不同，可分为春梢、夏梢、秋梢和冬梢，由于气候条件不同，枝梢的生长结果习性也不同，因此，根据不同种类、品种的特性和土壤地势条件来采取合理的整形修剪，培育丰产树冠，是夺取丰产的重要措施。一般来说，春梢是良好的结果枝和营养枝，幼龄树可充分利用夏梢加速形成树冠，而结果树的夏梢要加以控制，秋梢是优良的结果母枝，而冬梢影响正常花芽分化，要加以控制和修剪。

树叶是进行光合作用制造养分和贮藏养分的重要器官，有40%的氮素营养贮藏在叶片中。叶片表面，特别是背面有很多气孔，是呼吸、蒸腾的通道，营养物质也可以通过气孔和叶表皮细胞进入树体，可采用叶面喷施氮、磷、钾及其他中、微量元素营养液作为根外追肥。

柑橘树一般自花授粉结果，但沙田柚自花不易结实，异花授粉可明显提高产量。果实生长发育时间长，其发育阶段分为：①幼果期，从花谢后至落果基本结束为止；②果实膨大期，从生理落果基本停止后开始至果实开始着色为止；③果实着色成熟期，从果实开始着色至橙红色完全成熟为止。

二、需肥特点

柑橘树生长发育需要碳、氢、氧、氮、磷、钾、钙、镁、硫和多种微量营养元素。除碳、氢、氧来源于空气和水以外，其余营养绝大部分依靠土壤供应。分析柑橘树的叶片，氮、磷、钾、钙、镁、硫6种元素可占叶片干物重的0.2%~4.0%。每生产1 000千克果实，需要氮（N）1.18~1.85千克、磷（P_2O_5）0.17~0.27千克、钾（K_2O）1.70~2.61千克、钙（Ca）0.36~1.04千克、镁（MgO）0.17~1.19千克。硼、锌、锰、铁、铜、钼等微量元素的含量为10~100毫克/千克。无论大量元素还是微量元素，在柑橘树新陈代谢过程中，都有其特殊的功能，相互不可代替。如果其中某些营养元素过多或过少，都会引起营养失调，从而容易出现各种生理性的营养障碍。柑橘树施肥的目的就是调节树体内各种营养的平衡，使营养生长和开花结果相协调，既要培育健壮的树体，又要达到优质、高产的目的。树的根系吸收养分除供果实外，还有大量积累在树体中，其数量为果实吸收总量的40%~70%。柑橘树对氮、磷、钾的吸收，随物候期不同而变化。新梢对氮、磷、钾三要素的吸收，由春季开始迅速增长，夏季达高峰，入秋后开始下降，入冬后氮、磷的吸收基本停止，接着钾的吸收也停止。果实对磷的吸收，从仲夏逐渐增加，至夏末达高峰，以后趋于平稳；氮、钾的吸收从仲夏开始增加，秋季出现最高峰。

柑橘树在一个生长周期中需肥量较大，我国南方大部分柑橘园种植在丘陵、坝地、河滩以及部分水田，土壤多呈强酸性，土壤养分容易缺乏，土壤氮、磷、钾养分供应不足状况非常普遍，中、微量营养元素普遍缺乏，加上在不同时期生长阶段和生长时期对养分种类和数量的需求不同，需要通过施肥补充土壤中养分不足。

三、营养诊断与缺素补救措施

1. 土壤有效养分含量的适宜范围

我国柑橘分布的主要地区以红壤为主，还有黄壤、赤红壤、砖红壤、石灰土、紫色土、潮土等，这些土壤大多偏酸性。一般认为柑橘对土壤酸碱性适应范围较广，但最适宜柑橘生长的 pH 值为 5.5~6.5。

土壤中氮、磷、钾的含量是决定柑橘产量和品质的重要因素。丰产、稳产的柑橘不仅需要较多氮、钾供应，而且需要较高的氮、钾比例（表 4-10）。

表 4-10 柑橘园土壤有效养分含量的适宜范围 （单位：毫克/千克）

营养元素		缺乏	适宜范围	过量
大量元素	有效氮	<150	150~200	>200
	有效磷	<80	80~120	>120
	有效钾	<150	150~450	>450
中量元素	有效钙	<400	400~1 000	>1000
	有效镁	<150	150~300	>300
	有效硫	<12	12~24	>24
微量元素	有效锌	<6	6~8	>8
	有效硼	<0.5	0.5~1.0	>1.0
	有效钼	<0.15	0.15~0.30	>0.30
	有效铜	<3	3~8	>8
	有效铁	<80	80~500	>500
	有效锰	<100	100~300	>300

2. 叶片分析

叶片分析能较准确地反映树体养分丰缺状况。通常广泛应用叶片分析临界值法，即依叶片各元素分析值对照已建立的诊断标准，作为评估植株营养状况及确定合理施肥方案的依据。

近年来，有研究者采用正常生产性果园的调查研究，陆续确定了许多品种的营养诊断标准值，在指导施肥实践上发挥了重要作用，并收到明显效益。此种研究方法是对各地区的同一品种进行广泛采叶分析，以连年表现丰产优质的果园为对象，通过多年、多点、多株采样检测，并对所得数值进行综合分析、处理（包括排除潜在营养失调以及考虑产量、品质、树势等因素），以确定其适宜指标。这种指标较为实用，经营养诊断实践证明，适合于指导合理施肥，其分析结果比对见表 4-11。

表 4-11　柑橘发病园与健康园叶片分析结果比较

果园类型	N（%）	P（%）	K（%）	Ca（%）	Mg（%）	Zn（毫克/千克）	Cu（毫克/千克）	Mn（毫克/千克）	Fe（毫克/千克）	B（毫克/千克）
健园	3.22	0.14	0.96	3.01	0.31	20.0	17.2	62.8	107	35
	3.18	0.15	1.04	2.64	0.31	28.4	17.0	49.5	107	60
	3.28	0.15	1.04	2.46	0.29	20.5	13.5	39.3	102	51
病园	3.18	0.15	1.08	2.38	0.24	27.5	40.7	130.2	127	258
	3.31	0.15	1.66	2.72	0.31	23.0	26.7	53.0	70	143
	3.20	0.14	1.19	2.32	0.22	21.6	35.2	63.1	73	110
适宜	2.7~3.3	0.12~0.15	1.0~1.8	2.3~2.7	0.25~0.38	20~50	4~16	20~150	50~140	20~60

3. 营养元素与营养失调的防治

（1）氮

柑橘树体内的氮，以叶片的分配比例最高，占 5%~40%，枝干次之，为 26%~28%，根和果实中最低，大致在 10%~23%。叶片含氮量对产量和品质有明显的影响。亩产 3 000 千克以上温州蜜橘，叶片含氮量 27~31 克/千克；亩产 1 500 千克以下，叶片含氮量只有 15.8~22.3 克/千克。如果叶片中氮素供应不足，叶片含氮量低，新梢短小细弱，叶片小，叶绿素少，呈黄绿色，干径增长量小，产量低，果实含酸量高，含糖量低，着色也较差；含氮量过高，干径增长量也减少，果皮增厚，产量降低。同时，氮过多时，树体内形成大量赤霉素，抑制乙烯生成，从而使花芽形成受阻，导致产量降低。此外，温州蜜柑的浮皮果也因施氮过多而加重，特别是在果实发育后期尤为明显。分析柑橘叶片含氮量，可以判断氮素营养供应状况。叶片含氮的适宜量，温州蜜橘为 25~30 克/千克，柑 28~32 克/千克，甜橙 25~30 克/千克。

防治措施：平衡施肥，控制氮肥用量，掌握适宜施用时期，以防氮素过剩。发生缺氮症状喷施 1%~2%尿素或追施其他速效氮肥。

（2）磷

树体内的磷，以花、种子及新梢、新根的生长点等器官含量高，枝干部分含量低。在不同生育期，因其生长中心不同，器官中的含磷量也有变化。开花期以花中含磷量最高，谢花、幼果期以新抽生的嫩叶最多，果实形成并开始膨大以后，则以果实和新叶为多。在柑橘生长过程中，如果磷素供应不足，会导致新梢和根系生长不良，花芽分化少，果实汁少味酸；如果磷素供应充足，枝条生长充实，根系生长良好，花芽形成多。果皮薄而光滑，色泽鲜艳，风味甜，品质好，不仅可以提早成熟，也较耐贮藏。如果磷素供应过多，由于元素间的拮抗作用会使柑橘表现缺铁、锌或铜。磷在柑橘体内的分配和氮类似，分析柑橘叶片含磷量可以判断磷素的供应状况。叶片含磷的适宜量，温州蜜橘为1~2克/千克，柑橘1.2~1.8克/千克，甜橙1.2~1.8克/千克。

防治措施：改土培肥，增施有机肥，解磷菌肥。在发生缺磷症状时，喷施0.5%~1%磷酸二氢钾，每7天喷一次，连续喷施2~3次。

（3）钾

柑橘树体中含钾量远比磷高，叶片含钾10克/千克，果实2克/千克，干、枝、根3~4克/千克。钾可增强光合作用，并促进光合产物的运输，因而能提高产量、改善品质。缺钾的柑橘树，生长受到严重抑制，尤其在果实膨大期缺钾，会加重果实发育不良，果小，产量低，贮藏后味淡，且易腐烂。如果施钾过量，柑橘吸收过多的钾，则会抑制柑橘对钙、镁的吸收，使果汁少，酸度高，糖酸比低，特别是高钾能促进氨基酸形成蛋白质，使腐胺形成减少，因而有腐胺控制的果皮增厚。分析柑橘叶片含钾量可以判断柑橘钾素供应状况，叶片适宜的含钾量，温州蜜橘为10~16克/千克，椪柑7.1~18克/千克，甜橙12~17克/千克。

防治措施：合理施肥，控制氮肥用量。在发生缺钾症状时，喷施0.5%~1%硫酸钾水溶液，每7天喷施一次，连续喷施2~3次。

（4）钙

在柑橘树体内，不同器官中含钙量差异悬殊。以温州蜜柑为例，果实含钙为0.1%，枝干和根含钙1%，叶片含钙高达3%以上，老叶含钙量比新叶高。增施钙肥能促进柑橘生长，提高产量和改善品质。柑橘缺钙时，表现叶片边缘褪绿，并逐渐扩大至叶脉间，叶黄区域会发生枯腐的小斑点，枝梢从顶端向下死亡，果小、畸形，果肉的汁胞皱缩。一般情况下土壤全钙（CaO）含量大于3%，每100克土壤中代换态钙（Ca）含量为3厘摩尔以上时，柑橘即不致缺钙。

防治措施：改良土壤，干旱缺水时及时灌水。在发生缺钙症时，喷施0.5%~1%硝酸钙或氨基酸钙1 000~1 500倍水溶液，每7~8天喷施一次，一般喷2~3次。

（5）镁

在柑橘树体内，叶片和枝梢中的镁含量高于其他部分，果实成熟时，种子内镁含量增多。温暖湿润地区由于镁容易被淋溶，表土中的镁往往向下层土壤移动，造成柑橘缺镁。柑橘缺镁，成熟叶片常自叶片中部以上部位开始，在与叶脉平行的部位褪绿，然后逐渐扩展，但叶片基部往往还保持绿色。缺镁严重时会造成落叶、枯梢、果实味淡，果肉的颜色也较淡。土壤养分供镁不足，果实中可溶性固形物、柠檬酸、维生素C降低，甜橙的果肉及果皮呈灰白色，不耐贮运。通常无核的哈姆林甜橙不易缺镁，有核菠萝甜橙易缺镁，这是因为种子需要较多的磷酸镁。

防治措施：平衡施肥，在发生缺镁症状时，追施镁石灰每亩50~70千克，同时喷施1%~2%硫酸镁水溶液，每7天喷施一次，连续喷施2~3次。

（6）硫

柑橘缺硫出现类似缺氮的症状，叶片淡绿色，新生叶发黄，开花和结果减少，成熟期延迟。防治措施：追施硫肥，施后浇水。

（7）硼

我国南方柑橘园较普遍存在缺硼的问题。柑橘缺硼，新梢叶柄有水渍状小斑点，呈半透明状，枝梢丛生并伴有枯梢现象，落花落果严重，成熟果畸形，果实中有胶状物。各地进行的柑橘喷硼或基施硼肥试验均有明显的增产效果。柑橘树喷施硼肥后，叶片光合强度提高，干物质增加。但叶中含糖量普遍降低，不论是全糖、双糖、单糖都比对照低，这表明喷硼能加速糖分在树体内的运转，保证根系及果实等器官生长发育，因而坐果率、产量均增加，而且果型端正、色泽鲜艳而光亮，果皮薄，果汁及可食部分增加。施硼降低幼果果柄离层纤维素酶活性，使离层不易形成，因而可明显减少落花落果。

防治措施：追施硼砂，小树每株施 20~30 克，大树每株施 100~200 克，也可喷 0.1%~0.2%硼酸水溶液，每 7~10 天喷一次，连续喷施 2~3 次。

（8）锌

柑橘叶片含锌量 20 毫克/千克以下时，新叶的叶脉间出现黄色斑点，并逐渐形成肋骨状鲜明的黄色斑块。严重缺乏时，新生叶变小，缺锌时细胞生长、分化受到抑制，上部枝梢节间缩短，叶呈丛生状，果实也变小。缺锌的柑橘叶肉细胞的细胞质稀少，叶绿体受到破坏。叶绿体中含有淀粉粒，细胞核的结构无明显的变化。土壤中有效锌含量低于 1.5 毫克/千克（酸性土用 0.1 摩尔/升 HCl 提取）或 0.5 毫克/千克（石灰性土用 DT-PA 提取），柑橘会有缺锌的可能。

防治措施：在发生缺锌症状时，喷施 0.3%~0.5%硫酸锌水溶液或氨基酸复合微肥 600~800 倍水溶液，每 7~8 天喷施一次，一般连续喷 2~3 次。

（9）铁

在滨海盐渍土和石灰性土壤上种植的橘树，缺铁情况十分普遍，其典型症状是幼嫩新梢叶发黄，但叶脉仍然保持绿色，严重时叶呈黄色或白色，尤以秋梢或晚秋梢更为明显。我国柑橘分布的主要地区有效铁含量一般均在 9 毫克/千克以上。

防治措施：发生缺铁症状时，喷 0.5%硫酸亚铁或氨基酸螯合铁 1 000~1 500 倍水溶液，每 7~10 天喷一次，至症状消失。

（10）钼

缺钼时树体内硝态氮会大量累积而产生危害。柑橘缺钼时，新枝的下部叶或中部叶的叶面出现圆形和椭圆形橙黄色斑点，叶背面斑点显棕褐色，有胶状物溢出，叶片向内侧弯曲形成杯状。严重时叶片变薄，斑点变成黑褐色，叶缘枯焦。我国南方红壤、紫色土以及潮土上的柑橘园有效钼的含量一般低于缺钼临界值（0.15~0.2 毫克/千克），淋溶石灰土柑橘园的有效钼含量较高，平均为（0.17±0.10）毫克/千克，处于缺钼临界值的附近。

防治措施：喷施 0.1%~0.2%钼酸铵水溶液，每 7~8 天喷施一次，一般喷施 2~3 次。

四、安全施肥技术

1. 幼年树施肥

幼年树根浅且少，幼嫩、耐肥力弱，其栽培目的是促进枝梢速生快长，迅速扩大树冠骨架，培育健壮枝条，为早结、丰产打下基础。因此柑橘幼年树施肥应施足有机肥以培肥土壤，化肥做到勤施、薄施，防止一次施肥过量造成肥害和浪费，肥料以氮肥为主，配合施用磷钾肥。氮肥着重攻春、夏、秋三次枝梢，特别是5—6月攻夏梢和7—8月促秋梢。夏梢生长快而肥壮，对幼树扩大树冠起到很大作用。一般全年施肥8~10次，于每次新梢抽生前后15天左右各施一次肥；发梢前施肥促发新梢，发梢后施肥促进新叶转色和枝梢生长壮实。9月以后停止施用化学肥料，防止抽发晚秋梢，有机肥料可在春梢萌发前施用。

根据各地试验，一般1~3年生幼年树全年施肥量，平均每株可施用有机肥料15~30千克、尿素0.7~0.8千克+过磷酸钙0.7~1.3千克+氯化钾0.3~0.4千克，或40%专用肥1.5~2.0千克。随着树龄增加，树冠不断扩大，对养分的需求不断增加，因此幼年树施肥应坚持从少到多，逐年提高的原则。

幼年果园株行间空地较多，为了改良土壤，增加土壤有机质，提高土壤肥力，改善果园小气候，防除杂草，应在冬季和夏季种植各种豆科绿肥，深翻入土，这是一种有效的改土措施。绿肥深翻入土时可混合石灰，亩用量50~80千克。

2. 结果树施肥

柑橘进入结果期后，其栽培目的主要是不断扩大树冠，同时获得果实丰产和优质，施肥的目的是调节营养生长和生殖生长达到相对平衡。这种相对平衡维持时间越久，则盛果期越长。为了达到此目的，必须按照柑橘的生育特点及吸肥规律采用合理施肥技术，有机无机肥料配合施用。果园大量施用有机肥，可改良土壤物理特性，提高土壤肥力，改善土壤深层结构，有利根系生长，不易出现缺素症。植株生长的旺盛季节对营养的要求高，追施化肥能及时供给植株需要的养分，保证柑橘正常生长发育。

成年柑橘树一般年施肥3~5次，亩产2500~3000千克一般年每株施有机肥料40~60千克、复合微生物肥1千克、尿素1.4~2.0千克+过磷酸钙2~3千克+氯化钾0.9~1.2千克，或40%专用肥3.8~4.2千克。

（1）基 肥

为恢复树势，促进花芽分化，充实结果母枝，为来年结果打下基础，采果后必须施肥。一般每株施有机肥40~50千克，复合微生物肥1.5千克，再配入专用肥1~1.5千克或45%三元复混肥1~1.5千克。

（2）追 肥

发芽肥用于促梢、壮花，延迟和减少老叶脱落。春梢质量好坏既影响当年产量，又影响翌年产量，发芽期追肥是柑橘施肥的一个重要时期。为了确保花质良好，春梢质量最佳，必须以速效化肥为主，配合施用有机肥。一般在1月春梢萌芽前15~20天施入，施氮量约占全年的30%。每株可施有机肥15~25千克、复合微生物肥0.5千克、尿素0.4~0.6千克+过磷酸钙1千克+氯化钾0.25~0.35千克，或40%专用肥1~1.3千克。

稳果肥有利于果实发育和种子形成，特别对开花多的树和老树效果尤为显著。在花谢后（3月）以钾、磷肥为主，配合一定量的氮肥、镁肥。这次施肥量宜少，一般占全年氮肥用量的 10%。若树势弱，结果多，则可多施；结果少，树势旺可不施。每株施用尿素 0.1~0.2 千克+过磷酸钙 1 千克+氯化钾 0.1 千克+硫酸镁 0.2~0.4 千克，或用 40%专用肥 0.4 千克。为了保果，可叶面喷施 0.1%尿素+0.2%磷酸二氢钾+氨基酸复合微肥 600~800 倍稀释液，每 10~15 天喷一次，喷 2~3 次能取得良好的效果。

壮果肥是柑橘施肥的又一重要时期，有利于果实膨大和促发早秋梢。施肥以速效氮、钾肥为主，多在 7 月中旬左右施用，施氮量占全年的 40%。每株可施尿素 0.6~0.8 千克+氯化钾 0.4~0.5 千克，或用 40%专用肥 1.5~1.7 千克。

3. 施肥方法

在树冠两侧滴水线处开浅沟穴（深约 10 厘米），肥料均匀施在沟穴内后覆土，以后施肥的位置依次轮换。幼年树挖环状沟施肥，成年结果树多挖条状沟施肥，梯地台面窄的果园挖放射状沟施肥。

施肥需根据具体条件具体掌握，雨前或大雨时不宜施肥，雨后初晴应抢时间施肥；雨季肥料干施，旱季随灌水施肥或施肥后随即灌水。沙性土壤保肥保水能力差，应勤施、薄施、浅施；质地黏重的土壤可重施肥、深浅结合，并保持土壤表层疏松；红壤山地应深施，采用条施或沟施的方法，既可改良土壤，又可引根系向深层发育，有利于抗旱和抗寒。在柑橘发根盛期（一般 6—7 月）结合促进根系发育可浅施淡肥，如果此时深施浓肥反而会引起新根截断过多和烧伤新根。

叶面喷施在植株出现中量、微量元素（镁、硫、硼、锰、锌等）缺乏症状时进行。一般把肥料溶解在水里，配成低浓度液肥，用喷雾器喷到叶片上，一般喷后 15 分钟至 2 小时即被可吸收利用。养分通过叶片背面气孔进入树体内，吸收快，增产效果良好。常用肥料的浓度：硼酸 0.05%~0.2%，硼砂 0.05%~0.2%，硫酸锌 0.05%~0.2%，硫酸锰 0.05%~0.2%，硫酸镁 0.1%~0.2%。

一般来说，开花期喷 0.1%硼酸或硼砂+0.3%~0.4%尿素混合液，可促进开花坐果。谢花后春梢叶片转绿时，喷施 0.4%尿素+0.2%~0.3%磷酸二氢钾，可减少幼果脱落，提高坐果率。在幼果膨大期喷施 0.3%尿素+0.5%~1%硫酸钾或硝酸钾，可促进果实增长，喷施 2%石灰水可减轻果实日灼病和增加钙素。采前 1~2 个月喷 1%~2%过磷酸钙浸出液 2~3 次，15~20 天一次，可略增果实含糖量，降低柠檬酸含量，改善果实品质；冬季喷施 0.3%~0.5%磷酸二氢钾，可促进花芽形成，增加花数。幼年树各次抽梢后，可喷施 0.3%尿素，促进枝条生长充实，提早结果。实践证明，在进行根外追肥的同时，结合喷施生长素，可取得更好的保花保果和果实生长的良好效果。必须注意的是，根外追肥和喷生长素应掌握适宜的浓度和用量，过浓、过多都会引起肥（药）害或其他副作用，过低、过少效果不好。

叶面喷施一般以喷湿叶面开始下滴水珠为度。生长素一般喷施 2~3 天即起作用，5~6 天效果即达高峰，喷施后可维持 15~20 天，一般 15~20 天喷一次，连续不宜超过 3 次，过多易产生药害。喷施后下雨，效果差或无效，应补喷。无风雨晴天或阴天喷施效果好，夏天 12—16 时不宜喷施，因气温高，易产生药害。

第九节　枇　杷

枇杷（*Eriobotrya japonica*（Thunb.）Lindl.）蔷薇科枇杷属植物，是中国南方特有的常绿果树。秋萌冬花，春实夏熟，在百果中独具先天四时之气，被誉为独冠时新的嘉果珍味。早在2 000多年前，枇杷即在皇家园林中作为名果异树栽培。《史记》《广志》《名医别录》《齐民要术》《图经本草》《本草纲目》《授时通考》等古文献，对枇杷的产地、树性、品种分类、繁殖方法、药用价值等作了记载和说明，为枇杷的栽培发展奠定了坚实的基础。

枇杷是一种高档小水果，其生产在历史上几经曲折。近年来，在科技进步和市场经济的推动下，枇杷生产有了长足的发展，面积已发展到数十万亩，产量上升到数万吨，达到历史最高水平，对繁荣产区经济，提高人民生活水平起到了积极作用。

枇杷果实在春末夏初成熟，这时百果皆缺，为鲜果市场的淡季。枇杷恰于此时应市，可谓克服淡季的果中珍品。又因其果肉柔软多汁、甜酸适口、风味佳美和营养丰富，深受人们喜爱。据中央卫生研究院营养系分析，100克枇杷果肉含蛋白质0.4克，脂肪0.1克，碳水化合物7克，粗纤维0.8克，灰分0.5克，钙22毫克，磷32毫克，类胡萝卜素1.33毫克，维生素C 3毫克，是优良的营养果品。尤以红肉枇杷的类胡萝卜素之多，白肉枇杷的氨基酸，特别是谷氨酸含量之高、味之鲜美，更为多种水果所不及。且果汁富含钾而少钠，适于需低钠高钾病人的需要，是重要的保健果品。枇杷果实除鲜食外，还是加工罐头、果酱、果膏、果冻和果酒的好原料。枇杷的花、果、叶、根及树白皮等均可入药。花可治头风，鼻流清涕；果实具止渴下气、利肺气、止吐逆、润五脏之功能；根能治虚劳久嗽、关节疼痛；树白皮可止吐逆不下食；枇杷最重要的药用部分是叶，枇杷叶中主成分为橙花叔醇和金合欢醇的挥发油类及有机酸、苦杏仁甙和B族维生素等多种药用成分，具清肺和胃、降气化痰的功用，为治疗肺气咳喘的要药。

一、形态特征

枇杷为常绿小乔木，高可达10米。其树冠基本呈圆头形。但因繁殖方法、品种和树体年龄的不同，略有差异。实生树，主干较高，中心干大多较为明显，树冠也较高，大多呈圆锥形。嫁接树在幼年时，不论何种品种，都因中心干顶端优势、顶芽及邻近的几个腋芽抽发长枝，表现为树冠层性明显，初结果期间，侧生枝上的顶芽所抽枝梢生长缓慢，短而粗壮；腋芽所抽枝梢，生长迅速而细长，使树冠向外开张，形成圆锥形树冠；进入盛果期，因果实重量使主枝下垂，树冠渐为圆头形。

1. 根

初生新根白色，后转黄白色，最后变成褐色；侧根稀少，须根数量占总根量的比例较一般果树低。实生苗的根在正常情况下有一粗长的直根垂直向下生长，有的直根生长到中途分成 2~3 个支根，直根上稀疏地着生细侧根。除直根外，在近地表处有许多横生的粗根，移栽时，直根被切断，则由横生的粗根长成主要根系。

2. 枝 梢

枇杷的新梢，青绿色或青棕色，密生锈色或灰棕色绒毛，老熟后变为黄褐色或棕褐色。成年树的枝干，灰棕色或灰褐色，多数光滑。

枇杷的侧生枝比顶生枝长，顶生枝生长缓慢，停止生长较早，故短而充实。幼年树上的顶生枝，因生长势旺盛，能抽长 20 厘米以上；而成年树上的主梢，节间短，长度在 20 厘米以下。由顶芽以下的侧芽抽生成的枝，是侧生枝。侧生枝比顶生枝细，节间长，枝也长，幼年树的侧生枝能长达 1 米以上，成年树的侧生枝也常在 25 厘米以上。

枇杷幼嫩枝上，叶痕较为明显，至 3~5 年后，渐趋消失，枝条才平滑。

枇杷的老年树上，枝节较为明显，因枇杷的顶芽，大多能形成花芽，由侧芽抽生的侧枝延长，所以新生枝与基枝常成角度而弯曲。壮年树上，因生长旺盛，枝节不明显。而衰老树上，生长势减弱，枝节明显，枝条弯曲，这种现象，群众称"多节枝"。树冠上多节枝多，是衰老的象征。

3. 芽

枇杷的顶芽分叶芽和花芽。芽体大而裸露，无鳞片包被，实际上是由 7~8 个大小不等的幼叶构成，外面密被锈黄色的绒毛。顶叶芽发育成主梢（中心枝）。顶花芽在夏秋形成，随后即抽穗开花。

枇杷的腋芽（即侧芽）是在叶腋间形成的。叶芽只有叶芽而无花芽，芽体很小，扁平，绿色，呈三角形，宽 2~5 毫米，紧贴在靠近叶柄基部的茎体上，由于发育条件不同，有的腋芽极小，在很多叶腋间或叶柄痕上看不到芽体，芽体外面密被绒毛，对芽体起着保护作用。

4. 叶

枇杷的叶片由叶身、叶柄和托叶构成。叶身革质，披针形、倒披针形、倒卵形或长椭圆形，长 12~30 厘米，宽 3~9 厘米；先端急尖或渐尖，基部楔形或渐狭形，上部边缘有疏锯齿，基部全缘。上面光亮、多皱，下面密生灰棕色绒毛，侧脉 11~21 对；叶柄短或几无柄，长 6~10 毫米，有灰棕色绒毛；托叶钻形，长 1~1.6 厘米，先端急尖，有毛。

叶片的大小，因品种、枝梢抽发的时期、立地条件和栽培管理水平等不同而有差异，如老伛种（浙江黄岩）的叶片较大，其叶长可达 50 厘米左右，叶宽可达 15 厘米左右；而牛奶枇杷（湖南沅江）叶片细小，长只有 16 厘米，宽只有 4.7 厘米。同一植株上，春梢上的叶片较大，夏梢和秋梢上的叶片小，冬梢上的叶片最小。在土质肥沃，肥培管理好，树势旺盛的树上，叶片较大；反之，叶片较小。

叶片色泽的深浅，叶背绒毛的稀密，叶缘锯齿稀密和深浅，叶脉间的叶肉皱褶程度等，都是鉴别品种的依据。

5. 花

枇杷的花穗为顶生圆锥状混合花序，长 10~20 厘米。总花梗和花梗密生锈色绒毛；花梗长 2~3 毫米；苞片钻形，长 2~5 毫米，密生锈色绒毛；花直径 12~20 毫米；萼筒浅杯状，长 4~5 毫米；萼片三角卵形，长 2~3 毫米，先端急尖；萼筒及萼片外面有锈色绒毛；花瓣白色、绿白色或淡黄白色，长圆形或卵形，长 5~9 毫米，宽 4~6 毫米，基部具爪，有锈色绒毛；雄蕊，每轮 10 枚，共 2 轮 20 枚左右，远短于花瓣，花丝基部扩展；花柱 5，离生，柱头头状，无毛，子房顶端有锈色柔毛，5 室，每室有 2 胚珠。

枇杷的花序由一个主轴和 5~10 个支轴构成，有的支轴上还有小分轴。每一花穗的花朵数因品种及花穗枝的营养状况不同而异，一般 70~100 朵花，多的可达 150~200 朵花，少的只有 30~50 朵。

6. 果　实

枇杷果实是由花托和子房共同发育而成，构造上是仁果类，植物学上称为"假果"。果实直径 2~5 厘米。栽培品种一般重 15~50 克。然而品种间差异甚大，如福建莆田的解放钟枇杷，果形最大，重达 125 克，湖南祁东的红肉圆形枇杷，果实小，仅 8 克。

果形有近圆形、扁圆形、长椭圆形或牛奶形等多种。

果实由果梗、果皮、果肉、心皮和种子等组成，果皮剥离容易或较难，外有柔毛，充分成熟时，皮色有橙红、橙黄、黄色、淡黄等。广西桂林有一品种，从幼果到成熟，果皮上都覆盖着褐色的锈斑与绒毛，致使果皮粗糙，呈红褐色，状似荔枝，故群众称为荔枝枇杷。枇杷果肉柔软多汁，色泽从棕红至玉白，依果肉色泽不同而分为红肉枇杷、白肉枇杷。果肉厚度多在 0.5~0.8 厘米，福建的太城四号果肉厚度达 1.21 厘米。正常成熟果实的可溶性固形物含量，100 克果肉一般为 7~17 克，其中转化糖 6~12 克，可滴定酸 0.1~0.7 克，维生素 C 3.3~13.3 毫克。果实的可食率为 50%~75%。

7. 种　子

种子形状因果形及每果所含种子数不同而异，有卵圆形、倒卵圆形、近似三角形、长扁圆形等。

每个果实的种子数，常因品种而异，一般为 1~8 粒，如福建太城四号为 1.34 粒，而江苏的早黄则平均每果种子数多达 6.6 粒。种子直径一般 1~1.5 厘米，单粒重 1~3 克。种子由子叶、胚和种皮等部分构成。种皮褐色、纸质，因品种不同，其色泽深浅不同。去种皮后基部具半圆形的沟纹，染有绿色，约占全核 1/3，称之基套。种皮内有 2 片肥大的子叶，富含淀粉。

二、生长环境条件

1. 温　度

枇杷是性喜温暖湿润的亚热带常绿果树，在年平均温度 12℃ 以上即能生长，而以 15℃ 以上更为适宜。枇杷树体的耐寒性较强，植株甚至在 -18.1℃（1977.1.30，武汉）尚无冻害，但与其它果树不同的是，枇杷秋冬开花，继而坐果。在幼果开始发育时，如遇低温，胚胎容易冻死。在一般情况下，幼果在 -3℃ 下即可能受害，故冬季低温成为能否进行经济栽培的主要限制因子。据杨家驹观察，太湖洞庭山地区 1959 年 1 月上旬最低温度降至 -7.9℃，连续二天最低温度在 -5℃ 以下，已进入幼果期的较进入花期的枇杷品种受冻严重。一般说来，枇杷的生殖器官以花蕾最耐寒，其次为花瓣未脱落的花，再次为花瓣脱落而花萼尚未合拢的花，以幼果最不耐寒。幼果受寒霜为害后，表皮细胞木栓化，形成"癞头疤"，即栓皮病，影响果实外观。枇杷果实既惧怕冬季低温，夏季高温亦不相宜。初夏果实成熟期，若遇 30℃ 以上高温，暴露在树冠外围，遭烈日直射的果实，极易发生日烧，迅速褐变腐烂。

2. 水 分

枇杷要求一定的雨量和湿润的空气。一般年降水量在 1 000~1 200 毫米的地区，雨水分布较均匀，枇杷能正常生长结果。春季雨水过多和排水不良，会引起枝梢徒长，导致落叶，影响结果；初夏果实膨大期，降水过多，则易导致果实着色差，成熟迟、风味变淡，甚至引起裂果。果实临近成熟，若供水不足，部分品种易发生皱缩萎蔫。7—8 月为枇杷花芽分化期，适当干燥有利于花芽分化。

3. 光 照

枇杷较能耐荫，但欲生长结果良好，仍需充足的光照。一般说枇杷在幼苗期要适当遮荫，进入结果期后，每天至少需 3 小时的直射光，否则树势弱，枝梢不充实，虽能结果，但品质差。

4. 土 壤

枇杷对土壤适应范围很广，酸性红黄壤，或海涂江滩，均可栽培，而以土层深厚、土质轻松、排水良好、含腐殖质较多的砂质壤土或砾质壤土最为适宜。枇杷对土壤的酸碱度要求不严，不论在江苏洞庭山石灰岩母质土壤（pH 值 7.5~8.5）和福建莆田红壤（pH 值 5.0 左右）都能正常生长结果。

5. 风

枇杷树高枝密，叶片大，加之根系较浅，容易招致风害。浙江、福建、江苏等地沿海沿湖种植枇杷，应选避风处，并配置防风林带，以减轻风害。

6. 地 势

枇杷在平地和山地都可栽培。山地种植枇杷，一般以南向或东南向山坡为宜，在南方没有冻害的地区，北向水热条件好的，仍可选作枇杷园，而低凹谷地，则不宜栽植。

三、营养特性

因为枇杷在不同的生物学年龄时期具有不同的生长发育特点，因此对养分的选择与需求各不相同。从营养元素来看，氮以新梢期吸收较多；钾以果实膨大期吸收较多；磷在开花幼果及花芽分化期吸收较多。以 10 年生"大红袍"枇杷植株为试材研究大量矿质营养元素累积与分布特性，结果表明：①N、K、Mg、S 等元素在叶片中含量最高，分别为 13.90 克/千克、13.00 克/千克、2.58 克/千克和 0.85 克/千克；P 在 1 年生枝中含量最高为 1.30 克/千克；Ca 在主干中含量最高为 18.20 克/千克。②N、P、K、Mg 及 S 在叶片中积累量最大，分别为 42.86 克、3.39 克、40.08 克、7.94 克和 2.62 克；Ca 在主干中积累量最大为 77.61 克。③整株每千克鲜重生物量中大量元素累积量为

12.70 克，其中叶片的最高，为 22.90 克；其次为主干，累积量为 17.59 克；果实的积累量最少，为 2.83 克。

研究表明，叶片单位生物量中大量元素含量都显著地高于其他营养器官，这与枇杷的叶片生长规律和承担的光合作用等功能密切相关。枇杷的叶片不仅是有机营养的生产场所，也是矿质营养重要的暂时性贮藏场所，所以在栽培过程中应重视叶片的保护，防止出现异常落叶等现象。在各器官中，主干的矿质营养累积量居叶片之后。主干是树体矿质营养的一个贮藏中心，对上可供开花果实，对下可以弥补根系吸收供应不足；而且，主干是树体相对稳定和安全的部位，一般不会因为树体管理而受到直接影响，作为贮藏营养的部位，也有积极的生物学意义。果实中 11 种元素的含量均显著性低于其他器官，植株营养的这种分布特征，不仅对果实的品质形成有益，对树体尽可能减少因果实采摘造成的营养流失也有重要意义。

四、需肥特点

枇杷树正常生长发育需要吸收 16 种必需的营养元素，其中从土壤中吸收氮、磷、钾三要素较多，其他养分较少。枇杷树根系较浅，大多集中分布在 10~50 厘米土层中，对养分要求较高，成龄树对钾的需要量最大，其次是氮、磷。据研究，每生产 1 000 千克鲜果，需吸收氮（N）1.1 千克、磷（P_2O_5）0.4 千克、钾（K_2O）3.2 千克，其比例为 1∶0.36∶2.91，可见枇杷是喜钾果树。从开花到果实膨大期是枇杷树吸收养分最多的时期，尤其是对钾、磷的吸收增加较多。

必须根据枇杷的生育特点需肥特性进行施肥。在各生育期中若养分供应不足，会对枇杷生产带来不良影响。后期若供氮过多，果实的原有味道变淡。适量供钾可提高产量，改善品质，增强树势，提高抗逆能力。但供钾过量会造成果肉较硬且变酸，在施肥中应注意适量。枇杷需钙量较大，在含钙丰富的土壤上，枇杷树势健旺。

五、营养诊断与缺素补救措施

1. 氮素过剩

枝梢旺长，叶色深绿，叶片因叶肉肥厚而皱褶；坐果率低，果实含青，着色差，成熟期推迟。

防治措施：控制氮用量，掌握适宜施用时期，一般枇杷产 600 千克，需施氮肥16~20 千克，氮肥应按平衡施肥与磷、钾肥配合施用。

2. 缺　磷

根系生长衰弱，枝、叶生长不良，叶片小，暗绿色，坐果率低，产量和品质均受严重影响。

防治措施：改土培肥，提高土壤中磷的有效性；合理施用磷肥，一般每株施 P_2O_5 0.25~0.9 千克。对已发生缺磷症状时，可喷施氨基酸复合微肥 800 倍水溶液，加入

0.2%~0.3%磷酸二氢钾，每7~10天喷施一次，一般连续喷施2~3次。

3. 缺　钾

缺钾时表现新梢细弱，叶色失绿，叶尖叶缘出现黄褐色枯斑，叶片易落，结果率降低；果小且果实着色差，含糖量低。病因：沙质土壤和酸性土壤及有机质少的土壤，或者轻度缺钾土壤中偏施氮肥，都易发生缺钾症。沙质土壤施石灰过多时，也可降低钾的可给性。

防治措施：发生缺钾症状时，叶面喷施0.1%~1.5%硫酸钾或氯化钾水溶液，每7~10天喷施一次，至症状消失。

4. 缺　钙

缺钙影响枇杷果实成熟和着色，根尖生长停止，根毛畸变，叶片顶端或边缘生长受阻，直至枯萎，枯花严重，易出现果实果脐病和果实干缩病。病因：土壤酸度较高可使钙很快流失；土壤中氮、钾、镁较多也容易发生缺钙症。

防治措施：缺钙时增施石灰，在树冠外围和冠顶喷施0.2%~0.3%硝酸钙水溶液或氨基酸钙1 000倍水溶液，每7~10天喷施一次，连续喷3~4次。在采果后可喷施波尔多液或石硫合剂等。

5. 缺　镁

缺镁时叶片褪绿黄化，从叶脉附近部位开始逐渐扩大，严重时叶肉变褐坏死，叶片干燥脱落，呈爪状，但叶脉仍保持绿色，形成清晰网状花叶，叶形完好。

防治措施：平衡施肥，严格控制铵态氮肥和钾肥用量。对于因土壤酸度过大而引起的缺镁，应施用镁石灰，既可调节土壤酸度，又能提供镁元素，一般每亩施用量50~70千克。每亩施用硫酸镁（按Mg计）2~4千克，在每年基施有机肥时施用，每株再加入1千克钙镁磷肥，对防治缺镁症有良好效果。在发生缺镁症状时，叶面喷施0.5%~1%硝酸镁或1%~2%硫酸镁，每7~8天喷施一次，一般需连续喷施3~4次。

6. 缺锰或锰过剩

缺锰叶片失绿，严重时叶片变褐枯萎，果实质地变软，果色浅，坐果率低，产量也低。防治措施：改良土壤，施用锰肥。改良土壤一般可增施有机肥和硫黄；叶面喷施0.1%~0.3%硫酸锰水溶液或氨基酸锰1 000倍水溶液，也可喷施含锰的氨基酸复合微肥，每7~8天喷一次，一般连续喷施2~3次。还可用1%硫酸锰水溶液进行树体注射。

锰过剩功能叶叶缘失绿黄化，并逐渐沿叶脉间向内扩展，失绿部位出现褐色坏死斑，异常落叶，根系黑腐。因锰和钼有拮抗作用，锰过剩时会诱发缺钼症状。

防治措施：改良土壤，酸性土壤每亩施石灰50~100千克，以降低锰的活性。加强土壤水分管理，及时开沟排水，防止因土壤渍水而使锰大量还原促发锰中毒症。合理施用过磷酸钙等酸性肥料和硫酸铵、氯化铵、氯化钾等肥料，避免诱发锰中毒症。

7. 缺　硼

枇杷树缺硼，茎顶端生长受阻，根部生长不良或尖端坏死，叶片增厚且变脆，或出现失绿坏死斑点，花数少，花粉粒发育不良，花粉管伸长受阻，影响受精阻碍开花结果，根生长不良。病因：雨水较多，土壤中的硼易流失；干旱会影响果树对硼的吸收；

土壤中石灰过多，钙离子会与可溶性的硼结合成高度不溶的偏硼酸钙，造成果树缺硼。

防治措施：干旱时期要及时灌水、浇水，在花期前后用 0.1% 硼砂加 0.2% 尿素连喷 4 次。

8. 缺　锌

叶片变小，树体衰弱，枝梢萎缩，花芽形成困难，结实不良，产量低。防治措施：在缺锌的土壤上严格控制磷肥用量，还要避免磷肥集中施用，避免局部磷、锌比失调而诱发枇杷树缺锌症。发生缺锌症状时，喷氨基酸复合微肥 600 倍水溶液或 0.5% 硫酸锌水溶液，每 7~8 天喷施一次，一般喷 3~4 次。

六、安全施肥技术

施肥量应根据树龄、树势、土壤肥力状况等决定。一般表土深厚肥沃的平坦地，每亩施用氮 10 千克、磷 6.3 千克，钾 7.5 千克，瘠薄地则适当增施。施肥时期幼年树一年 5~6 次，大约 2 个月一次，成年树一年 3~4 次，即采果前后及夏梢抽生期、开花前、春梢抽发及幼果增大期、幼果迅速膨大期。

1. 枇杷幼树施肥

未开花结果的枇杷幼树处于营养生长时期，其根系和新梢生长量大，停止生长较晚，因此促进新梢的多次生长以及抽生健壮的侧枝，并加速分枝，尽快形成枝叶较多的树冠，是幼树管理和施肥的主要目标，施肥上着重满足树体生长和抽发新梢对养分的需要。施肥次数依幼树生长强弱和品种特性而定，一般年施肥 5~6 次，其目的是促进树体生长。为了保持经常性的营养供应，除了冬季以外的其他季节都可以施肥。掌握"薄肥勤施"的原则，一般每隔 2 个月施一次，以氮为主，施稀薄的水肥或尿素与复合肥对掺的复合化肥一次。施肥量视定植时的基肥施用量和土壤肥力不同而定。

2. 生长结果期施肥

生长结果期枇杷树是从营养生长占优势逐渐转化为营养生长与生殖生长趋于平衡的一个过渡阶段，这个时期既要使树冠和根系不断扩大，又要逐年增加产量。施肥上要达到促发数量较多、质量好的春梢、夏梢，利用强枝扩大树冠，中等枝形成花枝（结果母枝）。由于枇杷系秋冬季开花结果，与一般果树的春夏季开花结果的习性完全不同，因此在 8 月以后应停止施速效肥，控制秋梢不抽生，否则会影响树体顺利进入花芽分化，影响当年产量。年施肥四次，分为开花期、春梢抽发及幼果增大期、幼果迅速增大期和采果后及夏梢抽生期。

3. 成年结果树施肥

依其需肥特点和物候期，一般年施肥 3~4 次：第一次 5—6 月采果后至夏梢萌发前施，主要是恢复树势。促进夏梢抽发，生长健壮，为花穗发育打好基础。这次肥以速效肥与迟效肥混合施用。施肥量掌握在全年总用肥量的 50% 左右，迟熟的可提前至采果前施。第二次于 9—10 月开花前施，主要促进花蕾健壮、开花正常和提高树体的抗寒力。以腐熟农家肥为主，配合少量的化肥，施肥量占总施肥量的 10%~20%。第三次于

2—3 月幼果开始膨大期施，这期间亦是疏花疏果后，春梢抽发前，施肥主要促进幼果长大、减少落果并促进春梢抽发和枝梢充实。施肥量占总量的 20%~30%。第四次于幼果迅速肥大期施，枇杷果实后期在很短时间里果实增重达总果量的 70%，且糖分的营养物质也迅速积累，如此时不能及时均衡供应营养，不仅产量上不去，对树体影响也较大，追施占总量 10%左右的肥料，均能提高产量和改善品质，尤其迟熟种更宜重视此次肥料的施用。有的地方后期采用 3%过磷酸钙和 0.3%尿素根外喷施，也能收到良好的效果。

因各地气候、品种、土壤肥力和栽培习惯不同，施肥时期也不一样，但作用和目标基本一致。长江流域一般年施春肥、夏肥、秋肥 3 次，华南地区则加施一次冬肥，台湾枇杷也采取 4 次肥制，分别于 1—2 月、4—5 月、6 月和 10—12 月施，每株施氮、磷、钾复合肥 2 千克。

在土壤施肥的同时，可对枇杷树进行叶面喷肥，用氨基酸复合微肥 600~800 倍稀释液，加入 0.3%尿素和 0.3%~0.5%磷酸二氢钾混合喷施，可增强树势，提高产量和品质。也可适时适量喷施尿素、磷酸铵、硫酸钾及中量元素和微量元素等养分。

第十节　槟　榔

槟榔（*Areca catechu* Linnaeus）为棕榈科槟榔属植物，槟榔别名广子、青仔、大白、椰玉、槟榔子。多年生常绿乔木，高 10~20 米，最高可超过 30 米。槟榔原产于马来西亚、印度、缅甸、越南、菲律宾等，而以印度栽培最多。现广泛种植于世界热带地区，现在我国福建及台湾南部、广西、广东、海南岛及云南南部均有栽培。海南槟榔种植面积大，产量和品质均较好。

槟榔是中国名贵的南药，在医学上，其椰玉（核）、果皮、花苞等都可入药。槟榔含有多种生物碱，主要成分为槟榔碱，含量为 0.1%~0.5%。另外，含有槟榔素、儿茶素、胆碱等成分。槟榔性味苦涩微辛，驱虫，对驱除绦虫、姜片虫疗效较好，对蛔虫、血吸虫也有效果，另有杀菌固齿的功能；槟榔子还具有消积导滞，行气利水的功效，是治食积气滞、腹胀便秘、痢疾后重，和脚气疼痛等。它对流感病毒和多种皮肤真菌也有抑制作用。成熟的果皮又称"大腹皮"，主治腹胀水肿、小便不利等症。花苞俗称"大肚皮"，可治腹水、健胃、疗腹胀，散气滞、止霍乱。未成熟的果皮，多作咀嚼用的嗜好品，除传统的鲜果生嚼外，现已加工为包装精美、味道各异、食用方便的产品。槟榔还是一种风景树，它有干无枝，亭亭玉立，风姿绰约。春季打苞犹如少女含情，夏季开花芬芳馥香，秋季结果色赛绿玉晶莹，其园林效果独特、淡雅。

一、形态特征

1. 根

槟榔根系为须根系，没有明显的主根，由茎干上长出不定根称为次生根 400 多条，次生根上又长出支根，形成强大的根系，可入土 1~2 米，但绝大多数分布在 50 厘米的表土层。初生根直径在 1.4 厘米左右，随着树龄的增长其颜色逐渐变为褐色，槟榔的气生根分布在根茎周围，形似侧根，但是短而粗，表皮细胞发达，木质化部分含有大量的微孔细胞，这些微孔细胞与根系的通气组织相连，中老龄树比幼树多，这些吸收根具有明显的呼吸功能，有利于深埋在水中或沼泽地中的根尖吸收空气。

槟榔根系密集着生于茎基部，在靠近地表部分根系与地表倾斜角不超过 15°，0~20厘米土层处根幅较小，20 厘米以下根幅扩大。槟榔根系倾斜角与分布深度呈正比，即随分布深度加深而倾斜角变大。一般根系相对均匀对称，其中 60~80 厘米以 75°倾角伸展，起到良好的固定作用。20~40 厘米土层以下以小于 45°的倾角向下延伸。槟榔根系的水平延伸围相差不远，以 10 年生槟榔根系最大，达 0.86 米左右。根系的分布深度均相差不大，仍以 10 年生最深，为 0.95 米。槟榔根系集中分布在 0~20 厘米、20~40 厘米范围内。槟榔根系形如团网状，成密集分布，这种结构使槟榔具有很强的抗风能力。

2. 茎

槟榔茎干幼龄期呈现翠绿色，成年则呈灰褐色。茎干直挺，不分枝，高 10~20 米，胸径 10~20 厘米，有环状的叶痕，称为节，节间一般宽 5~10 厘米，其疏密与品种和生长势有关，荫蔽和土壤肥沃、水源充足的环境下节间较宽，土壤贫瘠、干旱、病害危害的情况下节间较窄。

在任何条件下，正常生长的槟榔茎干生长始终保持直立，由于缺少形成层，受到伤害后很难恢复原状。槟榔茎干较细，有一定的柔韧性和抵抗强风的能力。茎干的唯一顶芽不断产生；叶片，随着叶片的逐渐脱落，永久的叶痕就留在茎干上，因此槟榔树的年龄可以清楚地通过叶痕数量计算出来。早期茎干生长迅速，然后逐渐减缓，幼树的平均叶痕间距在 13.9~34.3 厘米，随年龄的增长，叶痕间距逐渐变窄，底部、中间和顶部的平均叶痕间距分别为 10.5 厘米、6.8 厘米、1.7 厘米。

3. 叶

槟榔的叶为大型羽状全裂单叶，聚生于茎干的顶端，长 1.5~2 米，由叶片和叶鞘组成，新叶抽生周期平均 43 天，包含叶鞘、叶轴和小叶，叶轴基部膨大成三棱形，叶轴沿中脉小叶末梢，叶鞘长约 54 厘米，宽约 15 厘米，紧紧包围着树干，保护着未出生的花序。叶片脱落后形成灰绿色的环状结构，成龄树每年约抽生 7 片叶。平均叶片长1.65 米，叶片长短决定于树体的活力、健康状况和土壤肥力状况。叶片中脉两旁各有70 片左右小叶，小叶多数线状披针形，长 30~70 厘米，基部小叶长约 62.5 厘米，宽 7厘米，顶端小叶长 30 厘米，宽 5.8 厘米，而中间小叶长约 69 厘米，宽 7 厘米。主脉两边的小叶部分粘连在一起，在中脉的末梢有 2~3 对中断的小叶形成两歧分裂的顶端。小叶有 1 个或多个中脉，叶片革质柔软，正常叶片呈浓绿色。

4. 花

槟榔为异花授粉植物，雌雄同株，穗状花序，着生在节上，发育前期被苞片裹着，形状呈船形，称为船形佛焰苞，呈黄绿色。在印度南部，一般花序形成多在 10 月至翌年 2 月，3 月逐渐减少，数量最多的季节是 12 月至翌年 3 月。槟榔经济寿命 40 年，直到死亡前都可以开花。

苞片开裂后出现肉穗花序。花序具短柄,主花轴长约 69 厘米,有 12~18 个次花轴,长 25~30 厘米,并依次产生三级分枝,雌花位于次花轴的末梢,雄花分布于长 15~25 厘米的丝状分枝上。沿着丝状花序排列为 2 排,偶尔有贴近雌花生长的雄花。花单性,雌雄异花。雄花小,无柄着生于花枝上部,呈奶白色,着生两轮花被,3 片覆瓦状分布的花萼,长约 0.1 厘米。3 片硬质披针形花瓣,尖端呈镊合状,长 0.35~0.4 厘米;6 个雄蕊,6 个箭头状花药,紧贴着花瓣,环状分布在子房周围。雌花无柄,具有 2 轮花被,外层是绿色船型覆瓦状花萼,内层是轮生卵形覆瓦状花瓣。花瓣紧贴子房,有 6 枚退化的雌蕊,子房呈穹顶形,硬质结构组成柱头。不同品种的花序形态特征不一样。

5. 果

核果有圆形、椭圆形、卵圆形、心形。长 4~6 厘米或 7~8 厘米,最长的 11~13 厘米。未成熟果是青绿色,成熟橙黄色。果实由果皮和种子组成。外果皮为革质、中果皮初为肉质,成熟为纤维状质,内果皮为木质。槟榔果实一般单室,内含种子一枚由胚、(种仁)胚乳和种皮组成。槟榔果呈圆形长圆形等形状,大小可作为品种划分的依据。

二、生长环境条件

槟榔的生长发育和产量受气候条件的影响非常大,以热量条件、水分条件和台风等的影响最大。在印度,超过 50% 的槟榔产量的变化是由于气候条件变化引起的,Vijaya kumer 等通过分析 12 年间气候变化,表明槟榔的产量与湿度、蒸发和降雨量相关性极大。在我国的海南等地,由于长期的干旱、强台风、寒流等不利天气的影响,槟榔的生长和产量也经常受到严重的影响。

1. 温 度

槟榔属热带雨林植物,喜高温,但不能过高,也不能忍耐过低的温度或日温差变化急剧的气候,要求年平均温度在 22℃ 以上,年变化度为 14~36℃ 的地区生长,5~40℃ 的地方也能生长,但以 24~28℃ 最宜。16℃ 时落叶,5℃ 时植株受冻,3℃ 时叶色变黄,叶尖枯死,果实发黑脱落,个别植株死亡。-0.2℃ 时叶片枯黄,-1℃ 时植株死亡。

海南产地秋尽至春始,生境回春明显,按平均气温 ≥10℃ 标准,槟榔多散生或块状混生于热带雨林中,要求适宜的气温(24~26℃),最冷月(1 月份)平均气温 18℃ 以上,若气温降至 16℃ 时,植株发生落叶现象,相继下降至 5℃,老龄植株即受寒害。果实的发育受温度的影响也较明显,每年的 3 月份前,是第一蓬果实成熟期,正是气温较低,果实发育不良,果小、种仁不饱满,只能加工成榔干。到了 5—6 月,气温升高,此时成熟的果实饱满,品质也较高,种用果和加工成榔玉的果实均是这时候成熟的。

2. 水 分

光照和气温是槟榔生存繁殖的重要生态条件,但是常年雨量充沛且均匀,导致生境湿润,温凉而忌积水、久旱干燥和充足的养分,更是槟榔高产增收的关键所在。年降雨量在1 700～2 000毫米之间适宜槟榔生长发育，年降雨量在750～1 500毫米时需灌溉，雨量过大时需排水。空气相对湿度为60%～80%时适宜槟榔生长和发育（成龄树50%～60%较适宜），相对湿度影响叶片的生长、光合作用、花粉的扩散等，最终影响经济产量，但湿度太高则有利于果腐病、芽腐病等病害的传播。空气相对湿度对土壤的蒸腾作用影响相当大，从而影响槟榔的水分需求。

3. 土　壤

槟榔生长寿命长短，经济效益高低，土壤条件是关键。槟榔粗生易长，适应性较广，对土壤要求不甚严格，除冲积的海滩、盐碱地、沙地、酸性大的干旱地外，一般在平地、低山和丘陵地的土层深厚、质地疏松而富含有机质的壤土，保水力强且排水良好的砖红壤土及沙质壤土，pH值4.5～7.8，土壤约60厘米深而底层为红壤或黄壤土均可种植，但最忌干旱、易积水和瘦脊的沙砾地。通常肥沃的林缘、沟谷、坡麓、坝旁和五边地种植最为理想，植株生长势旺，叶片大且色深绿，花穗分枝多，结果量多，产量高。

4. 风

槟榔属风媒花为主的植物，微风有利于花粉的传播。但热带低气压和台风对槟榔生长极为不利，槟榔由于根系发达、无分枝、树冠小、茎干坚硬、长期生长在热带季风的环境里，一般不易被台风刮倒，但台风会损坏叶片，如果损害叶片在4片以上时，就会影响第二年的花序形成，因此选择向阳而又避风的小环境种植是槟榔的丰产条件之一。海南较大面积的槟榔栽培要注意营造防护林，以减轻强风的危害。

5. 海拔和坡向

槟榔的栽培主要分布于南北纬28°范围，而海拔高度则在很大程度上取决于纬度的高低，通常槟榔主要是种植在低海拔地区。在印度的东北部地区，虽然槟榔有种植在海拔超过1 000米的地方，超过这个高度的槟榔果实质量不好，因为冬天的低温对槟榔影响很大，槟榔果实的胚乳发育不充分。另据报道，高海拔地区成熟种果外壳的质量不好，种子发芽也不好，海拔超过850米的地区槟榔果实的发芽率和果壳占整个果实的重量也比低海拔地区低。在我国海南省五指山市海拔超过1 000米的槟榔园，种果成熟期较晚，产量也较低。

海南岛地形复杂，四周低平，中部山地崛起，低山、丘陵、谷地交错，不同地形，不同山岭高度、不同坡向，光照、气温、雨量也就不同，导致热量水分重新分配，因而对槟榔生长发育亦十分重要。据观测屯昌乌坡九湾岭不同植地坡向与低温突变寒潮寒害的槟榔生育情况，在低温突变条件下，同一山丘而不同高度和坡向对槟榔生长发育的寒潮寒害程度差别显著，寒害总的趋向是山顶>山腰>山脚、北坡>南坡。南坡的轻度寒害至无寒害的比值分别是71.25%、79.38%和93.13%；中度以上寒害至植株枯死只有33.76%、20.63%和6.88%。但是北坡种植的槟榔轻度寒害至无寒害仅有18.13%、51.88%和72.51%，而中度以上寒害却高达81.38%、48.13%和27.51%。因此，在地形坡向种植槟榔生产中，人们应选择背北风的南坡或东南坡，常年温凉湿润和日温差变化不大的生境为宜。

三、营养特性

通过对槟榔不同物候期叶片及果实不同发育时期的营养元素进行分析（表4-12），发现不同物候期上、中、下层叶位矿质元素的含量变化有差异。不同营养元素含量大小顺序为 N>K>Ca>Mg>P，而 N 素之值均比其余的高出 0.59%~1.59%，N、P、K 的比例约为 11.12：1：7.97；植株生殖期间，果实发育阶段不同，其叶片营养水平不同。花苞期叶片吸收氮素强度比营养生长期提高 9.1%，吸收量增加 0.12%，在幼果发育期间，叶片氮含量最高，比营养生长期高出 19.2%，而果熟期树体随着冬季气温下降，根系吸收与体内组织代谢机能减弱，从当年 12 月至翌年 3 月氮含量呈最低值（2.08），花苞期叶片氮含量又急剧上升。

表4-12　槟榔物候期叶片营养元素含量　　　　（单位：%）

项目	N	P	K	Ca	Mg	N、P、K 比例
营养生长期	2.08	0.187	1.49	0.32	0.28	11.12：1：7.97
花苞期	2.27	0.196	1.57	0.37	0.29	11.38：1：8.05
盛花期	2.41	0.202	1.61	0.41	0.28	11.93：1：7.97
坐果期	2.48	0.213	1.83	0.49	0.27	11.64：1：8.59
果熟期	2.26	0.220	2.13	0.52	0.25	10.27：1：9.68

坐果期至果熟期的叶片磷含量最高（0.220），其值为营养生长期的 13.9%~17.6%，吸收量也随之增加 2.6%~3.3%。K、Ca 素含量生殖期均比生长期逐步提高，其中以果熟期为最高值（2.13、0.52），前者与生长期相比高 42.9%，叶片吸收量相应为 0.64%，后者是 62.5%，叶片吸收量都是 0.2%。镁素含量除花苞期偏高些，其余的都比生长期略低。由此说明，槟榔叶片营养元素含量随物候期不同而有所差异的。

四、需肥特点

槟榔树成花期 N、P、K 之比值为 7.88：1：8.65（表4-13），含量大小依序 K>N>P，而从小花分化至幼果发育各不同阶段，N、P、K 素的含量除了在幼果期比成花期稍微低些，青果期 N、P 素营养值也比成花期偏低，而 K 素却相应地提高 19.5%。至于成熟果 K 素营养值近似于成花期，但 N、P 素比成花期分别高 44.8% 和 9.2%。

表4-13　槟榔成花、幼果三大要素含量比较　　（单位：毫克/千克）

果龄	干物质含量			N、P、K 比例
	N	P	K	
成花	21 520	2 728	23 607	7.88：1：8.65

（续表）

果龄	干物质含量			N、P、K 比例
	N	P	K	
幼果	20 370	2 290	21 920	8.89：1：9.57
青果	21 241	2 570	28 212	8.26：1：10.97
成熟果	31 171	2 981	23 607	10.45：1：7.91

五、营养诊断与缺素补救措施

通过大田槟榔长势、长相来诊断槟榔植株短时间内的营养状况是一个非常实用的途径。不同元素其生理功能及其在槟榔体内移动性各异，因此，出现的症状及部位也有一定的规律。表4-14是槟榔常见的一些元素缺素症状。

通过大田槟榔长势、长相来诊断槟榔植株的营养状况简单易行，无需仪器测试，但是，此法需要一定的基础知识及经验，如果同时缺乏2种或2种以上的营养元素，或出现非营养因素（如病虫害）而引起的症状时，则情况会变得较为复杂，因此，建议田间诊断与营养分析诊断相结合。

表4-14　槟榔营养元素缺乏症状

营养元素	缺乏症状
氮	生长受到严重的抑制，通常较老的叶片先黄化，老叶片比嫩叶严重，严重缺乏的叶片发干成棕色，有些叶片甚至折断
磷	叶片边缘呈现焦枯状，较老的叶片在叶脉之间呈黄色，在叶鞘处通常呈紫色，植株生长缓慢
钾	叶片呈浅蓝绿色和轻微的、交错的黄化，叶片边缘向下弯曲，在叶片边缘组织死亡，树冠矮小
钙	叶片呈现相间类型的黄化，严重的生长点坏死，植株死亡
镁	下部叶片黄化但通常不出现斑点，从叶尖开始黄化，沿着叶缘和叶脉向内和向下扩展，叶缘朝上卷曲，叶中脉和叶脉呈绿色
硼	下部叶片的叶尖呈现斑点黄化，交错的黄化条斑最后合并成坏死损伤，花穗短小和果实发育不良、偏小，严重缺乏心叶扭曲甚至生长点死亡

六、安全施肥技术

1. 幼龄树施肥

幼龄树以营养生长（建造根、茎、叶）为主，对氮素的要求较高。施肥原则以补充氮肥为主，适当施用磷、钾肥。

基肥：在定植时可施堆肥、厩肥等 5~10 千克，混合过磷酸钙 0.2~0.3 千克。结合扩穴可在树冠外缘挖 30~40 厘米深的半月形沟施下。

追肥：每年结合除草松土追 3~4 次，尿素 0.1 千克+氯化钾 0.1 千克，或者用复合肥 0.2 千克。于树根 15~20 厘米处挖沟施入，然后覆土。产前 1 年加大氯化钾的用量，有利于提高初产期的产量。

2. 成龄树施肥

成龄树营养生长和生殖生长同时进行，施肥以磷、钾为主，辅以氮肥。

（1）养树肥

在采果结束后施，占全年施肥量的 1/3。目的是使槟榔树在采果后能及时得到养分的补充，促进采果后的树势恢复以及其后的花序分化，为下年的开花结果打下基础。施肥的时间一般多在 11 月下旬或 12 月，以有机肥和磷钾肥为主，提高槟榔冬季耐低温、耐干旱和增强光合作用的能力。具体的施用方法为，于树根 15~20 厘米处挖沟施入，施厩肥 10~15 千克/株，氯化钾 100~125 克/株，施磷肥 0.5~1 千克/株，然后覆土。几种肥料最好混合后一起施。

（2）花前肥

在 2 月份花开放前施，由于槟榔的花苞处于快速生长阶段，进入 3~5 月份则花序陆续开放，树上上一年的果实也处于成熟期，故对钾需求量大。本次肥以钾为主，配合施用氮肥。目的是促进花苞正常发育，提高开花稔实率和成熟期果实的饱满度，并使叶片正常生长。一般施厩肥 10~15 千克/株，氯化钾 125~150 克/株。

（3）壮花肥

3—5 月是槟榔花盛花期，提高槟榔树开花结果稔实率。以施用氮、钾肥为主，花前肥施用量大时，这次施肥可以不施或少施。

（4）催果肥

在 6—9 月施用，此时果实体积处于迅速膨大期，也是一年抽生叶片的旺盛期，对氮的需求迫切。以提高氮肥的用量比例，以促进叶片的生长，提高坐果率使果实体积增大。施尿素 120~150 克/株，氯化钾 70~125 克/株。

（5）壮果肥

为促进青果生长，增加一级青果，提高经济效益，每采一穗青果，施一次攻果肥。此次施肥以速效性的氮、钾肥为主。如果前几次施肥量大或根据树势，确定施肥时间和施肥的数量。

3. 中、微量元素肥料的补充

正常施入有机肥的槟榔园一般无需再补充中、微量元素，但一些滨海地区有机质含量很低的槟榔园容易出现缺镁、缺硼和缺锌等现象，可根据症状的表现有针对性地施入中微量元素肥料。成龄树施钙镁磷肥 300~500 克、硫酸镁 100~150 克、硼砂 50~75 克、硫酸锌 50~100 克。幼龄树根据树体大小酌情减少施入量。

第十一节　特色果树

一、番荔枝

番荔枝（*Annona squamosa* L.）是番荔枝科番荔枝属植物。本属约100种，其中果实可食的约14种，作经济栽培和重要育种资源的除本种外还有毛叶番荔枝、牛心番荔枝、山刺番荔枝和圆滑番荔枝等。番荔枝原产热带美洲，现广泛分布于世界热带和较温暖的亚热带地区。约300年前引入我国，台湾、广东、广西、海南、福建、云南、贵州等省（区）均有栽培。现台湾栽培面积近5 000公顷，广东约600公顷。发展较慢的原因主要是根腐病严重，其次是鲜果易烂，不耐贮运，以及加工问题尚未解决等。

1. 需肥特点

番荔枝生长发育需氮、磷、钾、钙、镁、硫、锌、硼、铁、钼、酮、钠等营养元素，所需要主要养分比例为 $N : P_2O_5 : K_2O : Ca : MgO = 1 : 0.5 : 0.34 : 0.53 : 0.1$。

番荔枝根系浅生，土壤保水能力较差，华南地区降雨又极不均匀，秋冬干旱，又常有春旱、夏旱，对番荔枝生长和结果不利。特别是果实发育期间需有稳定的水分供应，除进行土壤覆盖外，干旱时最好淋水。

采果后，对营养生长起重要作用的是水分，水分充足，树体保持绿叶的时间长，光合产物及其积累多，为下一次发芽、长梢、开花、结果提供充足的物质条件。故采果后除及时施肥外，更要配合水分供应。

番荔枝要求微酸性至微碱性土壤，除施氮、磷、钾完全肥料外，要注意施石灰，以中和酸性并提供钙营养。幼年树施肥以促进生长、迅速形成丰产树冠为目的，除施基肥外，结合修剪和培养枝梢的次数施肥，每培养一次梢施1~2次肥，肥料以氮为主。结果树施完全肥料，一般分3次施。

根据叶片和土壤分析进行施肥是生产的方向，以下资料可供参考：杂交种番荔枝在澳大利亚的叶片营养水平为：氮2.5%~3.0%、磷0.16%~0.2%、钾1.0%~1.5%、钙0.6%~1.0%、镁0.35%~0.50%、铁40~70毫克/千克、锰3~90毫克/千克、锌15~30毫克/千克、铜10~20毫克/千克、硼15~40毫克/千克、钠0.02%、氯0.3%。普通番荔枝在广东的叶片营养水平为：氮3.21%、磷1.6%、钾1.09%、钙1.69%、镁0.32%。

2. 土壤管理与施肥

（1）土壤管理

间种：连片种植的番荔枝园，第一、第二年可间种豆类、蔬菜或番木瓜、菠萝、西瓜等短期水果，以增加初期收益，优化生态环境和增强山坡地水土保持能力。对间作物应除草、施肥。间作物收获后的残体覆盖于树盘或埋施作肥。

除草松土覆盖：末行间作的番荔枝园，要及时清除树盘及其附近的杂草并松土。番荔枝根系浅生，易受表层土壤温、湿度变化影响，故松土宜浅，避免伤及吸收根，并进行土面覆盖。最好是生长季节行生物覆盖，旱季割除作物覆盖于树盘，株行间适度中耕，疏松土壤。

（2）施　肥

促梢促花肥：在大部分叶片已脱落、萌芽发梢前（广州地区在3月上旬）施，目的在于促进萌芽发梢和现花蕾开花，施肥量约占全年的40%，以氮为主，配施少量磷、钾肥。在3月施肥后到开花前，可根据植株生势适当补施速效氮肥，也可进行根外追肥。

壮果肥：在幼果横径3~4厘米时（广州地区约在6月）施，目的在于促进果实迅速增大，施肥量约占全年的30%，以钾为主，配施氮肥。由于番荔枝在叶片存留期一般不会发芽侧枝，故在果实发育期间即使多施肥也不会因促发新梢而引致落果；若施肥的同时对20厘米以上的营养枝打顶，抑制其伸长，则施肥促壮果实的作用更为明显。在采果前，还可根据树势和结果情况，适当补施肥，以提高果实品质。

采果后肥：在采果后（广州地区9—10月）施，目的在于恢复树势，提高和延长叶片光合功能，防止叶片早落，增加树体养分积累，施肥量约占全年的30%，施完全肥料，有机肥与无机肥、速效与迟效结合，适当增加磷肥。由于进入秋季后部分叶片脱落，营养生长较弱，又不必重点培养秋梢作为明年结果母枝，因此对果后肥一般不够重视。但采果后的营养积累对翌年春梢生长及开花结果影响很大，所以果后肥不能忽视。若进行产期调节栽培，果后肥量应及早施和增加施肥量，以促发新梢、开花和结果。

在我国台湾，番荔枝肥料三要料配合标准为 N：P：K=4：3：4。1年生树酌施氮肥，2~3年生树每株每年施上述配比混合肥0.3~0.5千克，6年生树施2~4千克。华南地区山坡地赤红壤有机质含量低，有效磷、钾不足，肥料利用率一般不高，施肥配比及施肥量还根据具体情况而定。广东东莞虎门果农5~6年生番荔枝，开花前每株施氮磷钾复合肥（15-15-15）0.75千克，坐果后施0.5千克，果实膨大期施0.5千克加硫酸钾0.4千克，采果前根据结果量和果实大小补施复合肥0.5~0.75千克，采果后施优质农家肥、粪肥5千克，加过磷酸钙1千克。

3. 安全施肥技术

番荔枝施肥原则是以有机肥为主，化肥为辅，有机肥与无机肥相结合施用。

幼树以迅速形成树冠为目的，除施足基肥外，每次新梢后宜短截、摘叶和追肥，以促更多新梢萌发，肥料以氮为主。结果树则施完全肥料，在萌芽前、果实发育期、果实采收后3个时期施。全生育期每7~12天喷施一次氨基酸复合微肥，对提高产量和果实品质效果明显。施用番荔枝专用肥替代单质化肥其效果显著。

萌芽前追肥　萌芽前追肥俗称促梢花肥。番荔枝当年的新梢量与开花结果呈正相关。新梢可在上一年的各类枝上萌发，即各类枝条都可成为结果母枝。故宜重施促梢促花肥，占全年施肥量的40%，以氮为主，配以磷、钾。另外，番荔枝宜在碱性土壤（pH值7~8）上生长，对钙的反应良好。华南地区多为酸性土壤，故多施石灰对根系生长和果实发育有良好的作用。一般在大部分叶片脱落至萌芽前施肥完毕，开花前还可根据树势适当补施或进行根外追肥。

果实发育期追肥 果实发育期追肥俗称壮果肥。普通番荔枝无明显的生理落果期。小果横径 3~4 厘米时可施追肥，占年施肥量的 30%，以钾为主配合氮。因侧芽需落叶后才萌发，果实生长期间不会出现落叶现象，故多施肥也不会诱发大量新梢而导致落果。采前还可以根据树势适当补施，以提高品质。

果实采收后施基肥 果实采收后施基肥俗称采果肥。普通番荔枝不是明显以秋梢为结果母枝，通常入秋后会自然落叶，营养生长减弱，往往忽视采果后的施肥。普通番荔枝要到春暖萌芽前才全部落叶，采果后加强肥水供应不但可延长叶片寿命，还可减少落叶，增加树体贮藏养分，对下一年春天枝梢生长和开花结果均有良好作用。此次追肥应占全年施肥量的 30%，以氮为主，适当增加磷肥。

普通番荔枝施肥 开花前每株施番荔枝专用肥 0.7~0.8 千克或氮磷钾 45% 的复合肥 0.75 千克；坐果后施番荔枝专用复混肥 0.5 千克，果实膨大期施专用复混肥 0.5 千克，另加硫酸钾 0.4 千克；采果前根据结果量和果实大小补施专用复混肥 0.5~0.75 千克；采果后施优质农家粪便肥 15 千克、专用复混肥 0.5 千克、磷肥 1 千克。番荔枝施肥量情况可参考表 4-15。

表 4-15　番荔枝单株年施肥量　　　　　　　　（单位：克/株年）

树龄（年）	肥料三要素用量（克）			肥料用量（克）		
	氮	磷	钾	硫酸铵	过磷酸钙	氯化钙
1~2	100	60	50	467	333	83
3~4	300	200	150	1 429	1 111	250
5~6	500	350	300	2 381	1 944	500
7~8	850	500	450	4 048	2 778	750
9 年以上	1 000	700	600	4 762	3 889	1 100

二、番木瓜

番木瓜（*Carica papaya* L.）是番木瓜科番木瓜属植物。本属约有 40 个种，在栽培上以番木瓜这个种最重要，经济价值最大，其他种的果实个小、味涩，多用于腌制或作蔬菜食用。番木瓜原产南美洲，分布遍及世界热带、亚热带地带（北纬 32° 至南纬 32°），与香蕉、菠萝同称为热带三大草本果树。世界主要生产国是印度、墨西哥、巴西等，我国栽培历史已有 300 多年，主要产区是广东、广西、云南、福建、台湾等地。番木瓜生长上存在的主要问题：花叶病严重影响产量及品质。其次是国际市场销售动态表明，消费者喜爱优质的小果形品种，因而须尽快育成抗病的高产优质及具高商品性的优质小果型品种。

1. 需肥特点

番木瓜生长发育需要氮、磷、钾、钙、镁、硫、锌、硼、锰、铜、铁、钼等多种营养元素。番木瓜周年开花结果，所需大量和微量元素养分必须充足。据广州市果树所介绍，在营养生长期，氮、磷、钾的比例是 5∶6∶5，生殖生长期为 4∶8∶8，台湾推荐的比例为 4∶8∶5。

番木瓜植株生长快，早熟品种，种植后 45~50 天开始现蕾，全年开花结果，所需大量和微量元素必须供应充足才能满足正常生长和开花结果。海南大部分果园土壤硼、钾均较缺乏，生产中应重视施用钾肥和硼肥。番木瓜平衡施肥试验的最佳施肥配比，整个年生长期（1—12 月）氮、磷、钾的比例是 1∶0.9∶1.1，其中营养生长期氮、磷、钾的比例是 1∶1∶0.5（含基肥），生殖生长期氮、磷、钾的比例是 1∶0.8∶1.5。氮、磷、钾主要靠根系从土壤中吸收，需要量大，必须通过合理施肥才能满足速生、优质的需要，硼肥则通过土壤和叶面喷施来满足。

2. 土壤管理与施肥

（1）土壤管理

土壤覆盖：移植后初期，宜用稻草等植物残秆或塑料薄膜覆盖畦面。

除草与中耕：植后 2~3 个月内进行中耕除草培土，既可以消除露根现象，防止水土流失，又能保持土壤保肥保水能力。宜用化学除草剂是克芜踪、百草枯、一把火等。

（2）施　肥

宜采用平衡施肥和营养诊断施肥。推荐施用的肥料种类见表 4-16。

表 4-16　番木瓜推荐施用的肥料种类

肥料分类	肥料种类
有机肥料	腐熟人、畜、禽粪尿（包括厩肥）、堆肥、生物有机肥
无机肥料	氮素肥料：尿素 磷素肥料：过磷酸钙、磷酸二氢钾、磷酸铵 钾素肥料：氯化钾 钙肥：熟石灰 镁肥：硫酸镁 微量元素：硼砂（酸）、钼酸铵、硫酸锰、硫酸锌
复混肥料	专用肥、有机无机复混肥、氨基酸复混肥、腐植酸复混肥

3. 安全施肥技术

番木瓜幼树采取环施，结果树采取条沟施或撒施于畦面。

基肥：种植前应在种植穴放足以腐熟有机肥为主的基肥，对根系生长、树干充实十分重要。基肥充足的植株，早现蕾，早开花，结果部位低，坐果高，果实品质好。

促生肥：番木瓜营养生长期短，早熟品种在 24~26 片叶开始现蕾，营养生长期只有 40~50 天。一般定植后 10 天开始施肥，以速效氮肥为主，每株施三元复合肥(15-15-15 或 20-10-10)或尿素 10 克，兑水淋施。每 10~15 天施肥一次，用量逐次增加，由稀至浓。还应注意固态肥与液态肥相结合，促进根系生长，防止树干徒长，氮、磷、钾为 $1:0.5:0.3$。还可喷氨基酸叶面肥，结合喷杀菌剂，每隔 $7\sim10$ 天叶面喷施 0.3% 磷酸二氢钾。

催花肥：当植株进入生殖生长后，每个叶腋都能形成花芽，养分不足时花芽分化受到影响，顶部生长减慢，生长量减少，因此在现蕾前后要施重肥，仍以氮肥为主，增加磷、钾肥。缺硼的地区在花期喷施 0.05% 硼砂或每株施 $3\sim5$ 克硼砂，防止瘤肿病发生。每株追施三元复合肥（15-15-15）100 克，加硼砂 5 克，以供花芽分化需要。氮磷钾施肥比例为 $1:2:1$，其中表层土壤有机质含量 1% 以下的每株施有效氮 $25\sim30$ 克，土壤有机质含量 1% 以上的施有效氮 $15\sim20$ 克，并喷施硼砂 $0.3\%\sim0.5\%$。

壮果肥：番木瓜结果特性决定其需要大量养分，当基部果实生长时，顶部仍在不断抽叶、现蕾、开花、坐果，因此 6 月份挂果的植株在 6—10 月份每月施重肥一次，要求氮、磷、钾用量有较高水平，最好有腐熟有机肥配合施用。在土壤有机质含量 1% 以下番木瓜园地，每株施有效氮 $25\sim30$ 克、磷（P_2O_5）$15\sim20$ 克、钾（K_2O）$15\sim20$ 克、钙（CaO）$5\sim10$ 克、镁（MgO）$5\sim10$ 克；在土壤有机质含量 $1\%\sim2\%$ 番木瓜园，每株施有效氮 $20\sim25$ 克、磷（P_2O_5）$15\sim20$ 克、钾（K_2O）$15\sim20$ 克、钙（CaO）$5\sim10$ 克、镁（MgO）$5\sim10$ 克；在土壤有机质含量 2% 以上番木瓜园地，施有效氮 $10\sim15$ 克、磷（P_2O_5）$20\sim30$ 克、钾（K_2O）$20\sim30$ 克、钙（CaO）$5\sim10$ 克、镁（MgO）$5\sim10$ 克。

越冬肥：主要针对连续多年采收的果园，在 11—12 月施一次腐熟有机肥或高磷、高钾肥，恢复树势，提高抗寒能力，延长叶片寿命。每隔 3 个月应施一次腐熟有机肥，每株施 $10\sim15$ 千克。

施肥经验一：整地时将腐熟有机肥施入定植穴，每亩施 100 千克和专用肥 $3\sim5$ 千克，定植后 $10\sim15$ 天开始薄施促生肥，以后 2 个月内每隔 $10\sim15$ 天施肥一次，以速效肥为主，由薄施到多施，由稀到浓。春植树 5—8 月是施肥最关键时期，早熟种一般 $24\sim26$ 片叶就现蕾（$45\sim50$ 天），现蕾前后要及时施重肥，供花芽形成需要，仍以氮肥为主，适当增施磷、钾肥。8 月底前把全年肥料的 80% 施下，9 月以后，主要施壮果肥，此时进入盛花着果期，增施重肥，以满足基部果实发育和顶部开花着果的需要。6 月挂果的番木瓜在 6—10 月每月施重肥一次，要求氮、磷、钾含量较高，每次每株施氮磷钾复混肥 $100\sim300$ 克，开花前每株加施 20 克硼砂。8 月还应加施有机肥，如沤熟的花生麸，有利于提高果实品质。为了保证种子发育需要的养分，应重视磷、钾肥施用。据广东经验，每亩果园年产果 3 000 千克，则每亩要施腐熟土杂肥 3 000 千克、腐熟水粪 4 000 千克、尿素 20 千克和专用复混肥 80 千克。

施肥经验二：在中国台湾，番木瓜施肥一般亩施基肥 667 千克，追肥视实际需要，沙质地每 $1\sim1.5$ 个月施肥一次，每株每次 $100\sim150$ 克；壤土每 $2\sim3$ 个月施一次，每株每次 $200\sim300$ 克，即每株每年约 1.25 千克。幼年树采用环状沟施，结果树采用条沟施或畦沟撒施。

三、腰果树

腰果（*Anacardium occidentale* L.）是漆树科腰果属植物，世界四大著名干果之一。原产巴西东北部，16 世纪引入亚洲和非洲，现已遍及东非和南亚各国，南、北纬 20°以内地区多有栽培，但主要分布在 15°以内的地区。莫桑比克、坦桑尼亚、印度、巴西等国种植最多。世界现有腰果面积 170 万公顷以上，年产果 50 万吨上下。1958 年以来我国曾大规模引种，但由于栽植不当，而且种植的都是实生树，又失于管理，产量很低，所存面积也少。现中国热带农业科学院的腰果丰产栽培研究，已取得良好进展，腰果的产量及种植规模将会逐步得到提高。

1. 需肥特点

在海南省西南部滨海阶地对腰果四年施肥结果表明施氮肥有极显著的效果，每株结果树每年至少应施尿素 1.0 千克，才能保持氮素供应和消耗之间的平衡。氮、磷、钾配合施用效果更佳。单株产 5 千克坚果，需腰果专用肥 3~4 千克或尿素 1.5 千克、45%复合肥 1.5~2 千克。腰果在热带地区全年生长，但在我国海南省北部冬季生长缓慢，在寒潮低温期间基本停止生长。结果枝多在春季抽出，而南部地区多在冬季抽发，春季正是开花、结果和收获期，很少抽梢。

腰果树一般第二年开始开花，第三年开始结果，第八年进入盛产期，盛产期可持续 15~20 年。腰果树适宜在中性至微酸性土壤种植。腰果树根系生长需要通气良好的土壤，低洼积水地根系生长不良。碱性土和含盐过高的土壤也不宜种植，其他各类热带土壤均可栽种。

热带地区海拔 900 米可见到有腰果树生长，但一般在 400 米以下地区生长结果较好。

我国腰果植区土壤肥力一般很低，幼龄树必须施肥才能正常生长。苗期需肥量虽然不多，但却非常重要，尤其是氮磷肥的适当配合更为必要。定植第二年每株施尿素 0.125 千克、过磷酸钙 0.25 千克；定植第三年每株施尿素 0.25 千克、过磷酸钙 0.25 千克。此外，每株 5~10 千克有机肥混合以上无机肥。根据国外经验，单株产果 5~10 千克的树，每年每株应施用尿素 0.625 千克、过磷酸钙 0.3 千克、氯化钾 0.2 千克。这些肥料的大部分还要与有机肥（每株 10~15 千克）混合使用，于采果后及时施入。

2. 营养诊断与缺素补救措施

（1）氮

缺氮症状通常出现在植物老叶上，茎干纤细，植株矮小，枝疏叶黄。腰果植株缺乏氮素营养，2 龄幼树的老叶普遍发黄，随即嫩叶也变黄，叶片细小。腰果幼苗的缺氮症状可在种植后 45~60 天发现，症状表现为叶片的颜色逐渐由黑色变为灰绿色，然后变黄，植株生长矮小。严重缺氮的腰果幼苗在种植后 4 个月内死亡。

（2）磷

缺磷导致植株生长矮小，叶片暗红色。播种 5 个月的腰果幼苗缺磷，植株低部位的老叶会枯萎脱落。

（3）钾

腰果幼苗生长两个月后可能会出现缺钾症，缺钾的幼苗低部位叶片（老叶）先在叶尖变黄，后叶缘开始发黄，并逐渐坏死。缺钾症状很快从幼苗低部位叶片蔓延到顶部叶片。

（4）钙

在降雨多和受雨水冲刷严重的地区，腰果植株经常发生缺钙症。缺钙表现为叶片卷曲畸形，叶缘萎蔫坏死，生长点死亡。在缺钙的土壤，腰果植株在种植30天后缺钙症状即可表现出来。

（5）镁

在滨海地区的腰果种植区，雨季时镁元素很容易被冲刷流失，产生缺镁症。镁是植株中较易移动的元素，腰果植株缺镁时，植株矮小，生长缓慢，症状首先表现在老叶上，在叶脉间褪绿，叶脉仍保持绿色，以后褪绿部分逐渐由淡绿色转变为黄色或白色。缺镁症状在老叶上逐渐转移到老叶基部和嫩叶。腰果缺镁症常与缺钙症同时发生。

（6）锌

缺锌的腰果植株生长缓慢，植株矮小，节间短小，叶小呈簇生状。腰果植株缺锌在酸性土壤、沙土或石灰土地区容易发生。

（7）硼

沙土地区普遍缺硼。腰果植株缺硼症状为嫩叶不能展开，叶片卷曲，生长点死亡，严重缺硼时影响果实发育，甚至不能坐果。

（8）锰

缺锰导致腰果蔫黄病发生；锰过量容易引起缺铁失绿症。腰果植株缺锰，首先在嫩叶上失绿发黄，但叶脉和叶脉附近保持绿色，叶片上沿着叶脉出现坏死斑，坏死斑随着叶片成熟而扩大。叶片成杯形，叶缘出现褐色斑点，同时带有白色带状斑。

（9）钼

土壤酸化（pH值4.5~5.0）容易导致缺钼。腰果植株缺钼时，叶片出现黄斑，严重缺钼时，枝条上的叶片全部落叶。

3. 安全施肥技术

（1）育苗施肥

播前2~4个月挖穴，深、宽各40~60厘米，每穴施有机肥10~20千克、腰果专用肥0.5~0.8千克或过磷酸钙0.5~1.2千克，与表土混合后作基肥施入穴中。每穴播2~3粒种子，也可用压条方式进行繁殖。

（2）幼树施肥

幼树施肥应以有机肥为主，若施较高用量的氮、磷、钾肥，有可能出现微量元素短缺的典型现象，因为幼株在氮、磷、钾肥的刺激下生长迅速，而植穴内微量元素很少，根系尚不发达，因而土壤越贫瘠，亏缺症状出现越快。随着株龄增长，微量元素亏缺症状就会逐渐消失。

（3）合理施肥

据报道，海南省乐东县（1982）试验，氮、磷、钾配施后第一年就较对照增产50%以上，只施磷肥的处理仅增产11%；陵水县（1976）施肥除草的成龄腰果树平均每株产坚果5.85千克，对照只产坚果1.3千克。

腰果施肥应以有机肥与化肥配合施用，利于改良土壤和预防缺素症的发生。

腰果树施肥应随树龄和产量的增加而相应增加。定植当年，除施基肥外，一般不需要追肥，从第二年开始，每株施腰果专用复混肥0.3~0.5千克、有机肥10~30千克，并逐年适量增加。从第七年起进入盛果期，应根据当年目标产量和地力状况来确定施肥量。一般单株产5千克坚果，需施堆肥、绿肥等有机肥28~40千克和专用复混肥3~4千克或尿素1.5~2千克、45%氮磷钾复合肥1.5~2千克。根据海南省的气候特点，一般施速效氮肥不能迟于10月下旬，以雨季初期和雨季中期分次施用效果好，而磷、钾肥或腰果专用肥可一次施用，施用时将有机肥与专用肥复混肥混合均匀后再施用。可采用放射沟、环状沟施，注意每年应轮换施肥位置，并随树龄增长而向外扩展。将有机肥、专用肥或无机肥混合后施用，施肥应结合中耕、除草、浇水。

四、罗汉果

罗汉果（*Siraitia grosvenorii*）是葫芦科罗汉果属植物。罗汉果是我国特有的珍贵葫芦科植物，素有良药佳果之称，被人们誉为"神仙果"。果实中含有丰富的葡萄糖、糖甙、果糖及多种维生素等，用途广泛，畅销国内外市场，在国际市场上享有很高的声誉。罗汉果对生长环境要求十分特殊，只有在中国广西北部才能生长。中国广西龙胜县、永福县、融安县、临桂县是罗汉果的四大产地，产量占全球90%，其中龙胜县、永福县是原产地，占全国产量的90%，永福种植罗汉果已经有300多年历史，龙胜县种植罗汉果已经有200多年历史。罗汉果是国家首批批准的药食两用材料之一，其主要功效是能止咳化痰。

1. 形态特征

罗汉果是多年生草质藤本，具肥大的块根，纺锤形或近球形。茎梢粗壮，有棱沟，长2~5米，暗紫色。卷须2分叉几达中部。叶互生，叶柄长2~7厘米；叶片呈卵状心形、三角状卵或阔卵状心形，膜质，长8~15厘米，宽3.5~12厘米，先端急尖或渐尖，全缘，两面均被白色柔毛，老后逐渐脱落变近无毛。花雌雄异株，雄花序总状，雌花花单生；花萼漏斗状，被柔毛，5裂，花冠橙黄色，5全裂，先端渐尖，外被白色夹有棕色的柔毛。瓠果圆形或长圆形，被柔毛，具10条纵线，种子淡黄色。花期6—9月，果期9—11月。

2. 营养特性与需肥特点

罗汉果树幼苗期吸收的氮、磷、钾重量比为25：7：68，开花结果期为14：2：84，果熟期6：4：90。罗汉果树在生长发育的各个阶段，均以钾元素的需求量最大。

在不同的生育期，罗汉果树植株N、P、K三元素含量及变化趋势有所不同。氮素含量由高到低，依次为幼苗期、开花结果期、果熟期；磷素含量在果熟期最高，其次为幼苗期，开花结果期最低；钾素正好与氮素相反，其含量由高到低依次为果熟期、开花期、幼苗期。罗汉果树生长发育的各个阶段，均以钾素的需求量最大，尤其在开花结果期至果熟期更是超过氮素和磷素吸收量数倍至数十倍；氮元素的需求量为次，磷元素需求量所占比例甚少。说明对钾素的吸收能力强而对磷素的吸收能力较弱。

罗汉果组培苗幼苗期生长基本可以分为3个阶段：一为缓苗阶段，此期不宜追施化肥；二为恢复生长阶段，此期可适当进行追肥，且对肥料的施用浓度要尤为注意；三为加速生长阶段，此阶段要追肥，以补充养分。肥料的配比对植株生长有重要影响，在整个幼苗期，追肥均以偏重钾素的配方对植株生长促进作用较大，最佳施肥 N：P：K=1：1：2。罗汉果树定植后，植株生长迅速，生物量大，花期长，开花结果多，因而消耗养分也多，必须合理施肥才能稳产高产。罗汉果根系发达，吸收养分能力强，施肥要求在开花前施肥量不宜过多，若早期施肥量过多，易造成徒长，应在开花前少施肥轻施肥，开花后再多施。全年施基肥一次，追肥4~5次。

3. 安全施肥技术

（1）基 肥

在扒去培土时，离块茎基部40~50厘米处开半圆形沟，深15~20厘米，将腐熟厩肥2.0~3.0千克、罗汉果专用肥100~150克或过磷酸钙100~150克与土拌匀后施入沟内，然后覆土。

新栽罗汉果树在种植前每株施入5~8千克腐熟猪牛栏粪或桐麸等农家肥、复合微生物肥1千克、100~150克专用肥或过磷酸钙100~150克，作基肥，种植时每株再施生物有机肥500~800克。其肥效可长达5~6个月。

（2）追 肥

谷雨至立夏追第一次肥，也叫催蔓肥，当主蔓长至30~40厘米长时，每株施腐熟稀人粪尿2~3千克，掺入罗汉果专用肥50~100克，浇施。第二次追肥为催花，当主蔓上棚架后再追施腐熟人粪尿1千克，兑水2千克，加专用肥100~150克，浇施。主要是促进侧蔓分生，提早开花，促进植株健壮生长，增强抗病能力。第三次追肥在6月下旬至7月上中旬，即盛花期，为提高坐果率，每株施腐熟人粪尿和饼肥0.5~0.8千克、专用肥100~150克。第四次追肥在8—9月，是大批果实迅速发育膨大期，需养分较多，每株施腐熟人粪尿0.6~0.8千克，加专用肥100~150克，兑水浇施；可喷施少量硼肥和含钙微肥，以促进果实膨大，减少裂果。这时期应保持肥水供应均匀，特别是天旱时一定要及时补充水分，以防一旱一湿果实内外生长不协调造成裂果。第五次追肥为越冬肥，采果后至落叶休眠期前，及时施一次罗汉果专用肥每株150~250克，兑水冲施，以延迟落叶，使薯果养分得到补充，提高抗寒力。

在果实膨大期，可根据植株生长状况，叶面喷施氨基酸复合微肥，每10天左右喷施一次，可增强植株抗逆能力，增加产量和改善品质。也可适时适量喷施其他无机营养成分肥料。

五、莲　雾

莲雾（*Syzygium samarangense*（Bl.）Merr. Et Perry.）是桃金娘科蒲桃属植物，原产马来半岛、安达曼群岛和其他群岛。世界热带地区多有引种，17 世纪传入我国台湾，长期以来一直在庭院零星种植，近年来由于栽培技术的改进，使产季提早，品质提高，已成为商业栽培果树，最高时面积曾超过 10 500 公顷，年产果超过 15 万吨。海南、广东、广西、福建等省（区）也有引种。目前主要问题是地方品种（类型）多数味淡，商品价值低，而一些品质较好的品种仍处于零星种植状态，栽培技术也较落后。

1. 形态特性

常绿乔木，枝条开展，树冠圆头形，高压繁殖树高 4~6 米。单叶对生，椭圆形，革质，无毛，全缘，长 11~22 厘米，宽 8~12 厘米，表面浓绿色或蓝绿色，具透明油点，揉碎有香气，幼叶为紫红色。聚伞花序顶生或腋生，有小花 3~10 朵，白色，直径 3~4 厘米，萼片 4 裂，花瓣 4 枚，雄蕊多数，子房下位。肉质浆果梨形或钟形，亦有短棒槌状者，成串聚生。果顶较宽，中心凹陷，果基较小，果长 3~6 厘米，横径 4~6 厘米。果色有乳白、淡绿、粉红、鲜红和暗紫红色。果面有光泽，被蜡质。肉白色，海绵状，多汁，味甜酸或淡酸甜，微涩。果内具空腔，多数种子退化，少数有种子 1~3 粒，近半圆形，褐色，直径 0.5~1 厘米。每年抽梢 2~5 次，每次梢具叶片 1~2 对。一年有多次开花结果习性，正常 3—5 月开花，5—7 月果熟。台湾通过特殊处理能调节花期，使果熟期提早到 12 月至翌年 4 月。

2. 需肥特点

莲雾需肥量大，幼龄期对氮、磷、钾三要素均需要；5 龄以上的结果树则以氮、钾肥为重要。7~8 龄树每年每株需施氮素 250 克、磷 140 克、钾 250 克，分 3 次施用。7—10 月花芽分化前施年总施量的 50%，并加施堆肥 10 千克，11 月至翌年 5 月花期和幼果期施 25%，6—7 月采果后施余下的 25%。对结果特多的丰产树，还需补施钙、镁肥及微量元素。施肥方法由树冠投影外缘向内隔 30~60 厘米挖沟施用，如有滴灌设施，化肥与灌溉结合施用，效果更好（表 4-17）。

表 4-17　对不同年龄的莲雾推荐的化肥施用量　（单位：克/株/年）

树龄	施用元素量			折合化肥量		
	N	P₂O₅	K₂O	尿素	过磷酸钙	氯化钾
1~2	100~600	400~600	100~600	870~1 324	2 162~3 243	665~1 000
3~4	700~900	700~900	700~900	1 526~1 956	3 783~4 865	1 165~1500
5~6	1 000~1 200	1 000~1 200	1 000~1 200	2 174~2 608	5 405~6 486	1 666~2 000
7~8	1 200	1 200	1 200	2 608	6 486	2 000
9 以上	1 200	1 200	1 200	2 608	6 486	2 000

六、番石榴

番石榴（*Psidium guajava* L.）是桃金娘科番石榴属植物。本属约有150多个种，我国常见的本种。产美洲热带，16~17世纪传播至世界热带及亚热带地区，如北美洲、大洋洲、新西兰、太平洋诸岛、印度尼西亚、印度、马来西亚、北非、越南等。约17世纪末传入我国。台湾、广东、广西、福建、江西等省有栽培，有的地方已逸为野生果树。台湾省主要产地为彰化及高雄县，广东省以广州市郊新滘镇较多，广西分布于西南及南部，福建省多产于福州、龙溪等地。

1. 形态特征

常绿小乔木或灌木，高5~12米，没有直立主干。嫩枝四棱形，老枝变圆。单叶对生，革质全缘，卵状或长椭圆形，叶背有茸毛并中肋侧脉隆起。花单生或2~3朵聚生叶腋。花两性，白色，花瓣4~8枚，离瓣。雄蕊多数，花丝长而纤细，雌蕊1枚，子房下位4~5室，每室有胚珠多枚。浆果卵形或洋梨形，果径3~9厘米，宿萼，果面淡黄至粉红，肉白、黄或淡红，种子多数，小而坚硬。

珍珠番石榴为台湾省育成的品种，枝梢较长，树形较疏散，修剪后结果枝抽生率高，栽培管理较为容易。果实为圆形至椭圆形，果顶圆大，果尖渐尖，果实大；肉厚，脆甜，嫩滑少籽，果心肉质嫩滑可口，风味佳，糖度高；可溶性固形物达8%~14%，品质优。该品种快生速长，种后6~8个月即开花挂果，且每年多次开花，采用相应的配套栽培技术后，可调节果实在节假日或水果淡季成熟。

2. 需肥特点

我国栽培番石榴虽有一定的历史，但主要依靠传统的经验进行施肥，对于番石榴平衡施肥的研究极少。国外Shigeura和Bullock提出叶片分析营养盈亏的指标，即氮为1.7%、磷为0.25%、钾为1.5%、钙为1.25%、镁为0.25%、硫为0.18%、锌为20毫克/千克、锰为60毫克/千克、铜为8毫克/千克、硼为20毫克/千克。为了准确测定珍珠番石榴对各类元素的需求量，做到不缺肥、不过量，据苏章城等人的（2007）分析，取未结果春梢顶梢的第3、4片接近老熟叶片，分析其元素含量，诊断缺乏何种元素而确定方案；或目测树体，结合珍珠番石榴不同生长期对养分的需求而确定施肥方案。

据国外研究表明，3%尿素+10%过磷酸钙+1%氯化钾混合喷洒，可有效增加枝条长度、叶片数、坐果数和产量。Gorakh和Singn等人发现，喷40毫克/千克赤霉素，番石榴生长量最大；喷施2%硝酸钙+100毫克/千克的荼乙酸所增加的叶片数和叶面积最多，并且显著缩短了花芽发育期，提早开花；使用硫酸锌0.2%~0.6%处理可显著提高坐果率、产量、单果重量和可溶性固形物含量。重施回缩肥在回缩修剪前一个月，在树冠滴水线处挖两条深60厘米、宽50厘米的条状沟，压入腐熟有机肥、绿肥及土杂肥等20~30千克，施后回土。开始萌芽时株施0.3千克尿素、0.1千克氯化钾，促进抽梢。台湾地区的施肥标准见表4-18。

表 4-18　台湾番石榴施肥量　　　　　　　　（单位：克/株）

树龄	三要素			N	P$_2$O$_5$	K$_2$O
	氮	磷	钾	硫酸铵	过磷酸钙	硫酸钾
1	40	40	40	200	220	80
2	60	60	60	300	330	120
3~4	120	120	120	600	660	240
5~6	200	120	200	1 000	660	400
7~8	250	140	250	1 250	770	500
9~10	300	180	300	1 500	990	600
11 年以上	400	200	400	2 000	1 100	800

3. 营养诊断与缺素补救措施（表 4-19）

表 4-19　番石榴叶片营养诊断标准、缺素症状及矫治

元素	适量值	缺素症状及矫治
氮	1.25%~2.0%	叶片从下部老叶开始均匀黄化，新梢淡绿，叶片变小，生长受到抑制。发生缺氮时，通过土壤施肥或叶面喷施 0.2%~0.3% 尿素可使症状减轻或消除
磷	0.11%~0.23%	先从成熟叶片叶脉出现红色素，后向脉间扩展直至整叶呈紫红色。新梢叶片变小，叶数减少，植株生长缓慢。通过土壤增施磷肥或叶面喷施0.2%~0.3%磷酸二氢钾能缓解或消除症状
钾	1.15%~1.8%	先从老叶顶端出现火烧状，边缘失绿、卷缩。通过土壤增施钾肥或叶面喷施 0.2%~0.3%磷酸二氢钾能缓解或消除症状
钙	1.13%~1.69%	顶梢新叶扭曲变形，并发生叶内褐化干枯现象，生长受抑制。通过土壤施用石灰或叶面喷施 0.2%~0.3%石灰水能缓解或消除症状
镁	0.15%~0.31%	先从老叶叶脉间开始黄化，出现褪绿斑点，然后扩大到叶缘。通过土壤增施钙镁磷肥、硫酸钙，叶面喷施 0.3%~0.5%硫酸镁进行矫治
锌	176~267（毫克/千克）	先从较老叶片内侧出现斑点。叶小丛生。植株矮小，节间缩短。通过土壤增施硫酸锌或叶面喷施 0.2%~0.3%硫酸锌进行矫治
铁	176~345（毫克/千克）	新叶均匀黄化，脉间失绿直至白化。下部叶片仍保持绿色。通过叶面喷施 0.2%~0.3%硫酸亚铁进行矫治
铜	10~13（毫克/千克）	先从嫩叶开始失绿，叶尖边缘坏死，并逐渐扩至叶基。叶片脉间失绿，中脉两侧出现褐色斑，节间缩短。严重时茎的顶端呈深褐色甚至坏死。通过土壤增施硫酸铜进行矫治，叶面喷施波尔多液、氧氢化铜等杀菌剂能补充铜的不足

4. 安全施肥技术

(1) 幼年树的管理

幼年树是指从定植后到生长结果的早期阶段，历经 16~24 个月。其特点是枝梢萌发次数多，生长旺盛，根量少，分布浅，抗逆性较弱。后期树体开始具有挂果能力，但要控制挂果数量。幼年树的管理工作从定植开始，任务在于提高成活率，扩大根系生长范围，增加根量，培养生长健壮、分布均匀的骨干枝，扩大树冠，增加绿叶层，为早结、丰产奠定基础。因此，栽培过程中必须根据其生长特点，提供相应生长条件，促使其发挥正常的生长潜能。根据幼年树的生长特点，施肥原则应为勤施薄肥。

施肥时期：定植后一个月开始施稀薄肥，以后实行"一梢两肥"，即在抽梢前和新梢开始转绿时各施肥一次。抽梢前施肥可位新梢迅速生长和展叶；新梢开始转绿时施肥可促使枝梢迅速转绿，提高光合效能，加快营养物质的积累，增粗枝条，缩短下一次新梢抽出的时间，利于一年多次萌发新梢。

施肥量：施肥量的多少应根据树体大小、土壤肥力和肥料种类而定。第一次每株施腐熟花生饼肥 50 克+尿素 25 克或禽畜粪尿 2~3 千克+三元复合肥 25~30 克，以后每次新梢施肥量逐渐增多，即比上一次增加 15%~20%。

施肥方法：定植当年的树盘浅松土 5~10 厘米淋施；第二年起可在树冠滴水线挖深、宽各 20~50 厘米的环状沟，施有机肥；（液肥干后）覆土，化肥可浅施或雨后洒施，久旱水施。

(2) 成年树管理

番石榴一年四季都能开花结果，产量高，养分消耗大。因此，要注意施肥管理，保持树势，延长生产年限。番石榴结果树一般每年土壤施肥 5~6 次，也有 8~10 次的。施肥以有机肥为主，化肥配合使用。施肥应围绕着促花、壮果、促梢等几个重要环节进行。

促梢肥：作用是提高树体营养水平，延迟老叶脱落，促梢壮花，提高坐果率，增强抵抗不良天气的能力。正常情况下番石榴每抽一次新梢都带有花蕊，所以促花肥在新梢抽出 2~3 厘米时施下，以速效肥为主。以株产 100 千克为例，开条沟施入氮、磷、钾三要素各 15% 的硫酸钾复合肥 0.5 千克。

壮果肥：作用是及时补充开花时树体的营养消耗，保证果实生长发育所需要的养分，减少畸形果比例，促进果实增大，提高当批产量，同时避免因缺肥而致树体衰弱，从而影响下一批新梢的质量。谢花后至第一次生理落果期施用壮果肥。花量大早施，花量少迟施。本次施肥以有机肥为主。以株产 100 千克为例，株施沤熟花生饼 0.75 千克或羊粪 10 千克，配水 25 千克淋施。为了提高果实品质，每株开条沟施入氯化钾 0.5 千克。

采果前或采果后施肥：作用是恢复树势，促发健壮新梢，培育优质结果母枝，是关系到以后结果质量和产量的一次重要施肥。一般以有机肥为主，配合适量的速效肥。根据当批果产量决定。结果少，叶色浓绿，可采果后施；挂果多，叶色较淡，宜采果前施。按株产 100 千克计，株施复合肥 1.0 千克、饼肥 4 千克左右，或猪、羊粪 30 千克。

番石榴树开花与其他果树品种有较大的差异性，每抽出一次新梢都带有一批花蕊，所以开花结果互相重叠，很难分出该施壮花肥还是壮果肥。有不少果农在开花结果期间一般不施尿素，少施复合肥，以施沤熟的豆饼或羊粪为主，且增加施肥量。羊粪可以改善果实外观，豆饼可提高果实品质。在五六月份进行产期调节时挖沟埋施农家肥，为以后几造果打下良好的基础。

根外追肥：枝梢转绿期、抽穗期、花期、幼果期等物候期，可采用根外追肥法施肥，以迅速补充树体养分，预防缺素症。施用时间以早晨或傍晚为佳。施用部位以叶背为主。常用化肥及其浓度为：尿素、磷酸二氧钾 0.2%～0.5%，硼砂（或硼酸）0.05%～0.10%，硫酸锌 0.1%～0.2%，氨基酸、腐植酸等。施用间隔期 10～15 天。在果实套袋前喷一次云大 120+磷酸二氢钾 0.2%～0.3%。有利于果实膨大，提高果实品质。在始花期和幼果期喷施 0.6%硫酸锌、0.2%硼酸和 0.05%钼酸铵对增进夏、冬果的品质均有良好的效果。

七、菠萝蜜

菠萝蜜（*Artocarpus heterophyllus* Lam.）是桑科木菠萝属植物。原产印度、东南亚一带，热带低地广为栽培。我国主产华南，引入已逾千年，海南栽培普遍，云南、广东、广西也有。由于多用实生繁殖，变异株多，品种混杂，优良品种未能系统繁殖。

1. 形态特征

常绿乔木，高 10～13 米，树冠圆头形或圆锥形。树干灰白至灰褐色，嫩枝有绒毛，幼芽有麓囊盾状托叶包裹，托叶脱落后在枝条上屡留下环状托叶痕。叶互生，革质，椭圆形或倒卵形，长约 13.0 厘米，宽约 6.0 厘米，全缘，幼枝上的叶常 1～3 裂。花序着生树干或枝条上，雌雄同株异花，雄花序顶生或腋生，圆柱形。雌花序圆柱形较大，表面颗粒状，生于树干或主枝上，偶有从近地表的侧根上长出。成熟聚花果长 30～80 厘米，横径 25～50 厘米，果重约 10 千克，甚至 35 千克。果皮有六角形瘤状突起，聚花果内由多个经受精发育膨大的花萼和心皮构成果包，生于肉质的花序轴上，不受精或受精不完全的雌花，花被呈带状常附在果包外，包内有由心皮发育成的瘦果，内有种子一枚。主干在低位分枝，幼树断干则萌发大量侧枝，形成圆头形矮化树冠。结果部位多在树干和主枝上，树冠内小枝很少结果。

2. 安全施肥技术

（1）促花肥

每年的初春是菠萝蜜的发芽、抽花期，生长量比较大，所以必须在花序抽生前施一次重肥，以促进新梢生长和花序发育。一般上年 12 月下旬至初春时施，以有机肥为主，配合复合肥，在沿树冠滴水线下开环形沟施。

（2）壮果肥

当果实迅速增大时，施壮果肥促进果实发育，以钾肥为主，配合适量氮肥。在海南省农村种植的菠萝蜜，农民有施一些粗食盐的习惯，可以增加果实的味道及口感等。

（3）采后促梢肥

菠萝蜜从现花蕾到采收有长达 8～10 个月的时间。因其结果量比较大，结果期长，所以其消耗养分比较多，果实采收后，树势比较衰弱，采果后重施一次肥，以恢复树势，促发新梢，此次施肥以速效氮肥为主，配合磷、钾肥，开深沟施。

具体做法：菠萝蜜果园在大批量采果基本结束后（四季果可考虑正造果采收后），可在植株的四个方向，各挖一条深 40~50 厘米，宽 40~50 厘米，长约 100 厘米的深沟，或者挖环形沟。在深沟内施 50 千克左右沤制腐熟的基肥或土杂肥，如有农家肥的地方每棵树可施 40 千克左右沤制腐熟的人畜禽粪更佳。同时每棵树要施 5 千克左右的过磷酸钙或钙镁磷肥和 3 千克的氯化钾或硫酸钾。肥料要和泥土充分搅拌混合均匀后，填回沟内。

为了补充一些根系吸收的不足，在每次的叶梢生长期还必须从叶面喷施 2~3 次的 0.2%尿素、0.3%磷酸二氢钾混合液或氨基酸类液肥，每隔 7~10 天喷洒一次，有利于树势快速生长。菠萝蜜对铁的需求量较大，缺乏铁元素会引起叶片黄化，要进行铁元素的补充。

八、西番莲

西番莲（*Passiflora edulis* sims.）是西番莲科西番莲属植物。本属有 400 余种，大都原产热带美洲，我国有 19 种，其中原产 13 种，引种栽培 6 种。西番莲原产巴西南部，黄果西番莲有认为是澳大利亚从紫果西番莲芽变中选出，也有认为原产于巴西亚马逊地区。西番莲主产地是澳大利亚、美国夏威夷及佛罗里达州、南非、肯尼亚、巴西等。

1. 形态特征

草质或半木质藤本植物。主根不明显，两年生植株水平分布达 2 米，垂直分布在土表下 5~40 厘米土层。蔓长达 10 米以上，黄果种及杂交种带紫色，紫果种呈黄绿色。叶腋着生卷须和叶芽，花芽着生在卷须基部。叶片薄革质，长宽各 7~14 厘米，掌状 3 个深裂。中柄近顶部有两个突起的腺体。两性花单生于叶腋，花大，直径约 5 厘米，苞片 3 枚，萼片 5 枚，背顶有一角体；花瓣披针形，白色带淡紫色，约与萼片等长；副花冠由许多丝状体组成，3 轮，上半部白色，下半部紫色；雄蕊 5 个，开花前花药已开裂；柱头 3 裂，顶端膨大，向外下翻转，呈时钟的指针状。果实卵球或圆球形，果面光滑长约 6 厘米，黄果稍大。果嫩时绿色，熟后转为黄色或黑紫色。果皮稍硬，厚 0.4~0.7 厘米。果肉为橙黄色粘质的假种皮，以两层液囊形式包裹种子，形成许多表面光滑的颗粒，种子极多，黑色或黑褐色。果实成熟即自然脱落。不同品系果汁含量 20%~40%，黄果种 30%~40%，紫果种 30%以下。

2. 需肥特点

（1）叶片分析

植株的营养诊断最常用的，也是较为有效的手段是叶片分析法。然而，叶片养分含量受到了植株叶龄、结果情况及季节的影响。因此，叶片分析的取样应在叶片养分季节变化最小时的作物发育阶段进行，以便确定西番莲叶片营养标准指标。在澳大利亚昆士兰州的 Nambour 地区，Menzel 等通过两年来对 5 个果园的取样测定，认为西番莲各有效养分含量的最适范围：氮，4.75%~5.25%；磷，0.25%~0.35%；钾，2.0%~2.5%；

硫，0.20%~0.40%；钙，0.5%~1.5%；镁，0.25%~0.35%；钠，0.1%~0.2%；氯，0.6%~1.6%；锰，50~200毫克/千克；铁，100~200毫克/千克；钼，45~80毫克/千克；锌，5~20毫克/千克；硼，25~100毫克/千克。苏德铨报导了台农1号杂交种正常叶片的养分含量：氮，4.0%~5.5%；磷，0.2%~0.3%；钾，3.0%~4.0%；钙，2.0%~3.0%；镁，0.3%~0.4%；锰，400~500毫克/千克；铁，80~90毫克/千克；铜，5~8毫克/千克；锌，20~30毫克/千克。此外，Primavesi也报导了生长发育正常的黄果西番莲叶片中养分含量为：氮，4.4%；磷，0.16%；钾，2.07%；硫，1.1%；钙，1.22%；镁，0.58%；锰，31.0毫克/千克；铜，13.0毫克/千克；铁，597.3毫克/千克；钼，1.04毫克/千克；锌，28.3毫克/千克；硼，112.5毫克/千克。

（2）施　肥

最好是根据小区的土壤分析和叶片养分含量分析结果指导施肥。

花前肥。定植时施足基肥的在花前每月每株加施尿素或硝铵50克；底肥不足的每隔一个月增施复合肥70克，与尿素或硝铵交替施用。肥料宜均匀撒施于植株周围，并覆土、灌水。

花后肥。开花后每4~6周施一次。定植后第一年，花后肥每公顷年施氮400千克、磷15千克、钾75千克，分四次以复合肥（每次每株250克）与尿素（每次每株230克）交替施于行内距植株30厘米处的60~90厘米宽的带上。成年株每年每公顷增施至氮800千克，磷30千克、钾150千克，同样分四次以复合肥（500克/株·次）与尿素（460克/株·次）交替均匀施在整个根际范围内。

九、油　梨

油梨（*persea americana* Mill.）是樟科油梨属植物。原产拉丁美洲的哥伦比亚、厄瓜多尔至墨西哥南部一带。目前主要分布在南、北纬30°的热带、亚热带地区，已有近40个国家和地区栽培油梨，面积达20万公顷。最大的油梨生产国是墨西哥、美国、多米尼加和巴西。1920年前后传入我国，目前海南、广东、广西、福建、台湾、云南以及四川的西昌地区和浙江的温州地区均有栽培。

1. 形态特征

多年生常绿乔木，实生树高10~20米，嫁接树高约10米，经济寿命40~50年。主根深，侧根垂直分布多在地表下1米以内，吸收根40%分布在近地表20厘米土层，没有根毛，根尖有菌根共生。主干明显，直立，树皮较厚，灰褐色或深褐色。枝条开展，松脆易断，暗褐色，光滑无毛。单叶互生、革质、全缘，倒卵形至披针形，长7~38厘米，宽6~8厘米。深绿色，叶背灰绿色，有茸毛，嫩叶颜色因品种类型而异，呈淡绿色、红色或古铜色。圆锥花序多着生于树冠外围，每个花序有小花数十至数百朵。完全花，花被通常6枚，雄蕊12枚，9枚发育正常。花药4室，蜜腺6个，橙黄色有粘性。子房上位，柱头白色或浅绿色，有白色小茸毛。果梨形、圆形、卵形、椭圆形或茄形，单果重150~1 500克。成熟果绿色、黄绿色、紫红色或紫黑色，革质，光滑或粗糙。果肉浅黄至深黄色，近皮部青色。种子一枚，心形或扁圆形。

2. 生长环境条件

油梨性喜热带亚热带冬季温暖的气候。一般 20℃或略低利于花芽形成，25~30℃花芽形成受影响。不同生态系统对温度的适应性差异比较，墨西哥系的耐寒性最强；西印度系耐寒性最弱，仅能在热带地区栽培；危地马拉系耐寒性介于两者之间。夏季高温（44℃左右）干旱，会阻碍它的生长发育，甚至引起枝叶灼伤。油梨需年雨量 1 000 毫米以上，1 400~2 000 毫米生长发育良好，900 毫米以下，或一年中有 4~5 个月干旱地区，则需灌溉才能保证产量；但雨量多而集中，土壤水分含量高，空气湿度大，易感染病害。油梨根浅、木质脆弱，易遭风害，特别是树型高、树冠大的品种为甚，故园地宜应尽量选避风环境或营造防护林。油梨对光照要求不严格，对土壤的适应性较广，但以土层深厚、疏松、肥沃的沙壤土为最好。油梨最忌积水，地下水位应在 1.5 米以下。土壤在 pH 值 5~7 为宜。

3. 施肥管理

油梨的耗肥量较大，但无论幼树或结果树都应根据土壤肥力、树龄与植株生长发育、产量情况来决定施肥比例和用量。加里恩等提出，定植后的头一年应每 1~2 个月施一次混合肥，施肥量由每株 110 克逐渐增至 450 克，此后每年施 3~4 次。成龄树按每年 165~225 千克/公顷纯氮、钾分 3~4 次施入（<300 株/公顷）。幼树施肥的氮、磷、钾、镁比例为 1：1：1：0.33；成龄树的比例为 1：0.4：1、2：0.4。美国加利福尼亚州用成熟健康、未抽新梢的非挂果枝顶蓬叶片进行营养分析，定出了油梨树营养的正常值。

在植穴基肥的基础上，定植后头一年采用少量多次的施肥方案，以液态氮肥为主。成龄树以氮、钾肥为主，年施 3~4 次，分别在 2—4 月、4—5 月和 7—9 月施入。磷肥则和有机肥混合在采果前后一次施入。油梨施肥忌伤根，以撒施、水施或浅沟施为宜。油梨成龄树叶片养分诊断指标见表 4-20。

表 4-20　油梨成龄树叶片养分诊断指标

营养元素	单位	缺乏值	正常值	过高值
N	%	<1.60	1.60~2.00	>2.0
P	%	<0.05	0.08~00.25	>0.3
K	%	<0.35	0.75~2.00	>3.0
Ca	%	<0.50	1.00~3.00	>4.0
Mg	%	<0.15	0.25~0.80	>1.0
S	%	<0.05	0.20~0.60	>1.0
B	毫克/千克	<20	50~100	>100
Fe	毫克/千克	<40	50~200	–
Mn	毫克/千克	<15	30~500	>1 000
Zn	毫克/千克	<20	30~150	>300
Cu	毫克/千克	<3	5~15	>25
Mo	毫克/千克	<0.01	0.05~1.0	–

（续表）

营养元素	单位	缺乏值	正常值	过高值
Cl	%	-	-	0.25～0.50
Na	%	-	-	0.25～0.50

十、澳洲坚果

澳洲坚果（*Macadamia integrifolia* Maiden&Betche）是山龙眼科澳洲坚果属植物。本属有 10 个种，其中可食的是光壳种和粗壳种，商业栽培以光壳种为主。

原产澳大利亚的昆士兰和新南威尔士海岸南纬 25°～30°地区，现澳大利亚、夏威夷群岛、美国加利福尼亚州、南非、罗得西亚、肯尼亚和哥斯达黎加等地有大面积栽培。夏威夷 1992 年种植面积达 9 000 余公顷，年产壳果 2 万余吨，是世界最大生产地，故又称夏威夷果。现世界种植总面积超过 2 万公顷，壳果总产近 3 万吨，我国 1910 年已引入台湾省，现嘉义及南投等地栽培有一些规模，生长结果良好。约 1930 年，原岭南大学自夏威夷引入广州，成为华南各地引种的种源，广东、福建、广西、海南乃至浙江温州都有零星种植，但产量较低。澳洲坚果在我国种植时间不长、范围不广，适地适种问题还待扩大适应性试种来解决。

1. 形态特征

常绿乔木。根系分布较浅，根毛寿命约 3 个月，簇状小根寿命也只有一年，根系穿透硬土层的能力较差。中心干较明显，直立，高 19 米左右，树皮深褐色，分枝低并向四方扩展。小枝圆柱形，具突起皮孔，周年抽生新梢，而以春、秋季为旺盛，一般在二年生枝条上结果。光壳种叶片三叶轮生、革质、绿色、披针形，长 12～36 厘米，宽 2.5～5.5 厘米，全缘或具疏刺状锯齿；粗壳种四叶轮生，嫩叶红色，叶片较细长，边缘有细密刺状锯齿。第三个叠生于叶腋，均可成枝，但着生角度从内向外依次增大。总状花序腋生，长 10～30 厘米，有花 200～300 朵。花两性，小，乳黄色（粗壳种淡紫红色），无花瓣，由 4 个花瓣状萼片形成花被管。雄蕊 4 枚，初与花柱抱合，成熟时弯曲下垂，每雄蕊具 2 个花药囊。花柱长于雄蕊，子房下位，具胚珠二个，通常仅一个发育形成果实。蓇葖果圆形，顶部略尖，果皮由革质外果皮与柔软内果皮组成，外胚珠发育成褐色的种子硬壳，顶部具发芽孔。光壳种种壳圆而光滑；粗壳种则粗糙、凹凸不平。种仁白至乳黄色。

2. 生长环境条件

一般认为番石榴生长繁茂而果实硕大的地方也适于澳洲坚果生育。因此澳洲坚果的适应性相当广泛。

（1）温　度

据澳大利亚热带水果研究所的研究，澳洲坚果的适生气温是 10～30℃，以 15～30℃生长量最大，20～25℃干物质积聚最多，10℃生长停止，超过 30℃生长受严重干扰，叶褪绿，随后皱缩。高温使果仁重量和充实度显著降低，多数果在 35℃ 时果仁不充实，含油量低。成龄澳洲坚果树可耐短暂 -6℃ 低温，但低温时间过长或过低会造成严重伤害，甚至导致死亡。霜冻会伤害花穗导致减产。Len（1922）推断夏季平均气温约 25℃，冬季无霜或仅有轻霜，对澳洲坚果可能最为理想。

（2）水　分

澳洲坚果的高产区年雨量大多超过 2 000 毫米，且分布均匀，Storey（1969）估计最低年雨量要求约 1 000 毫米。Allen（1952）指出，南非因干旱使果实变小，发育不良，降低产量。果实生长期缺水会增加落果，因此少雨区必须进行灌溉。

（3）土　壤

土层深厚、含有机质高、疏松、排水良好、pH 值 5~6、有足够肥力能使根系生长良好的土壤较理想，高磷、钙土壤会导致缺铁。澳洲坚果对营养缺乏或不平衡比较敏感。

（4）风

澳洲坚果根系分布较浅，对风极敏感，发展应避开大风地区。

（5）海　拔

Sheigeura（1984）发现夏威夷海拔 518 米以下果园产量高于 518 米以上的，一级果仁率也高 15%。也有认为澳洲坚果种壳厚度随着海拔高度增加而增加。但我国试种区，如云南西双版纳坚果园海拔在 500 米左右，四川米易县海拔 1 060 米，澳洲坚果都能正常生长、结果，故对海拔高度的适应性还待进一步观察。

3. 施肥管理

国外用矿物营养诊断来指导施肥，以春梢顶端第二轮叶片作分析样本，提出的适量指标（干重含量%）为：N 1.5%~1.6%、P 0.08%~0.10% 及 K 0.45%~0.65%。并提出按树干增粗情况增加施肥量，盛花前加氮肥。全年施肥量见表 4-21。

表 4-21　澳洲坚果施肥量　　　　　（单位：千克/株）

树干直径（厘米）	施肥量					全年用量（千克）
	盛花前施氮（千克）	夏季		落叶期		
		用量（千克）	配比	用量（千克）	配比	
7.6	0.34	0.51	1:1:1	0.51	1:1:1	1.36
15.2	0.68	1.02	1:1:1.5	1.02	1:1:1.5	2.72
22.8	1.02	1.53	1:1:1.5	1.53	1:1:1.5	4.08
30.4	1.36	2.04	1:1:1.5	2.04	1:1:1.5	5.44
38.0	1.70	2.55	1:1:1.5	2.55	1:1:1.5	6.80

pH 值低于 5.5 时应施用石灰加以调整。一般元素均进行土施，而铁素则应喷施。一般每年应除草 2~3 次，在收获期内要保证树冠下没有杂草，以利捡收落果。开花期、坐果期、果实发育初期及晚期缺水对产量和果实质量都有影响，要特别注意淋水或灌溉。

主要参考文献

高祥照，申眺，郑义，等．2002．肥料实用手册［M］．北京：中国农业出版社．

黎舒．2014．火龙果不同品系品种植物学形态和生物学特性研究［D］．南宁：广西大学．

农业部发展南亚热带作物办公室．1998．中国热带南亚热带果树［M］．北京：中国农业出版社．

邱武陵，章恢志．1996．中国果树志　龙眼枇杷卷［M］．北京：中国林业出版社．

覃伟权，范海阔．2010．槟榔［M］．北京：中国农业大学出版社．

唐树梅．2007．热带作物高产理论与实践［M］．北京：中国农业大学出版社．

张洪昌，段继贤，王顺利．2014．果树施肥技术手册［M］．北京：中国农业出版社．

张晓玲，徐义流，齐永杰，等．2013．枇杷树体矿质营养积累及分布特性［J］．安徽农业大学学报，40（2）：283-289．

张晓玲，徐义流，齐永杰，等．2014．10年生枇杷植株大量矿质元素累积与分布特性［J］．安徽农业大学学报，41（5）：866-870．

中国热带农业科学院．2014．中国热带作物产业可持续发展研究［M］．北京：科学出版社．